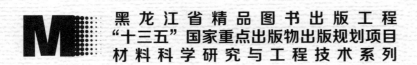

黑龙江省精品图书出版工程
"十三五"国家重点出版物出版规划项目
材料科学研究与工程技术系列

海水腐蚀的电化学原理及新型石墨烯富锌涂层

Electrochemical Principle of Marine Corrosion and New Graphene Zinc-Rich Coating Protection Technology

主　编　王春雨

副主编　钟　博　刘冬冬

U0222664

哈尔滨工业大学出版社
HARBIN INSTITUTE OF TECHNOLOGY PRESS

内 容 简 介

本书内容分为上下两篇,上篇论述海水腐蚀的电化学原理,下篇阐述新型海洋防腐石墨烯富锌涂层与防护技术。上篇共 10 章。第 1 章介绍海洋环境电化学腐蚀的概念、分类等基本知识;第 2 章介绍腐蚀电化学热力学的内容;第 3 章介绍腐蚀动力学包含的主要内容,并重点阐述活化极化;第 4 章介绍电化学腐蚀动力学的浓度极化;第 5 章介绍电化学腐蚀动力学的电阻极化和混合极化;第 6 章介绍金属海洋环境发生腐蚀的金属溶解和金属钝化的现象和机理;第 7 章介绍电化学冶金方面的工艺和技术;第 8 章介绍阴极保护的腐蚀防护手段和机制;第 9 章介绍阳极保护相关内容;第 10 章介绍金属高温腐蚀的相关内容。下篇共 3 章。第 11 章介绍富锌涂层;第 12 章介绍石墨烯富锌涂层;第 13 章介绍石墨烯的稀土改性,以及将其用于富锌涂层中对海洋环境腐蚀的防护作用和防护机制。

本书可以为海洋腐蚀与防护的工程科技人员提供参考,也可以为海洋防腐蚀科学研究人员提供有益的研究思路。本书可作为高等院校材料科学、表面科学、化学化工等专业本科生的理论学习参考书,也可以作为研究生学习期间的技术参考书。

图书在版编目(CIP)数据

海水腐蚀的电化学原理及新型石墨烯富锌涂层/王春雨主编. —哈尔滨:哈尔滨工业大学出版社,2022.10
(材料科学研究与工程技术系列)
ISBN 978-7-5767-0325-2

Ⅰ.①海… Ⅱ.①王… Ⅲ.①海水腐蚀-电化学-研究 ②石墨烯-涂层-研究 Ⅳ.①TG172.5 ②TB383

中国版本图书馆 CIP 数据核字(2022)第 143820 号

策划编辑 许雅莹
责任编辑 杨 硕
封面设计 刘长友
出版发行 哈尔滨工业大学出版社
社 址 哈尔滨市南岗区复华四道街 10 号 邮编 150006
传 真 0451-86414749
网 址 http://hitpress.hit.edu.cn
印 刷 哈尔滨市工大节能印刷厂
开 本 787mm×1092mm 1/16 印张 14.75 字数 338 千字
版 次 2022 年 10 月第 1 版 2022 年 10 月第 1 次印刷
书 号 ISBN 978-7-5767-0325-2
定 价 44.00 元

前　　言

随着海洋科学与工程技术的发展,国家建设需要大量的海洋腐蚀与防护方面的科技人才。材料的腐蚀与防护技术方面的图书,是指导科技人才对海洋资源开发和利用的有力工具。为了适应这一发展趋势,编者归纳整理了海水腐蚀的电化学原理,将多年以来本课题组的海洋防腐涂层方面的最新研究工作进行总结,并结合基础理论指导与最新研究进展两方面内容,编成本书。

上篇介绍电化学热力学和动力学在数学和工程上的近似机理,这是腐蚀科学的本质。每一章通过对腐蚀基本概念给出明确的定义和解释,以及给出公式推导的完整步骤,使读者易于理解。使用简单的数学原理,便于读者理解腐蚀这一复杂学科相关的电化学过程的物理意义。通过图片、表格等,简洁地描述原理和理论背景,推导方程,量化相关参量,读者由此可以理解和学习腐蚀行为,并通过计算得到金属回收率。最终,读者可以通过在实例中应用原理推导出数学模型,来加强理解学习。

下篇主要论述海洋环境装备使用的涂层技术。针对海洋环境装备使用的富锌底层涂料的研究,集中在石墨烯为主要改性添加剂的富锌涂层。针对石墨烯填料易团聚的问题,提出对石墨烯片层表面稀土粒子进行改性,最终提高了石墨烯在涂层中的分散效果,使这一新型石墨烯富锌涂层防腐蚀性能得到进一步提升。

本书可以为海洋腐蚀与防护的工程科技人员提供参考,也可以为海洋防腐蚀科学研究人员提供有益的研究思路。本书可作为高等院校材料科学、表面科学、化学化工等专业本科生的理论学习参考书,也可以作为研究生学习期间的技术参考书。

全书由王春雨统稿并编写第 8～13 章,钟博教授编写第 1～4 章,刘冬冬博士编写第 5～7 章。感谢研究生马媛媛和冯康在本书编写过程中付出的辛苦。

由于编者水平有限,书中难免存在疏漏之处,敬请同行和广大读者批评指正。

编　者

2022 年 9 月

目　　录

上篇　海水腐蚀的电化学原理

下篇　新型石墨烯富锌涂层

上篇　海水腐蚀的电化学原理

　　本篇理论分析内容较多,对海洋腐蚀的电化学过程进行了总结分析,归纳了海水腐蚀发生的形式和内在的电化学腐蚀原理,各章节列举了一些海洋条件下发生腐蚀的具体实例。

　　本篇共 10 章。第 1 章介绍海洋环境电化学腐蚀的概念、分类等基本知识;第 2 章介绍电化学腐蚀热力学的内容;第 3 章介绍腐蚀动力学包含的主要内容,并重点阐述活化极化;第 4 章介绍电化学腐蚀动力学的浓度极化;第 5 章介绍电化学腐蚀动力学的电阻极化和混合极化;第 6 章介绍金属海洋环境发生腐蚀的金属溶解和金属钝化的现象和机理;第 7 章介绍电化学冶金方面的工艺和技术;第 8 章介绍阴极保护的腐蚀防护手段和机制;第 9 章介绍阳极保护相关内容;第 10 章介绍金属高温腐蚀的相关内容。

第1章 腐蚀形式

1.1 概　述

腐蚀一词是指材料或金属在腐蚀性环境中的变质或表面损伤。腐蚀是一种化学或电化学氧化过程,在这一过程中,金属将电子转移到环境中,其价态从零变为正值 z。这里的环境可以是液态、气态或混合土壤－液体。这些环境被称为电解液,因为它们有自己的电子转移。

电解液类似于导电溶液,分别含有带正电的阳离子和带负电的阴离子。离子是失去或获得一个或多个外层电子并带电荷的原子。因此,由于电流的作用,腐蚀过程在本质上可以是化学的,也可以是电化学的,至少需要在特定的腐蚀环境中发生两个反应,即阳极反应和阴极反应。下面以金属 M 浸没在硫酸溶液(H_2SO_4)中为例对其进行解释。金属在硫酸中的氧化是通过阳极反应进行的,还原是通过阴极反应进行的:

$$M - ze^- \longrightarrow M^{z+} \quad (阳极:氧化) \tag{1.1a}$$

$$H^+ + \frac{z}{2}SO_4^{2-} + ze^- \longrightarrow \frac{z}{2}H_2SO_4 \quad (阴极:还原) \tag{1.1b}$$

$$M + H^+ + \frac{z}{2}SO_4^{2-} \longrightarrow M^{z+} + \frac{z}{2}H_2SO_4 \quad (总体:氧化还原) \tag{1.1c}$$

式中　M——金属;

　　　M^{z+}——金属阳离子;

　　　H^+——氢离子;

　　　SO_4^{2-}——硫酸根离子;

　　　z——价态或氧化数。

对上述方程进行解释,阳极反应即氧化过程,金属失去了电子,而阴极反应接受或获得了金属电子以还原相关离子。因此,在腐蚀过程中,阳极和阴极反应是耦合的。将式(1.1a)和式(1.1b)相加得到式(1.1c)。因此,氧化还原是合成反应方程式,式(1.1c)表示阳极和阴极反应速率相等时的平衡总反应。观察到阳极反应因为失去 z 个电子也被称为氧化反应,失去的电子在阴极反应中提供给硫酸,因此,阴极反应相当于还原反应。此外,式(1.1)中的单箭头注明反应方向,表示不可逆反应,而可逆反应用双箭头表示。因此,如式(1.2)所示,金属反应可向右进行氧化或向左进行还原。

$$M \Longleftrightarrow M^{z+} + ze^- \tag{1.2}$$

金属氧化和金属还原或电沉积的概念如图 1.1 所示。金属电极上的深色粗线代表金属离子还原和金属氧化的结果,显示在电极的左侧。

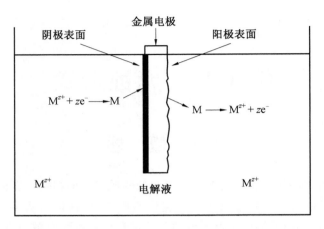

图 1.1 电化学电池示意图

1.2 腐蚀的分类

当金属/合金表面暴露在液体电解液(化学溶液、液态金属)、气体电解液(空气、二氧化碳、二氧化硫等)或混合电解液(固体和水、生物有机体等)等环境中时,就会发生腐蚀现象。一些常见类型的腐蚀及其描述如下。

(1)大气腐蚀:钢制储罐、钢容器、锌件、铝板等的大气腐蚀。

(2)电偶腐蚀:不同金属/合金或微结构相(珠光体钢、α－β铜合金、α－β铅合金)之间的电偶腐蚀。

(3)高温腐蚀:渗碳钢上的高温腐蚀,形成多个氧化铁相的多孔氧化皮。

(4)液体盐分腐蚀:暴露在氯化钠(NaCl)环境中的不锈钢上的液态盐分腐蚀。

(5)熔盐腐蚀:熔融氟化物(LiF、BeF_2等)对不锈钢的熔盐腐蚀。

(6)生物腐蚀:钢、铜合金、锌合金在海水中的生物腐蚀。

(7)杂散电偶腐蚀:铁路附近管道的杂散电偶腐蚀。

(8)缝隙腐蚀:与停滞的电解液有关,如污垢、腐蚀产物、沙子等,常出现在金属/合金表面孔、垫圈、螺栓下的搭接接头、铆钉头下。

(9)丝状腐蚀:基本是一种特殊类型的缝隙腐蚀,发生在保护膜下。这是常见的食品和饮料罐暴露在大气中发生的腐蚀类型。

(10)点蚀:一种极为局部的腐蚀机制,可导致破坏性的点蚀。

(11)口腔腐蚀:发生在接触唾液的牙科合金上。

(12)生物腐蚀:海洋环境中的污垢生物不均匀附着在钢上引起的生物腐蚀。

(13)选择性腐蚀:一种从基体合金中去除金属的过程,如铜锌合金中的脱锌和铸铁中的石墨化。

1.3 大气腐蚀

大气腐蚀是一种均匀且普遍的腐蚀,只要金属材料具有均匀的微观结构,暴露在腐蚀环境中的整个金属表面就会转化为氧化物。

铁在稀硫酸溶液中的水溶液腐蚀和锌在稀硫酸溶液中的水溶液腐蚀是常见的均匀腐蚀的例子,因为铁和锌可以按照以下阳极和阴极反应以均匀的速率溶解(氧化)。

$$\text{Fe} \longrightarrow \text{Fe}^{2+} + 2e^- \tag{1.3a}$$

$$2\text{H}^+ + 2e^- \longrightarrow \text{H}_2 \uparrow \tag{1.3b}$$

$$\text{Fe} + 2\text{H}^+ \longrightarrow \text{Fe}^{2+} + \text{H}_2 \uparrow \tag{1.3c}$$

$$\text{Zn} \longrightarrow \text{Zn}^{2+} + 2e^- \tag{1.4a}$$

$$2\text{H}^+ + 2e^- \longrightarrow \text{H}_2 \uparrow \tag{1.4b}$$

$$\text{Zn} + 2\text{H}^+ \longrightarrow \text{Zn}^{2+} + \text{H}_2 \uparrow \tag{1.4c}$$

式中 H_2——氢气。

阴极反应是常见的析氢过程。事实上,水是一种两性化合物,水的加入可以改变溶液使金属氧化的侵蚀性,因为水的解离可起到酸或碱的作用,如下所示:

$$\text{H}_2\text{O} \longrightarrow \text{H}^+ + \text{OH}^- \tag{1.5}$$

钢构件的大气腐蚀也是一种常见的均匀腐蚀,表现为暴露在钢外表面有一层棕色的腐蚀层,这一层是一种称为锈的氢氧化铁化合物。

如果已知或可估算电化学系统的电位和 pH,则这种类型的图可以用来表示金属表面可能发生的电化学过程。但是,腐蚀速率不能从电位和 pH 图中确定。图 1.2 包括被标识为金属氧化的腐蚀区域,其中金属氧化的钝化区被附着在金属表面的稳定氧化膜所保护,抑制腐蚀或钝化的抗扰度。

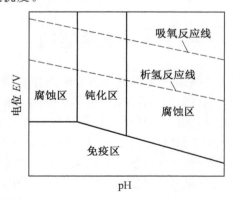

图 1.2 铝合金电位－pH 图

此外,可通过选择适当的具有均匀微观结构的材料、涂层或油漆、缓蚀或抑制腐蚀的抑制剂(缓蚀剂分为吸附型析氢化合物、清除剂、氧化剂和气相缓蚀剂)、阴极保护(阴极保护是一种抑制大型钢结构中氧化的电化学保护工艺)实现耐蚀性的提升。图 1.3 和图1.4所示为典型结构件上的大气均匀腐蚀。钢桥结构和管道都暴露在海洋中。化学反应在暴露的金属表面均匀进行。

图 1.3　钢桥的均匀腐蚀（大气侵蚀）

图 1.4　位于海水上方混凝土桥墩上的管道的均匀腐蚀（大气侵蚀）

1.4　电偶腐蚀

电偶腐蚀是一种电化学腐蚀。其原理是通过电路连接的两种不同金属之间的电位差，使电流从更活泼的金属（更负的电位）流向更不活泼的金属（更正的电位）。其中，阳极是比阴极抗腐蚀性差的金属。图 1.5 所示为钢螺栓六角螺母的大气电偶腐蚀，六角螺母固定在一个涂层钢板和电涂漆钢电线杆上的气控制钢箱连接处。腐蚀的螺栓螺母和钢箱表面都是表面积很小的阳极材料，而涂层钢板和钢珠都有很大的阴极表面积。

腐蚀速率(i)可以通过电流密度来定义，如 $i=I/A$，其中，I 为电流，A 为表面积。因此，A 越小，i 越大，这是电偶腐蚀的区域效应。腐蚀电流的驱动力是阳极和阴极之间的电位（电压）差 E。欧姆定律在这里同样适用。

此外，利用金属还原电动势（e.m.f.）或标准电位序列可以预测电偶腐蚀。这些反应都是可逆的。在标准氢电极（SHE）上测量标准金属电极电位，SHE 是具有等于零的任意标准电位的参比电极。

在选择两种金属或合金进行电偶腐蚀时，两种金属或合金应具有相近的电位或在串

(a) 钢螺栓 / 螺母

(b) 连接到涂漆钢电线杆的钢板的电偶腐蚀

图 1.5　螺栓与连接板的电偶腐蚀

联中彼此靠近，以抑制电偶腐蚀。例如，$Fe-Cr$ 或 $Cu-Sn$（青铜）耦合产生的电位差很小，因为它们在各自的标准电位序列中彼此接近。两种金属的标准电位越接近，电偶效应越弱；否则，电偶效应越强。

　　电偶腐蚀可用于阴极保护。实际上，在耦合两种不同的金属时，标准电位最低的金属充当阳极，其标准电位符号发生变化。图 1.6 所示为两种电偶腐蚀情况，其中铜和锌可以是薄片状或电镀涂层的形式。考虑到铁是钢中的基本材料，使用钢材时应注意保护其中的铁免受腐蚀。因此，铁应作为铜的阳极、锌的阴极。在后一种情况下，锌成为牺牲阳极，这是镀锌钢板和管道耦合的原理。另外，如果铜涂层破裂，钢就会暴露在电解液中，成为阳极，因此会氧化。

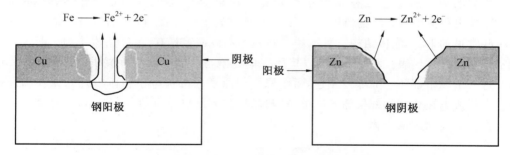

图 1.6　两种电偶腐蚀情况

　　其他类型的电偶腐蚀有电池和燃料电池。两者都是电化学电源，其中化学能通过受控的氧化还原电化学反应转化为电化学能。随后，这些电化学装置代表了电偶腐蚀的有益应用。在电池内发生的反应中，高析氢是可取的。

　　电偶腐蚀可带来一些微观结构效应。机械变形的金属或合金由于原子平面畸变和高位错密度的差异，可能会发生电偶腐蚀。图 1.7(a) 所示为机械加工钢钉，显示局部阳极。只要钢钉暴露在侵蚀性环境中，钢钉的针尖和头就充当了铁氧化的应力电池。钉子的针尖和头是应变硬化的例子，由于局部晶体缺陷和机械变形过程中产生的主要压缩残余应力的存在，容易受到电偶腐蚀。此外，钢钉柄充当阴极，在腐蚀性环境中，针尖/柄形成原电池。

　　不适当的热处理会导致微观组织不均匀，从而增强腐蚀介质中的电偶相腐蚀。在晶体金属中,晶粒和晶界之间可以发生电偶腐蚀。图1.7(b)所示为沿晶界受到腐蚀的金属的微观结构示意图,如典型的抛光和蚀刻微观结构。这种类型的腐蚀可以称为晶界腐蚀,因为晶界由于原子错配和杂质的可能偏析而起阳极作用。

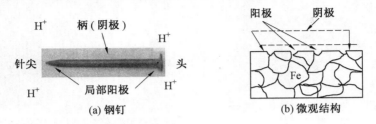

图 1.7　局部原电池

电偶腐蚀可发生在多晶合金中,如珠光体钢,由于微观结构相的差异,铁素体和渗碳体的电极电位和原子结构不同,这就导致了铁素体和渗碳体之间的电偶相耦合或电偶微电池。因此,由于微观结构的不均匀性,在腐蚀介质(电解液)的作用下,形成了明显的局部阳极和阴极微观结构区域。

电偶腐蚀并不总是对金属有害或致命的。例如,由于电偶微电池的形成,在弱酸条件下揭示珠光体钢的微观结构是很复杂的。在这种情况下,珠光体由铁素体和渗碳体组成,当它被弱酸(电解液)腐蚀时,铁素体(阴极)和渗碳体(阳极)之间会构成原电池。因此珠光体显示为黑色渗碳体和白色铁素体。

晶体固体的微观结构是由晶粒组成的,晶粒之间由晶界隔开。单个晶粒由多个规则重复排列的原子构成。工程材料中最常见的晶格是体心立方(BCC)结构、面心立方(FCC)结构和密排六方结构(HCP)。图1.8所示为工程金属材料(如铬、铁、碳钢、钼等)中一些常见的BCC晶体结构。黄铜和300系列不锈钢等具有FCC晶体结构。图1.8中紧密排列的球体代表一种原子排列,其具有单元胞,这些单元重复排列形成晶格晶体结构。每一个原子都和它的邻域相连,每个原子的原子核都被电子包围着。暴露在腐蚀性介质中形成电极表面的外层原子缺电子,与晶格分离形成介质的一部分,或与介质中的原子反应形成表面腐蚀产物。

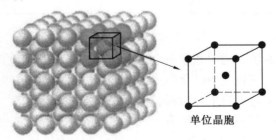

单位晶胞

图 1.8　BCC 晶体结构

由于原子错配,晶体固体中的晶界代表高能区,因此,它们被认为是微结构缺陷,比晶粒表面腐蚀得更快。图1.9所示分别为AISI304不锈钢在1 000 ℃退火0.5 h和RSA(快速凝固合金)$Ni_{53}Mo_{35}B_9Fe_2$在1 100 ℃下退火24 h的微观结构。图1.9(a)所示黑色晶界是使用王水蚀刻液(80% HCl+20% HNO_3,体积分数)而造成的严重的化学腐蚀。

图 1.9(b)所示为嵌入用大理石试剂蚀刻后的镍钼基体,可以看出 RSA 合金没有明显可见的晶界,但是显然由于构成原电池,化学侵蚀发生在基体—颗粒的界面处。由于光学效应,这些界面显示为明亮的区域。冶金方面另一个需要考虑的是塑性变形合金中的位错网络。一般来说,位错是线性缺陷,可以作为高能线,因此,它们很容易受到腐蚀,就像腐蚀介质中的晶界一样快。图 1.10 所示为 AISI304 不锈钢和 RSA $Ni_{53}Mo_{35}B_9Fe_2$ 中的位错网络的透射电子显微镜(TEM)照片。

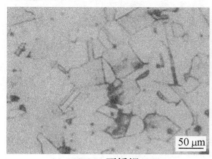

(a) AISI304 不锈钢 ,200×　　　　　　(b) RSA $Ni_{53}Mo_{35}B_9Fe_2$,5 000×

图 1.9　AISI304 不锈钢和 RSA $Ni_{53}Mo_{35}B_9Fe_2$ 中的位错网络

图 1.10(b)TEM 照片的上部有一条清晰的晶界,显示为一条黑色的水平线。被位错包围的小的白色区域被称为亚晶粒,它们具有和两种合金成分一样的 FCC 结构的晶体。

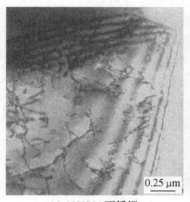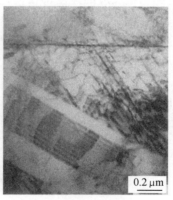

(a) AISI304 不锈钢　　　　　　　　(b) RSA $Ni_{53}Mo_{35}B_9Fe_2$

图 1.10　显示位错网络的明场 TEM 照片

1.5　点　蚀

点蚀这种腐蚀形式非常有局限性,表现为金属表面上的孔洞。最初形成的凹坑由于尺寸较小,需要较长的时间才能用肉眼观察到。图 1.11(a)所示为 2195 铝锂合金(weldalite049,商品名)的扫描电子显微镜(SEM)照片,其中含有平均直径约 4 μm 的凹坑。图 1.11(b)所示为点蚀机理的模型。由于保护膜(钝化氧化膜或有机涂层)破裂,可能会发生点蚀。这种形式的腐蚀可在铝及其合金、汽车镀铬保险杠或车身涂层（涂漆）零件上发现，原因是隔离表面的薄膜/涂层破裂。

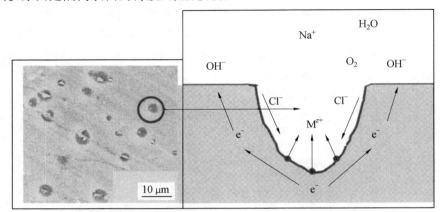

(a) 2195 铝锂合金在 3.5%NaCl 溶液中
动电位极化后的局部腐蚀 SEM 照片

(b) 点蚀机理

图 1.11　点蚀机理的模型示意图

金属表面的凹坑不是很明显，如果不发生穿孔，它们可能是无害的。点蚀萌生在金属表面缺陷的局部位置，可能是涂层失效、机械不连续或者微观结构相不均匀性（如二次相）引起的。除了凹坑形成或生长所需的延长时间外，假定许多阳极和阴极反应发生在局部位置，阳极反应和阴极反应的速度都很慢；然而，在大多数情况下，反应会继续沿重力方向向内进行。这表明，由于大量的阳极反应，坑底富含金属 M 的离子。

在含有氯离子和氧分子的水基电解液中，氯离子向凹坑底部迁徙，氧分子与金属表面的水分子发生反应。因此，会产生金属氯化物 $M^{z+} Cl^-$ 和羟基离子。这是一种被称为金属溶解的氧化过程。如果发生点蚀，金属溶解的非均匀机制会减少局部腐蚀，这可能涉及薄结构截面中的金属穿透。在大型结构截面的情况下，点蚀通常可忽略。另外，点蚀机制引起的表面疲劳失效在文献[4]中有很明确的记录，点蚀会随着表面微裂纹的发展而发展。

1.6　缝隙腐蚀

金属的相对低温电化学氧化可能发生如下情况：根据式(1.1a)，在含有污垢（水、油砂混合物或其他不溶性物质）的电解液中发生缝隙腐蚀。缝隙腐蚀的机制是电化学腐蚀，图1.12 也说明了这一点。其需要一段时间来开始金属氧化过程，但之后可能会加速。

缝隙腐蚀与停滞电解液中的点蚀相似。这种形式的腐蚀是局部化学变化引起的，如缝隙中氧气的耗尽、pH 随氢浓度（$[H^+]$）的增加而增加，以及氯离子的增加。氧耗尽意味着氧气还原的阴极反应无法在缝隙区域内维持，从而导致金属溶解。使用适当的密封剂和保护涂层可以消除或减少缝隙腐蚀问题。

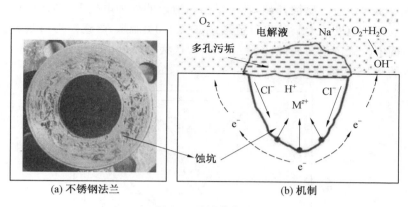

(a) 不锈钢法兰　　　　　　(b) 机制

图 1.12　缝隙腐蚀

1.7　应力相关的腐蚀开裂

　　承受拉伸应力和腐蚀环境的结构部件可能在低于屈服强度的应力下过早失效。这种现象被称为环境诱导开裂(EIC),它分为以下几类:应力腐蚀开裂(SCC)、腐蚀疲劳开裂(CFC)和氢致开裂(HIC)。在与极化图有关的外加电位的影响下,这三种类型还可以继续划分。EIC 已经被研究了几十年,但是为了更好地理解其作用,还需要做进一步的研究。关于这一主题的文献非常丰富,因此本节对 SCC、CFC 和 HIC 仅做简要讨论。

　　(1)SCC。

　　只有当拉伸应变速率或施加的电位在一个狭窄又很关键的范围内时,才可能在慢应变速率(SSR)和 Cl^- 环境下发生 SCC;否则,由于低应变速率下的薄膜修复或高应变速率下的机械故障,金属和合金对 SCC 免疫。图 1.13 给出了派克的经典应力－应变曲线,用于使用 SSR 技术评估碳钢在两种不同环境中的相对高温应力腐蚀敏感性,图中 ε 表示应变率。应力－应变曲线显示,试样在热硝酸钠中出现了应力腐蚀开裂,其总伸长率大约为 4%,而其在惰性环境中的伸长率接近 25%。

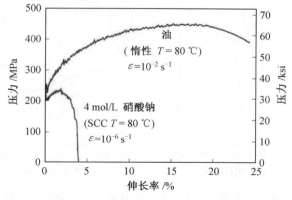

图 1.13　碳钢在热油和热硝酸钠中的应力－应变曲线

(1 ksi＝6.84 MPa)

为了进一步评估应力腐蚀开裂，延性材料在恒定的外加电位下，必须存在应变率的上限和下限以及恒定应变速率下的电位范围。如图 1.14 所示，虚线矩形形状表示应变率的范围和激活的电位范围应力腐蚀开裂。临界 SCC 状态以最小延性表示。图 1.14 还给出了脆性材料的 HIC 连续曲线。

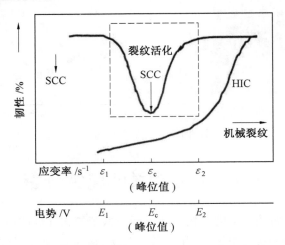

图 1.14　采用 SSR 试验方法的应变速率对延性的影响示意图

Kim 和 Wilde SCC 曲线的试验验证如图 1.15 所示，图中电位数值是相对于饱和甘汞电极获得的。对于 RSA 和 IM（铸锭合金）304 不锈钢，在拉伸试验中使用光滑的圆形试样置于室温下的 0.10 mol/L 的硫酸溶液。这些钢的化学成分相同，但是它们是用不同技术生产的。它们的初始显微组织状态如图 1.15 所示，为冷轧态。延展性的特点是横截面积百分比减小。IM304 不锈钢在零电位下表现出最大的应力腐蚀开裂，而 RSA304 不锈钢则由于横截面积百分比随电位的降低而不断降低，明显地受到了 HIC 的影响。

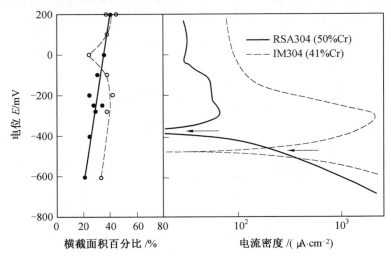

图 1.15　IM304 不锈钢在 1 000 ℃下冷轧退火 24 h 的塑性影响及其应用
潜力（试样拉伸试验条件：0.1 mol/L H_2SO_4，23 ℃，5.5×
$10^{-5} s^{-1}$，5 mV/s）

图 1.16 所示为试样标距上典型的次级裂纹。只有一半的断裂试样显示出来,因为另一半的裂纹形貌相似。这些裂纹通常在易受应力腐蚀开裂的延性材料中形成。这种类型的试样断裂可归因于 SCC,延性下降和次级裂纹的形成证实了这一点。因此,在腐蚀性环境中,外加应力和外加电位的组合会降低材料的机械性能,特别是试样表面的劣化。如图 1.16 所示,可见的次级裂纹与分散和局部化的阳极电池有关,这是机械加工缺陷、冶金次生相、显微组织缺陷等造成的。

此外,断裂面垂直于试样的纵向,表现出宏观上的脆性断裂。因此,应力腐蚀开裂是一种低拉应力下的脆性断裂机制。这意味着主裂纹扩展发生在垂直于施加的拉伸载荷的情况下,裂纹扩展机制属于穿晶、沿晶或这些机制的组合。晶内裂纹扩展几乎是 SCC 过程中最常见的冶金失效形式,裂纹主要是由裂纹尖端的机械断裂引起的,阳极溶解可能是整个 SCC 过程的次要机制。

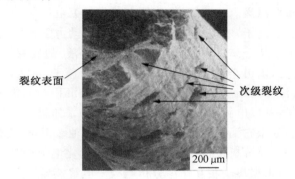

图 1.16　AISI304 不锈钢在 1 000 ℃下退火 24 h 的 SEM 断口形貌
(试样拉伸试验条件:0.10 mol/L H_2SO_4,23 ℃,5.5×10^{-5} s^{-1},0 mV)

(2)CFC。

CFC 和 SCC 在腐蚀介质和机械中的脆性断裂表面破坏形式方面有相似之处,两者都有影响裂纹张开的拉应力分量。循环应力范围是一个动态过程,当构件暴露在腐蚀溶液中时,金属构件表面会产生裂纹,循环应力与环境的共同作用加速了裂纹的产生,降低了疲劳寿命。

(3)HIC。

HIC 的主要特征是氢原子扩散到材料中而引起的脆性机械断裂,这是因为氢原子很小,并且具有穿过晶格的能力。这种特殊的机制也被称为氢脆,是一种不可逆的氢损伤。如果晶格缺陷中的氢原子形成分子氢,这些分子形成气泡,那么这种冶金损伤称为起泡。

1.8　本章小结

不同工程结构中的腐蚀形式都有一个共同的氧化机制,以阳极反应为例,如式(1.1a)。腐蚀可能是化学反应也可能是电化学反应。一种常见的腐蚀过程是氢氧化铁的形成。腐蚀被划分为局部或全面的氧化过程。它以各种形式表现出自身或受外界影响时的行为,从钢构件受到的大气腐蚀直到唾液和食物接触牙科合金发生的口腔腐蚀等。

第 2 章　电化学基础

2.1　概　述

　　本章将阐明电化学电池的基本特性和技术意义。由于第 3 章将详细描述电化学原理，因此本章不再介绍，主要为读者提供有关电耦合中金属还原和金属氧化的关键定义和概念。阳极保护和阴极保护的原理对于理解电化学在防止金属结构局部腐蚀和一般腐蚀方面的适当应用具有重要意义。一般来说，应用电化学研究电极/电解液系统对电刺激的化学反应，可以评估物质（离子）的电化学行为，包括浓度、动力学和反应机理。

　　电化学电池涉及电子从金属（电极）表面到环境（电解液）的转移，这种金属被称为阳极，因为它有氧化的能力，阳极金属失去电子，变成缺电子原子，称为阳离子；接收或获得电子的金属是阴极，溶液中的阳离子以原子的形式减少或沉积在阴极表面。因为存在以离子为代表的带电粒子，所以电解液中必须存在一个电场。如果一个电化学电池产生能量，它就被称为原电池；如果它消耗能量，它就是一个电解池。但是，电化学过程被认为是一种与电学和化学有关的电分析技术，通过测量电量来量化电池中的化学变化。化学测量通常涉及多相体溶液，根据离子相互作用分析电极－电解液界面处的电化学过程。

　　电化学的应用非常广泛。简单地说，金属离子可以在电极表面通过化学和电化学还原成原子。前者不涉及任何电流来驱动氧化还原反应的进行，但后者需要。金属还原从纳米尺度开始，形成原子团或纳米颗粒，并可能达到微米尺度（如厚膜形成）或宏观尺度（如从溶液中回收铜的电沉积技术）。

2.2　电　极

　　假设一个导电体，如含有被称为离子的带电粒子的水溶液，存在于静态电化学系统中，并且存在无穷小的电流，则空间 P 点处的电场强度向量 E 和系统的内电位 φ 分别定义如下：

$$E = F/Q \tag{2.1a}$$

$$\varphi = \lim_{Q \to 0} W/Q \tag{2.1b}$$

式中　F——电场力矢量，N；

　　　Q——电荷，C；

　　　W——电功，J。

　　事实上，Q 取决于离子的类型，这些离子在本书中被称为电极，它与法拉第常数 F 有关。F 和 Q 的定义如下：

$$F = q_e N_A \approx 96\ 500\ \text{C/mol} \tag{2.1c}$$

$$Q = zFX_i \tag{2.1d}$$

式中　q_e——电子电荷，$1.602\ 2 \times 10^{-19}$ C；

　　　N_A——阿伏伽德罗常数，$6.022\ 14 \times 10^{23}$ mol^{-1}；

　　　X_i——离子 i 的物质的量，mol；

　　　z——价态或氧化数。

三维笛卡儿电场强度分量极化被定义如下：

$$\begin{bmatrix} E_x \\ E_y \\ E_z \end{bmatrix} = -\nabla\varphi = -\begin{bmatrix} \partial\varphi/\partial x \\ \partial\varphi/\partial y \\ \partial\varphi/\partial z \end{bmatrix} \tag{2.2a}$$

$$\begin{bmatrix} E_x \\ E_y \\ E_z \end{bmatrix} = \lambda Q \begin{bmatrix} x^{-2} \\ y^{-2} \\ z^{-2} \end{bmatrix} \tag{2.2b}$$

式中　$\lambda = 1/(4\pi\varepsilon_0) = 9 \times 10^9$ N·m^2/C^2，ε_0 为真空介电常数，$\varepsilon_0 = 8.854 \times 10^{-12}$ C/(N·m^2)。

2.2.1　单极子

在图 2.1(a)所示的单极子 Q^+—P 路径中，将 φ 定义为在点电荷 Q^+ 周围的空间点 P 处的电量，由积分式(2.2a)得到 x 方向上的内电位：

$$\varphi_x = \int_0^r E_x \mathrm{d}x = \lambda Q/r \tag{2.3}$$

式(2.3)给出了由点电荷 Q^+ 引起的单极电位的定义。这是相对较短距离的两点间的内部电位的简单定义。当 $r \to \infty$ 时，$\varphi \to 0$；相反，当 $r \to 0$ 时，$\varphi \to \infty$。根据式(2.3)可知电位"奇点"是 r^{-1} 的数量级，从而确定 φ。

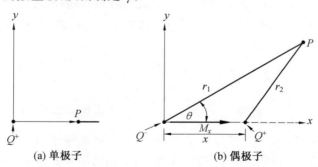

图 2.1　水相中电极示意图

将电解液或金属看作处于平衡状态的单导体相。在这种情况下，不会产生电流，相位中的所有点处的电场都等于零。事实上，非无穷小电流是一个不可逆的过程，因为相中电流的产生同时产生了热量。平衡状态下，式(2.2b)给出 $E_x = E_y = E_z = 0$，也就是说在体相中电位是恒定的，因此电流 $I = 0$，$\varphi \neq 0$。

可以用式(2.2a)来分析，因为 $\partial\varphi/\partial x = 0$ 但是 $\int_0^r \partial\varphi = 0$ 由 $\varphi + C = 0$ 得出，其中 $C =$ 常

数,所以 $\varphi \neq 0$,也就是说它是均匀分布在相表面上的净电荷;否则,类似电荷的斥力将不允许电荷扩散(运动)到相表面。

2.2.2 偶极子

图 2.1(b)中所示的电荷对,其中正负电荷被一段距离 $x \ll r_i$ 隔开,形成电偶极矩的大小为 $M_x = xM$,假设带电粒子和空间中的点 P 构成一个直角三角形。因此,由式(2.3)描述的单电荷情况进行扩展就可以得到内部电位 φ。联立 $M_x = xM$ 和式(2.3)可以得到

$$\varphi = \int_0^r E_x \, \mathrm{d}x = \int_0^r E\cos\theta \, \mathrm{d}x = \int_0^r \frac{\lambda Q \cos\theta}{r^2} \, \mathrm{d}x \tag{2.4}$$

$$\varphi = \frac{\lambda M_x \cos\theta}{r^2} \quad (r \gg x) \tag{2.5}$$

作一个斜三角形,则电位为

$$\varphi = \int_{r_2}^{r_1} E \, \mathrm{d}r = \int_{r_2}^{r_1} \frac{\lambda Q}{r^2} \, \mathrm{d}r = \lambda Q\left(\frac{1}{r_2} - \frac{1}{r_1}\right) \tag{2.5a}$$

$$\varphi = \lambda Q\left[\frac{r_1^2 - r_2^2}{r_1 r_2 (r_1 + r_2)}\right] \tag{2.5b}$$

利用余弦定理,假设 $r_i \gg x$,可以得到

$$r_2 = r_1^2 + x_2 - 2xr_1\cos\theta \tag{2.5c}$$

$$r_2 \approx r_1^2 - 2xr_1\cos\theta \quad (r_i \gg x) \tag{2.5d}$$

$$r_1^2 - r_2^2 \approx 2xr_1\cos\theta \tag{2.5e}$$

将式(2.5e)和 $M_x = xM$ 代入式(2.5b)中得到

$$\varphi \approx \lambda M_x \left[\frac{2\cos\theta}{r_2(r_1 + r_2)}\right] \tag{2.5f}$$

令式(2.5f)中 $r \approx r_1 \approx r_2$,此时电位变为与式(2.5)相同的形式。

当 $r \to 0$ 时,$\varphi \to \infty$,电位 φ 的"奇点"是 r^{-2} 的数量级。因此,根据式(2.3)和式(2.5),电场强度分别为

$$E_x = -\frac{\partial\varphi}{\partial r} = \frac{\lambda Q}{r^2} \quad (单极子) \tag{2.6a}$$

$$E_\theta = -\frac{\partial\varphi}{\partial r} = \frac{2\lambda M_x \cos\theta}{r^3} \quad (偶极子) \tag{2.6b}$$

可知,对于单极子,E"奇点"的数量级是 r^{-2};对于偶极子,E"奇点"的数量级则是 r^{-3}。本书简要介绍了一个相的电场强度来源,一个相已经被视为一个电中性的热力学系统,而不是一个非均相的电化学电池。

2.3 电化学电池

腐蚀基本是一个电化学过程,它涉及导致金属溶解或表面劣化的相互作用。因此,需对电化学过程有透彻的了解,以在特殊的金属—电解液系统中减轻腐蚀。这说明,必须知道电化学过程的驱动力,才能对电化学电池的类型进行分类,从而从溶液中回收金属或防

止腐蚀。

一般来说，电化学电池有四个基本组成部分：

①电解液是导电液体或潮湿的土壤；

②阳极电极是一种与电解液接触的金属，在阳极电极表面发生氧化反应；

③阴极电极是一种与电解液接触的金属，在阴极电极表面发生还原反应；

④连接阳极和阴极电极的电源，为电化学系统提供还原反应（电解）的电位或通过阳极的电流，以保护阴极免受腐蚀。

电化学电池可分为原电池、电解池和浓差电池（图 2.2）。

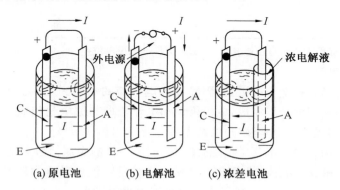

(a) 原电池　　(b) 电解池　　(c) 浓差电池

图 2.2　电化学电池的类型

C—阴极；A—阳极；E—电解液

（1）原电池。

原电池由两个不同金属形成电偶电极，电流顺时针流动，电子从阳极流向阴极，电流从阴极流向阳极，电功率 $P = EI$。在电化学化学计量原理下，形成电化学反应，遵循法拉第电解定律，使氧化还原反应在没有外部电源的情况下自发发生。

（2）电解池。

电流在电解池中顺时针流动，如图 2.2(b)箭头所示。电解池的电源在外部。这种电池有双金属和单金属电极之分。电解池在工作过程中消耗电能，$P = EI$。由于施加的电位大于电流电位，因此电池反应的驱动方向与电流方向相反，也就是说，电流反应被反向驱动。如果电流流动，则利用电化学化学计量原理通过电解过程产生电化学反应，并在阴极表面沉积金属离子。这种电池在电化学冶金领域是非常有用的，可利用其在阴极上电镀金属离子从氧化矿中回收金属。电解是一种电化学过程，在这个过程中，通过直流电使氧化还原反应（非自发）发生。因此，在电解池或原电池中可测量的电池电位差会受到欧姆电位（$E = IR$）下降的影响。原电池和电解池的比较见表 2.1。

表 2.1　电化学电池的比较

原电池	电解池
产生化学能	提供电能
化学能→电能	电能→化学能
$\Delta G^{\ominus} < 0$ 且 $E^{\ominus} > 0$	$\Delta G^{\ominus} > 0$ 且 $E^{\ominus} < 0$
自发的氧化还原反应	非自发的氧化还原反应
正阴极	负阴极
负阳极	正阳极
干电池	电镀、阴极保护

注：$\Delta G^{\ominus}$ 为标准吉布斯自由能变化量；$\Delta E^{\ominus}$ 为标准电极电位差。

（3）浓差电池。

浓差电池具有单金属电极，但阳极浸入电解液的集中区域，如图 2.2（c）所示。这种电池的电极由相同的金属制成，电极极性和电流流向与原电池相似。电极浸没在非均匀电解液中，但阳极位于电解液（j）的浓缩部分，浓度为 c_j（阳极）＞c_j（阴极）。

图 2.3 所示为两个电化学电池，图中标明了阳极的金属溶解和电流方向。图 2.3（a）标明金属 M_1 和 M_2 分别作为阳极和阴极。它们都浸泡在各自的硫酸盐基电解液中。每个 $M_1-M_1SO_4$（aq）和 $M_2-M_2SO_4$（aq）分别构成阳极半电池和阴极半电池，电化学电池由这两个半电池组成。随后，电流如图 2.3（a）所示流动。图 2.3（b）所示为由于缺少电流而产生的原电池，其电子流通过导线从阳极流向阴极。

M_1SO_4（aq）和 M_2SO_4（aq）在它们的水溶液中处于离子状态。为了测量二者之间的电位差，将两种金属与电路外部相连。这种可测量的电池电位取决于电流/电子。如果电流停止，则电池电位称为开路电位或标准电位，如图 2.2（c）所示，其用于纯金属还原。标准电位也被称为平衡条件（单位活度，25 ℃，1 atm（1 atm＝101 323 Pa）的压力）下的电动势。

图 2.3（b）中铁原电池由冷加工处理的阳极和退火处理的阴极组成。前者是由于在冷加工（塑性变形）过程中产生的位错密度和内部的残余应力等微观结构缺陷而成为阳极电极；后者是由于在退火过程中应力消除，位错密度几乎等于零或者消除而成为阴极电极。

铁基耦合形成的原电池可以通过两个例子来阐明和评估。根据图 2.2 中的系列原电池，铁位于铜和锌之间。假设两块钢板一块涂有锌，另一块涂有铜，则此时铁作为铜的阳极和锌耦合的阴极。在后一种情况下，锌成为牺牲阳极，这是镀锌钢板和管道耦合的原理。

如果铜涂层破裂，钢就会暴露在电解液中，成为阳极，因此会发生氧化反应。每个耦合情况下的标准电池电位（$E^{\ominus}_{cell}$）是通过加上标准电位来确定的，$E^{\ominus}_{Fe} = -0.440$ V 和 $E^{\ominus}_{Zn} = -0.763$ V。因此，

$$Fe-Cu \text{ 电偶对：} E^{\ominus}_{cell} = |E^{\ominus}_{Fe} - E^{\ominus}_{Cu}| = |-0.440 \text{ V} - 0.337 \text{ V}| = 0.777 \text{ V}$$

$$Fe-Zn \text{ 电偶对：} E^{\ominus}_{cell} = |E^{\ominus}_{Fe} - E^{\ominus}_{Zn}| = |-0.440 \text{ V} - (-0.763 \text{ V})| = 0.323 \text{ V}$$

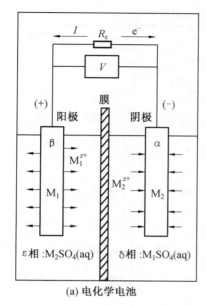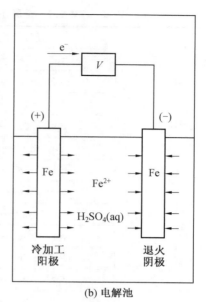

图 2.3　电化学电池与电解池

上述标准状态(表 2.2)符合国际纯粹与应用化学联合会(IUPAC)通过的公约,该公约要求所有列表中的电动势(e.m.f)或标准电极电位值($E^{\ominus}$)与纯金属还原反应的标准氢电极(SHE)一致,如 $M^{z+} + ze^- \Longrightarrow M$。

因此,铜原子覆盖在锌棒上或形成溶液杂质沉积到烧杯底部。最终,这个氧化还原反应(整体)产生化学能(这就是化学能的来源),以热能形式释放出来。通过电化学电池的装置,可以将其转化为有用的功,如图 2.3(a)和图 2.4 所示。实际上,这个电池被假定含有带电粒子,但至少有一种带电物质不能覆盖系统的所有相,并且在各相之间会产生电位差。

图 2.3(a)或图 2.4 均可以作为发展电化学系统热力学的一个研究点,其被称为含有作为导体相的电化学电池,因此需要电解液来适当维持电位差。在传统电化学电池装置中,阴极是保持在右侧的最正电极,阳极是最负电极。因此,电子流从左到右通过(图 2.3(b)和图 2.4)。

通常来说,电化学电池可作为驱动电源或由外部电气系统驱动,这取决于电池电位或外加电位。

图 2.4 中,$\varphi_{Zn/Cu}$ 和 $\varphi_{Cu/Cu}$ 是接触电位,φ_j 是液接电位。图 2.4 是可测量的标准电极电位,可作为界面电位的量度。

表 2.2　金属还原的标准电位

	还原反应	$E^{\ominus}/V$
	$Au^{3+}+3e^-\!\!=\!\!=\!Au$	$+1.498$
	$O_2+4H^++4e^-\!\!=\!\!=\!2H_2O$	$+1.229$
贵金属	$Pt^{2+}+2e^-\!\!=\!\!=\!Pt$	$+1.200$
	$Pd^{2+}+2e^-\!\!=\!\!=\!Pd$	$+0.987$
↑	$Ag^++e^-\!\!=\!\!=\!Ag$	$+0.799$
	$Cu^{2+}+2e^-\!\!=\!\!=\!Cu$	$+0.337$
	$Re^{3+}+3e^-\!\!=\!\!=\!Re$	$+0.300$
	$H^++e^-\!\!=\!\!=\!H$	0
	$Fe^{3+}+3e^-\!\!=\!\!=\!Fe$	-0.036
	$Pb^{2+}+2e^-\!\!=\!\!=\!Pb$	-0.126
	$Sn^{2+}+2e^-\!\!=\!\!=\!Sn$	-0.136
	$Ni^{2+}+2e^-\!\!=\!\!=\!Ni$	-0.250
	$Co^{2+}+2e^-\!\!=\!\!=\!Co$	-0.277
↓	$Cd^{2+}+2e^-\!\!=\!\!=\!Cd$	-0.403
	$Fe^{2+}+2e^-\!\!=\!\!=\!Fe$	-0.440
	$Cr^{3+}+3e^-\!\!=\!\!=\!Cr$	-0.744
	$Zn^{2+}+2e^-\!\!=\!\!=\!Zn$	-0.763
	$Ti^{2+}+2e^-\!\!=\!\!=\!Ti$	-1.630
活泼金属	$Al^{3+}+3e^-\!\!=\!\!=\!Al$	-1.662
	$Mg^{2+}+2e^-\!\!=\!\!=\!Mg$	-2.363
	$Na^++e^-\!\!=\!\!=\!Na$	-2.714
	$K^++e^-\!\!=\!\!=\!K$	-2.925
	$Li^++e^-\!\!=\!\!=\!Li$	-3.045

$$E_{cell}^{\ominus}=(E_{Zn}^{\ominus}+E_{Cu}^{\ominus})+[\varphi_{Zn/Cu}+\varphi_{Cu/Cu}+\varphi_j] \tag{2.7a}$$

在实际情况下,存在非标准条件,电池电位可由下式得出

$$E_{cell}=E_{cell}^{\ominus}+[E_n-E_o-\eta] \tag{2.7b}$$

式中,E_n 和 E_o 分别为阴极电极电位和阳极电极电位;η 为阳极过电位。

总之,这种电化学耦合有以下几个特点:

(1)将锌浸入硫酸锌中,使 $Zn-ZnSO_4$(aq)成为阳极半电池。同样,硫酸铜中的 $Cu-CuSO_4$(aq)成为另一个半电池。

(2)$Cu-Zn$ 原电池$\equiv Cu-CuSO_4$(aq)半电池$+Zn-ZnSO_4$(aq)半电池。

(3)$CuSO_4$(aq)和 $ZnSO_4$(aq)电解液是类似于 Zn 和 Cu 的电极的相,也是电导体。

(4)用铜丝连接锌电极和铜电极,使导线之间不产生电位差,则铜丝称为端子。

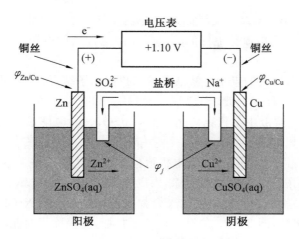

图 2.4　铜－锌电化学电池示意图

（5）盐桥或多孔膜用于连接两种电解液，并允许离子迁移以保持电池的电中性。

（6）如果不使用盐桥，则两个半电池需要被隔开，同时由于产生 Zn^{2+} 时，Zn 电极变得更正，而 Cu 电极变得更负且以铜原子的形式沉积在电极表面，失去了电中性，因此，Zn^{2+} 和 SO_4^{2-} 通过盐桥向相反的方向移动。

（7）端子连接到电压表上，即完成电化学电池电路。

（8）原电池（如电池）将化学能转化为电能，电子通过端子从阳极流向阴极而产生能量。

（9）电压表用于测量铜电极和锌电极是否处于平衡状态。

2.3.1　开路状态

在开路状态下，电压表被拆下形成开路。下面以图 2.4 为例进行概括总结：

（1）由于电池具有不稳定性，Cu^{2+} 通过盐桥扩散到 $ZnSO_4$（aq）中。虽然扩散很慢，但是铜离子会与锌电极接触。因此，锌阳极氧化和铜离子还原形成原子。氧化还原反应是阳极反应和阴极反应共同作用的结果。

（2）在没有电流的情况下发生自发氧化还原反应。最终，锌电极将进入溶液溶解。

（3）氧化还原反应表明 Zn 在 $ZnSO_4$（aq）中氧化，而 Cu 在 $CuSO_4$（aq）中还原。最终，电池被消耗殆尽。

（4）为了避免损坏电池，只需将电压表等电阻器件连接到端子上。硫酸铜溶液中电场力的存在使铜离子远离硫酸锌溶液。

2.3.2　闭路状态

在闭路状态下，将电压表连接到原电池上，测量锌电极和铜电极之间的电位差。$E_{cell}=+1.10$ V 在标准状况下（$p=1$ atm，$T=25\ ℃$，$c=1$ mol/L）工作的电池会发生如下现象：

（1）Cu－Zn 电位 $\varphi_{Zn/Cu}$ 低于 Cu－Cu 电位 $\varphi_{Cu/Cu}$。因为 $\varphi_{Zn/Cu}<\varphi_{Cu/Cu}$，电流通过外电路或端子从电位低的阳极半电池流向电位高的阴极半电池。

（2）放电时，电功 $W=Q\Delta\varphi=QE_{cell}>0$ 时电流才能产生。此处 $\Delta\varphi$ 为电池的电位差。

（3）如果 $W>0$，那么电流从电位低的电极流向电位高的电极（从 Cu 电极流向 Zn 电极）。

（4）到达硫酸铜电解液的电子与溶液中的二价铜离子结合，以铜原子的形式沉积在铜电极表面。这种铜沉积称为电镀。

（5）$CuSO_4(aq)$ 电解液中二价铜离子耗尽，$ZnSO_4(aq)$ 电解液中的二价锌离子富集，形成电位差。

（6）一旦 $\Delta\varphi=E_{cell}$，则阳离子从 Zn 电极流向 Cu 电极，前提是半电池被无孔膜（图 2.3(a)）或盐桥（图 2.4）隔开。根据欧姆定律，内电位的变化是 $\Delta\varphi=IR$。

（7）盐桥填充琼脂凝胶（多糖琼脂或聚合物凝胶）和浓盐水（NaCl 或 KCl）溶液，以保持半电池之间的电中性（图 2.4）。凝胶允许离子扩散，但消除了对流。

（8）最大电位差和相应的电池图解如图 2.5 所示。

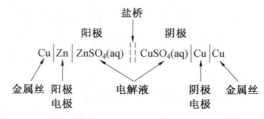

图 2.5　图 2.4 所示原电池图解

图 2.5 中，垂直线表示相边界；两条竖直虚线表示盐桥。

已经详细讨论过了电化学电池，现在可以很容易从化学能的角度来继续分析电化学的热力学，而化学能又会转化为电能。随后的分析过程导出了能斯特方程，该方程适用于非标准条件下离子活度小于 1 时电池电位的确定。

2.3.3　电化学电池的应用

目前所研究的铜－锌电化学电池（图 2.4）是一种能够产生 1.10 V 的化学能源，这是一种相对较低的能量输出，能源容量可以通过串联几个电池来增强。电化学电池常见的应用是生产手电筒、收音机、汽车等的电池。例如，铅酸（$Pb-H_2SO_4$）汽车蓄电池的生产包括铅阳极和铅氧化物阴极浸在硫酸溶液中。一个单独的铅酸原电池产生 2 V 电压，6 个串联电池则会产生 12 V 电压；但是如果这 6 个电池并联，那么总电压是 2 V，而总电流是单个电池的 6 倍。这些铅酸汽车蓄电池可以通过由交流发电机提供外加电流来延长使用寿命。在这种情况下，氧化反应和还原反应是可逆的。表 2.3 列出了一系列海水中金属和合金的电偶。

表 2.3　海水中金属和合金的电偶

贵金属 ↑	锌(Zn)
	低碳钢
	合金钢
	铸铁
	不锈钢
	α—黄铜
	铝黄铜
	红黄铜
	铜(Cu)
	铝青铜
	镍(Ni)
	镍基合金
	铜—镍合金
活泼金属 ↓	哈氏合金
	钛

2.4　热 力 学

以图 2.3(a)中的电池为例,对其所涉及的热力学进行讨论。在一般情况下,移除盐桥,将每一个电池看作独立的体系。设金属棒 M 浸入水溶液中的 α 相(电解液),即 ε 相(MSO_4)。设 z^+ 和 z^- 为阳离子 M^{z+} 和阴离子($X^{z-} = SO_4^{2-}$)的价态。这个双电层是正离子和负离子的正常平衡(相等数量),它们扩散到界面上,引起能量扰动。最终,系统将在电解液中达到平衡态。

半电池平衡时两相之间的电位差($\varphi^\alpha - \varphi^\varepsilon$)无法测量,但两个电极的连接如图 2.3(a)所示,可以测量两电极之间的电位差。可以通过使用盐桥或多孔膜将 β—δ 系统连接到原来的 α—ε 系统。因此,α 和 β 之间的电位差即 $E = \varphi^\alpha - \varphi^\beta$。而盐桥是一个玻璃管,里面充满了电解液,其间的电解液在不破坏平衡状态的情况下使电荷在电极之间转移。

能斯特方程式如下所示,用来计算电化学电池的非平衡电位(E),热力学推导公式的过程此处省略,可查询其他参考书。

$$E = E^\ominus - \frac{RT}{zF} \ln K \tag{2.8}$$

对能斯特方程的解释表明,电流是由已知金属 M_1 和 M_2^{z+} 氧化状态变化引起的,即法拉第电流,其可以用来测量氧化还原反应的速率。式(2.8)中 zF 为 1 mol 电活性物质反应所需的电荷量。因此,氧化还原反应涉及不同电位相之间的电子转移,式(2.8)体现了法拉第电解定律。例如,如果电流在可逆原电池中停止流动,此时即达到电化学平衡。

能斯特方程是在可逆原电池的热平衡条件下推导得到的,公式中的平衡常数 K 和电流作用下的化学平衡常数不完全相同。能斯特方程给出了可逆原电池的开路电位差(e. m. f)和液接电位(式(2.7a)),二者始终存在,但总是很小。例如,图 2.4 中电池的液接电位差为 $\varphi_j = \varphi_{CuSO_4} - \varphi_{ZnSO_4} \approx 0$,在连接上盐桥之后并不能完全消除。

从宏观上看,能斯特图如图 2.6 所示,它阐明了一个简单的微积分图。截距是在 25 ℃下的标准电位($E^\ominus$),斜率是电荷与能量的比,即 $b = -RT/zF$。

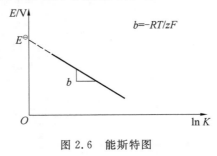

图 2.6　能斯特图

2.5　标准电极电位

本节将介绍测量电动势(即标准电位 $E^\ominus$,见表 2.2)的步骤。标准氢电极(SHE)用作进行这些测量的参考电极。一般来说,一个用来测量金属标准电位的参比电极必须是可逆的,典型的热力学适用于所有可逆过程。SHE 电池的电极电位的测量如图 2.7 所示,电池的示意图如图 2.8 所示。

SHE 是一种气体电极,它由悬浮在硫酸溶液中的铂箔组成,在 25 ℃,1 atm 下具有单位活度(活度符号为 α)。为了保持单位活度,将纯氢注入阳极半电池以除去任何溶解氧。铂箔在这种溶液中是一种惰性材料,它使氢分子氧化,提供金属阳离子在阴极表面还原所需的电子。阳离子的浓度也保持在单位活度。按照惯例,标准氢电极电位为零。

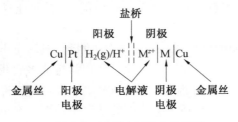

图 2.7　金属/SHE 电池图解

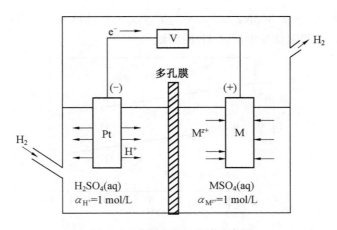

图 2.8　金属/SHE 电池示意图

2.6　电位－pH 图

Pourbaix 于 1938 年在水溶液中的电化学平衡图集中提供了电位(E)－pH 图图标的汇编。实际上,E－pH 图适用于腐蚀、电沉积、电镀、湿法冶金、电解、电池和水处理的研究,因为它们是指示离子、氧化物和氢氧化物稳定性领域的电化学热力学图。图中提供了电化学场中用电位测量的氧化力,用 pH 测量物质的酸碱值。因此,任何涉及羟基离子的反应都应该用氢离子浓度来表示,而氢离子浓度又转化为 pH。除了电化学系统中可能发生的反应外,简化的 Pourbaix 图为设计和分析电化学系统提供了重要的研究方向。然而,Pourbaix 图不包括在动力学研究中必不可少的腐蚀速率。

2.6.1　水和氧气的示意图

考虑标准条件下的析氢反应:

$$2H^+ + 2e^- \Longequal H_2 \tag{2.9}$$

其平衡常数为

$$K = \frac{\alpha_{H_2}}{\alpha_{H^+}} = \frac{[H_2]}{[H^+]^2} = \frac{p_{H_2}/p_O}{[H^+]^2} \tag{2.9a}$$

$$\lg[K] = \lg(p_{H_2}) - 2\lg[H^+] \tag{2.9b}$$

式中　　α_{H_2}——H_2 活度;

α_{H^+}——H^+ 活度;

p_{H_2}——H_2 分压;

p_O——氧化物分压。

能斯特方程给出的氢电位为

$$E_H = E^{\ominus}_{H^+/H_2} - \frac{2.303RT}{zF}\lg[K] \tag{2.10a}$$

$$E_H = \frac{b}{2}(2pH - \lg p_{H_2}) \tag{2.10b}$$

式中　b——斜率，$b=-2.303RT/zF$，$z=2$，$E_{H^+/H_2}^{\ominus}=0$，$pH=-\lg[H^+]$。

由式（2.10b）得到图 2.9 中标注 H_2 的曲线。

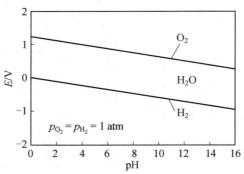

图 2.9　水和氧气的 Pourbaix 图

氧气在酸溶液中：

$$O_2+4H^++4e^-=\!=\!=2H_2O \tag{2.11}$$

其中

$$K=\frac{[H_2O]^2}{[O_2][H^+]^4}=\frac{1}{[p_{O_2}/p_O][H^+]^4} \tag{2.11a}$$

$$\lg[K]=-\lg p_{O_2}-4\lg[H^+] \tag{2.11b}$$

$$\lg[K]=-\lg p_{O_2}+4pH \tag{2.11c}$$

$$E_{O_2}=E^{\ominus}+\frac{2.303RT}{zF}\lg\frac{p_{O_2}}{[OH^-]^4} \tag{2.11d}$$

将 $z=4$ 代入式（2.11d）可知

$$E_{O_2}=E_{O_2}^{\ominus}-\frac{2.303RT}{zF}\lg[K] \tag{2.11e}$$

$$E_{O_2}=1.229+\frac{b}{4}(4pH-\lg p_{O_2}) \tag{2.12}$$

根据式（2.12）作图得到一条直线，如图 2.9 所示。当 p_{H_2} 和 p_{O_2} 变化时，其斜率 $b=-0.059\ 2$ V 保持不变。通常，为了方便比较，将这些直线叠加在一张金属 $M-H_2O$ 图中。

分析图 2.9 可得：

①$p_{H_2}<1$ atm 时，水不稳定，分解为氢气，因此，$2H_2O+2e^-=\!=\!=H_2+2OH^-$。

②$p_{H_2}=1$ atm 时，式（2.10）变为 $E_H=-0.059\ 2pH$，并在 H_2O 和 H_2 之间确定二者谁占优势，显然 H_2 更占优势。

③$p_{H_2}>1$ atm 时，水较稳定。

④$p_{O_2}<1$ atm 时，水较稳定。

⑤$p_{O_2}=1$ atm 时，式（2.12）变为 $E_{O_2}=1.229-0.059\ 2pH$，此时，O_2 更占优势。

⑥$p_{O_2}>1$ atm 时，O_2 占优势。

2.6.2 金属 M 的 Pourbaix 图

图 2.10 所示为一种金属的 M—H_2O 电化学系统 Pourbaix 图。但是一个简单的 M—H_2O 的 Pourbaix 图应该包括水和氧气的线以便进行比较。图 2.10 的组成内容包括使用能斯特方程确定 1 线和 3 线的电位 E，用已知的平衡常数 K 确定 2 线和 4 线的 pH。金属离子活度范围可为 10^{-6} mol/L$\leqslant \alpha_{M^{z+}} \leqslant 1$ mol/L。但是为了简化构建过程，本节选择 $\alpha_{M^{z+}} = 10^{-6}$ mol/L，否则，将生成多条垂直线和斜线。如果 $\alpha_{M^{z+}} = 1$ mol/L，电化学腐蚀过程将不存在。具体步骤如下：

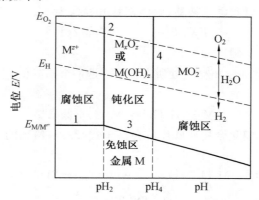

图 2.10 一种金属 M、水和氧气的 Pourbaix 图

(1)水平线 1。

$$M \Longrightarrow M^{z+} + ze^- \tag{2.13a}$$

$$K = \frac{[M^{z+}]}{M} = [M^{z+}] \tag{2.13b}$$

这个反应只涉及电子转移。因此，根据能斯特方程，$[M^{z+}] = 10^{-6}$ mol/L 时，式 (2.11e) 在 $T = 298$ ℃时变为

$$E_1 = E_{M/M^{z+}}^{\ominus} - \frac{2.303RT}{zF} \lg[M^{z+}] \tag{2.14a}$$

$$E_1 = E_{M/M^{z+}}^{\ominus} - \frac{0.355\ 2}{z} \tag{2.14b}$$

标准电位值 $E_{M/M^{z+}}^{\ominus}$ 见表 2.2。只要金属 M 已知，便可根据式(2.14b)在图 2.10 中绘制成 1 线。

(2)垂直线 2。

$$x M^{z+} + z H_2O \Longrightarrow M_x O_z + 2z H^+ \tag{2.15}$$

$$K = \frac{[H^+]^{2z}}{[M^{z+}]^x} \tag{2.15a}$$

这个反应只涉及一个固定的氢浓度，而且这个反应的平衡常数 K 必须已知，然后得到

$$\lg K = 2z \lg[H^+] - x \lg[M^{z+}] \tag{2.15b}$$

$$\lg K = -2z(pH_2) - 6x \tag{2.15c}$$

$$\mathrm{pH_2} = -\frac{1}{2z}[\lg K + 6x] \tag{2.16}$$

因此,可以作出如图 2.10 中线 2 所示的直线,该直线以 $E_1-\mathrm{pH_2}$ 点为起点。需要指出的是,金属氧化物 $\mathrm{M}_x\mathrm{O}_z$ 可由金属氢氧化物 $\mathrm{M(OH)_2}$ 或 $\mathrm{M(OH)_3}$ 代替,具体取决于所选金属。因此,式(2.16)应相应平衡。

(3)斜线 3。

$$x\mathrm{M} + z\mathrm{H_2O} \Longrightarrow \mathrm{M}_x\mathrm{O}_z + 2z\mathrm{H}^+ + 2z\mathrm{e}^- \tag{2.17}$$

$$K = [\mathrm{H}^+]^{2z}$$

式(2.17)同时涉及氢和电子转移,则能斯特方程变为

$$E_3 = E^{\ominus}_{\mathrm{M/M}_x\mathrm{O}_z} - 0.059\,2\mathrm{pH} \tag{2.18}$$

式中,标准电位 $E^{\ominus}_{\mathrm{M/M}_x\mathrm{O}_z}$ 必须已知。

在图 2.10 中 2 线和 3 线相交点处所在的 pH 是一个临界值,在这个 pH 以上,金属表面发生以下钝化过程:

$$x\mathrm{M} + z\mathrm{H_2O} \Longrightarrow \mathrm{M}_x\mathrm{O}_z + 2z\mathrm{H}^+ \tag{2.19}$$

其中,$\mathrm{M}_x\mathrm{O}_z$ 是一种钝化膜化合物。此反应在低于式(2.17)给出的 pH 时会逆向进行。

(4)垂直线 4。

$$\mathrm{M}_x\mathrm{O}_z + \mathrm{H_2O} \Longrightarrow x\mathrm{MO}_{z-1}^- + 2\mathrm{H}^+ \tag{2.20}$$

$$K = \alpha^2_{\mathrm{H}^+}\,\alpha^x_{\mathrm{MO}_{z-1}^-} \tag{2.20a}$$

令式(2.20a)中的 $\alpha_{\mathrm{MO}_{z-1}^-} = 10^{-6}\,\mathrm{mol/L}$,则有

$$\lg K = 2\lg \alpha_{\mathrm{H}^+} + x\lg \alpha_{\mathrm{MO}_{z-1}^-} \tag{2.20b}$$

$$\lg K = -2\mathrm{pH_4} - 6x \tag{2.20c}$$

根据下式计算 pH:

$$\mathrm{pH_4} = -0.5[6x + \lg K] \tag{2.21}$$

随后,根据得到的 $\mathrm{pH_4}$ 的计算公式即可画出垂直线 4。

2.7　双电层

当金属 M 浸入合适的电解液中时,它的原子首先以较高的速率氧化,随后的氧化(溶解)过程由于负电荷在金属表面积聚而逐渐停止。因此,只要不发生其他复杂的电化学反应,就可以达到动态平衡。在这一过程中,金属原子从其他晶格被移除,以阳离子的形式电离到电解液中,形成带负电的金属表面。如果电解液中含有极性水分子和氢离子,它们会被带负电荷的金属表面吸引,形成离子结构(层),从而阻止来自本体溶液的其他离子成为其中的一部分。这种结构在电场中是一种复杂的离子排列,厚度有限。最终,如果没有外部电流流动,金属溶解停止,但它会继续进行直到达到平衡为止。对于金属层体,其中必然存在电位衰减。离子结构在相关文献中被称为双电层(EDL)。在这种 EDL 中,金属表面电荷转移不足的问题限制了连续的电化学反应。

人们发现了不同的模型来解释双电层的界面结构。这种层被称为亥姆霍兹层,其行为类似于一个带电的电容器。图 2.11 所示为双电层的模型示意图。

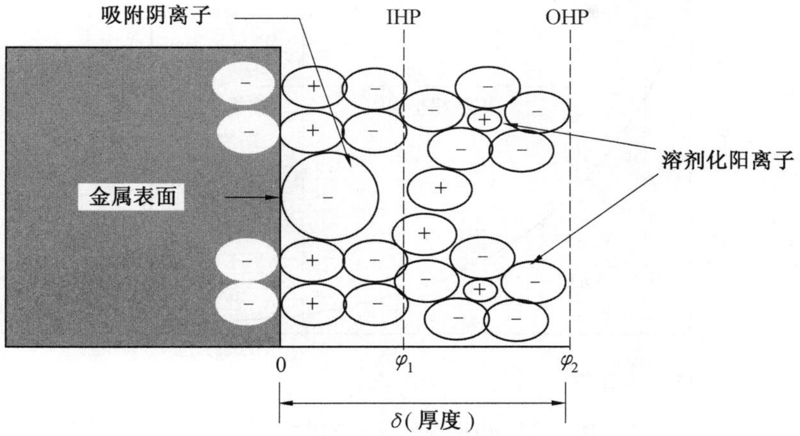

图 2.11 双电层模型示意图

该模型表明：一些负电荷离子吸附在金属电极表面，极性水覆盖在电极表面的其余部分，形成保护层；带正电荷的氢与带负电荷的金属表面接触。因此，可以得出如下结论。

（1）内亥姆霍兹层（IHP）是一层由吸附的偶极水分子组成的离子层。大多数阴离子不能穿透该层，有些则如图 2.11 所示。离子平面边界上的内电位是 φ_1。

（2）外亥姆霍兹层（OHP）是由一个吸附离子的平面组成，该吸附离子是由于在内部电位 φ_2 处与扩散离子层接触产生的静电力。

（3）扩散层（DL）是一个厚层，位于扩散离子与 OHP 接触的区域，其电位（φ_{DL}）范围为 $\varphi_1 < \varphi_{DL} < \varphi_3$（扩散层/体边界处电位）。因此，$\varphi_3 = \varphi_b$（液体内部电位）。

溶液中内电位 φ 的分布如图 2.12 所示，可定义如下：

$$\varphi(x) = \varphi_0 \exp(-\lambda x) \tag{2.22}$$

式中　λ——常数；

x——与金属表面的距离。

事实上，这个数学模型代表了电位的衰减，因为

$$\varphi(x) = \varphi_0 \rightarrow \varphi_{max} \quad (x \rightarrow 0)$$

$$\varphi(x) = \varphi_b \rightarrow 0 \quad (x \rightarrow \infty)$$

氧化物的浓度 c_x 可以用能斯特方程和式（2.10）预测。在这种情况下，电位 E 被 φ 代替。因此，对一种物质 j，电解液中的界面电位定义为

$$\varphi_x = -\frac{RT}{zF} \ln[K] \tag{2.23}$$

$$\varphi_x = -\frac{RT}{zF} \ln\left[\frac{c(x)}{c_0}\right] \tag{2.24}$$

式中　K——速率常数；

$c(x)$＝浓度（活度），$x > 0$；

c_0＝浓度（活度），$x = 0$。

对 $c(x)$ 解式（2.23）可得到浓度衰减函数，其取决于界面电位 $\varphi(x)$ 和温度 T。

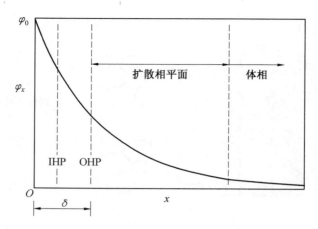

图 2.12　内电位分布示意图

$$c(x) = c_0 \exp\left[-\frac{zF\varphi(x)}{RT}\right] \tag{2.25}$$

对于较小的 $\varphi(x)$，式(2.24)可通过使用泰勒级数展开指数函数来线性化处理。因此

$$c(x) = c_0\left[1 - \frac{zF\varphi(x)}{RT}\right] \tag{2.26}$$

上述结果表明 $c(x)$ 和 $\varphi(x)$ 之间存在线性关系。

2.8　本章小结

　　电化学电池的电位差为 $E = \varphi^\beta - \varphi^\alpha$，其中内表面电位 φ^α 和偶电极的电极电位 φ^β 之和均假定很小。因此，在电性多极子系统中，类似带电粒子的斥力允许这些粒子扩散到相表面。这是一个重要的电化学过程，将化学能转化为电能。原则上，电能可以转化为化学能，如电解铜离子还原，在这种情况下，电池电位为 $E > |\varphi^\beta - \varphi^\alpha|$。

　　电化学电池可以用于测定热力学能改变量的变化，如熵变 ΔS、焓变 ΔH、吉布斯自由能的变化 ΔG、恒压下的热容 C、可逆的热能 Q 等。此外，电位－pH 图是离子物质的电化学图谱，可以用含有水的电化学电池在恒温下构建。尽管这些图在描述电化学系统时很有用，但不能从这些图中预测动力学参数，如腐蚀速率等。

第3章 电化学活化极化动力学

3.1 概 述

电化学动力学是确定金属 M 暴露在腐蚀介质(电解液)中腐蚀速率的关键。热力学可以预测腐蚀的可能性,但它不能提供腐蚀发生的快慢等信息。电极表面的反应动力学取决于电极电位。因此,反应速率很大程度上取决于进出金属—电解液界面的电子流动速率。如果电化学系统(电极和电解液)处于平衡状态,则净反应速率为零。相比之下,反应速率受化学动力学控制,而腐蚀速率主要由电化学动力学控制。

腐蚀金属的电化学动力学至少需要三个极化参量来表征,例如腐蚀电流密度 i_{corr}、腐蚀电位 E_{corr}、塔费尔斜率 β_a 和 β_c。腐蚀行为可由极化曲线 $E-\lg i$ 揭示。通过对这些参数的测定和评估,可以确定极化电阻 R_p 和腐蚀速率 i_{corr},腐蚀速率通常转化为法拉第腐蚀速率 C_R,单位为 mm/a。极化曲线是一种用于测定 C_R 的加速电化学过程,与质量损失法测定的 C_R 相比具有优势,因为后者是一个耗时的过程,当 C_R 随时间变化时,可能导致不利的结果。相反,极化曲线很容易得到,其为表征电化学动力学参数提供了一种实用的方法。

3.2 能量分布

稳态电流作用下的极化电极,可以用于推导 Butler—Volmer(巴特勒—福尔默)公式,该方程涉及能量势垒,即活化能。只有活化能的变化用于正向 ΔG_f(还原)和逆向 ΔG_r(氧化)反应。例如,反应 $2H^+ + 2e^- \rightleftharpoons H_2$ 在平衡状态下要求正向反应(还原)H^+ 的放电速率必须完全等于 H_2 逆向反应(氧化)的电离速率。然而,如果偏离平衡状态,则会产生过电位。因此,电化学电池极化和活化能取决于交换电流密度 i_0。活化能分布如图3.1所示,其中激活状态处于最大点(鞍点)。这个图反映了反应物质(离子)能量分布的玻尔兹曼(或麦克斯韦—玻尔兹曼)分布定律,适用于可逆电极。如果它们在稳态条件下被过电位极化,则反应速率不相等($R_f \neq R_r$)。

一般来说,由阳极或阴极过电位引起的电化学和化学反应速率可以分别用法拉第方程和阿伦尼乌斯方程来预测:

$$R_F = \frac{iA_w}{zF} \tag{3.1}$$

$$R_A = \gamma \exp\left(-\frac{\Delta G^*}{RT}\right) \tag{3.2}$$

式中　i——外加电流密度,A/cm^2;

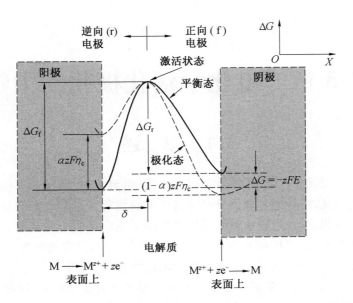

图 3.1　活化能分布示意图

A_w——物质的摩尔质量，g/mol；

z——氧化态或价态数；

γ——化学反应常数；

ΔG^*——活化能或自由能变化量，J/mol。

在平衡状态下，法拉第和阿伦尼乌斯的速率方程相等（$R_F=R_A$），因此，电流密度变为

$$i=\gamma_0\left(-\frac{\Delta G^*}{RT}\right) \tag{3.3}$$

式中，$\gamma_0=zF\gamma/A_w$，可定义为具有单位电流密度的电化学速率常数，单位 A/cm²。

对于平衡状态下的可逆电极，式（3.3）中的电流密度变为交换电流密度，即 $i=i_0$。

相反，如果电极在稳态条件下被过电极极化，则反应速率不相等（$R_F\neq R_A$），正向（阴极）和逆向（阳极）电流密度分量必须根据图 3.1 中的自由能变化（ΔG^*）进行定义。因此，

$$i_f=k_f'\exp\left(-\frac{\Delta G_f^*}{RT}\right)\quad（阴极） \tag{3.4}$$

$$i_r=k_r'\exp\left(-\frac{\Delta G_r^*}{RT}\right)\quad（阳极） \tag{3.5}$$

式中　$\Delta G_f^*=\Delta G_f-\alpha zF\eta_c$，$\alpha$ 为对称系数；

$\Delta G_r^*=\Delta G_r+(1-\alpha)zF\eta_a$。

对于阴极情况，净电流和过电位分别为 $i=i_f-i_r$ 和 η_c。将式（3.4）和式（3.5）代入该表达式得到一般形式的净电流密度

$$i=k_f'\exp\left(-\frac{\Delta G_f}{RT}\right)\exp\left(\frac{\alpha zF\eta}{RT}\right)-k_r\exp\left(-\frac{\Delta G_r}{RT}\right)\exp\left[-\frac{(1-\alpha)zF\eta}{RT}\right] \tag{3.6}$$

从式（3.6）中可以推导出交换电流密度为

$$i_0=k_f'\exp\left(-\frac{\Delta G_f}{RT}\right)=k_r'\exp\left(-\frac{\Delta G_r}{RT}\right) \tag{3.7}$$

将式(3.7)代入式(3.6)的一步反应,即得到 Butler－Volmer 方程,用于在稳态条件开路电位(E_o)下的极化电极。

$$i = i_0 \left\{ \exp\left(\frac{\alpha zF\eta}{RT}\right)_f - \exp\left[-\frac{(1-\alpha)zF\eta}{RT}\right]_r \right\} \qquad (3.8)$$

式中 $\eta = E - E_o$,E 为电位。

过电位取决于施加的电流密度;因此,$\eta = E - E_o$。此外,交换电流密度 i_0 可定义为在平衡状态下氧化和还原反应的速率。具体来说,i_0 是在平衡状态下氧化速率和还原速率相等时的电流密度。因此,i_0 只是平衡时的可逆反应速率,它是一个动力学参数,而 ΔG 是一个热力学参数。

事实上,i_0 对电极表面条件非常敏感,它与温度有关,如式(3.8)所示。因此,可以推广式(3.2),即阿伦尼乌斯方程,并得到如下电化学反应方程:

$$i_{0,T,l} = i_{0,T_0,k} \exp\left[-\frac{\Delta G^*}{RT}\left(\frac{1}{T} - \frac{1}{T_0}\right)\right] \qquad (3.9)$$

式中 $i_{0,T,l}$——温度 T 下的交换电流密度,l 代表反应次数,$l = 1,2,3,\cdots$;

$i_{0,T_0,k}$——温度 T_0 下的参考交换电流密度,k 代表反应平衡时刻。

式(3.8)是电荷转移控制下大多数电化学电池所遵循的电流密度的一般非线性速率方程。因此,$\eta = \eta_a = E - E^{\ominus} > 0$ 和 $\eta = \eta_c = E - E^{\ominus} < 0$ 分别是阳极过电位和阴极过电位,它们代表与半电池电位 $E^{\ominus}$ 的偏差,是外加电位。总之,当 $\eta_a > 0$ 时,施加的阳极电流密度为 $i = i_a - i_c$;当 $\eta_c < 0$ 时,阴极电流密度为 $i = i_c - i_a$。在平衡条件下,电位为 $E = E^{\ominus}$,并且 $\eta = 0$,根据式(3.8)得到 $i_0 = i_a = i_c$。这说明此时金属氧化速率和还原速率是相等的。但是,在实际情况下,半电池偏离平衡是正常情况。

由式(3.8)计算的电流密度表示的反应速率对一步反应适用。因此,控制反应可能是一系列反应步骤的一部分,但最慢的反应步骤才是速率控制步骤。对于任何反应,式(3.8)可以通过令 $x = \alpha zF\eta/RT$ 和 $y = (1-\alpha)zF\eta/RT$ 来近似。用泰勒级数展开指数函数得到

$$\exp(x) = \sum_{k=0}^{\infty} \frac{x^k}{k!} \approx 1 + x \qquad (3.10)$$

$$\exp(-y) = \sum_{k=0}^{\infty} \frac{(-y)^k}{k!} \approx 1 - y \qquad (3.11)$$

因此,式(3.8)在过电位范围很小时,可以用线性近似表示。

$$i \approx i_0 \left\{ \left(1 + \frac{\alpha zF\eta}{RT}\right) - \left[1 - \frac{(1-\alpha)zF\eta}{RT}\right] \right\} \qquad (3.12)$$

$$i \approx i_0 \frac{zF\eta}{RT} \qquad (3.13)$$

式(3.12)和式(3.13)可以在过电位很小的时候使用,比如 $\eta < 0.01$ V。但是也可以通过考虑以下不等式而采用不同的方法来近似电流密度:

$$\exp\left(\frac{\alpha zF\eta}{RT}\right)_f \gg \exp\left[-\frac{(1-\alpha)zF\eta}{RT}\right]_r \qquad (3.14)$$

那么式(3.8)可以变为

$$i = i_0 \exp \frac{\alpha z F \eta}{RT} \tag{3.15}$$

解式(3.15),对于过电位,得出塔费尔方程

$$\eta = a + b \lg i \tag{3.16}$$

其中

$$a = -\frac{2.303RT}{\alpha z F} \lg i_0 \tag{3.17a}$$

$$b = \frac{2.303RT}{\alpha z F} \tag{3.17b}$$

塔费尔方程对阳极极化和阴极极化都适用,当 $\eta = f \lg i$ 时,产生线性行为。关于反应速率,R_f 和 R_r 分别为正向(还原)和逆向(氧化)反应速率,$K = K_f / K_r$ 为平衡常数。因此

$$\ln K = \ln K_f - \ln K_r \tag{3.18a}$$

且由式(3.2)有

$$\ln K_f = \ln R_f + \frac{\Delta G_f}{RT} \tag{3.18b}$$

$$\ln K_r = \ln R_r + \frac{\Delta G_r}{RT} \tag{3.18c}$$

将式(3.18b)和式(3.18c)代入式(3.18a)中,得到

$$\ln K = \ln R_f + \frac{A_f}{RT} + \ln R_r - \frac{A_r}{RT} \tag{3.18d}$$

对式(3.18d)关于温度 T 微分,可得

$$\frac{\mathrm{d}\ln K}{\mathrm{d}T} = \frac{\Delta G_r}{RT^2} - \frac{\Delta G_f}{RT^2} = \frac{\Delta G^*}{RT^2} \tag{3.18e}$$

重新整理式(3.18e)则得到活化能的公式如下:

$$\Delta G^* = RT^2 \frac{\mathrm{d}\ln K}{\mathrm{d}T} \tag{3.19}$$

另外,法拉第电解定律描述了用电流确定电荷转移速率的定量关系。因此,在一个时间 t 内转移的电荷量 Q 即为 $Q = It$,转移 zF 物质的量的电荷的数目为 $N = Q/zF$。法拉第定律中的数值对应金属质量的增减,可以通过算式得出金属 M 的原子质量为

$$W = N A_w = \frac{It A_w}{zF} \tag{3.20}$$

3.3　极　　化

本节用数学模型描述涉及电化学系统的电荷转移机制的动力学。假定电极反应会导致偏离平衡,电流通过电化学电池,从而导致工作电极电位(WE)发生变化的电化学现象称为极化。在这个过程中,偏离平衡导致的极化电极电位和平衡(未极化)电极电位之间的电位差,称为过电位。

图 3.2 给出了极化曲线图和相关动力学参数。例如,为了解极化金属 M 在含氢电解液中的电化学行为的重要性,将埃文斯图和斯特恩图放在一起进行对比分析。

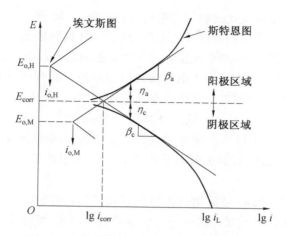

图 3.2　显示塔费尔外推的极化曲线示意图

$E_{o,H}$、$E_{o,M}$—氢和金属 M 的开路电位；$i_{o,H}$、$i_{o,M}$—氢和金属 M 的交换电流密度；i_L—极限电流密度

　　对于可逆电极，埃文斯图可用于确定腐蚀点，此时氢阴极和金属阳极线相交的点即为腐蚀点。阴极和阳极斯特恩图表示的不可逆电化学行为也可用于确定腐蚀点，方法是简单地外推两条曲线的线性部分，直到相交，如图 3.2 所示。斯特恩图在纯金属及其合金的电化学研究中非常常见。因此，埃文斯图和斯特恩图都提供了腐蚀电位 E_{corr} 和腐蚀电流密度 i_{corr}。如图 3.2 所示的其他参数将随着本章电化学分析的进行而继续展开介绍。斯特恩图代表了一种极化行为，可以用恒电位法和动电位法实验测定，其被称为极化曲线。因此，极化曲线是阳极或阴极腐蚀电位极化的结果，是腐蚀电极电化学研究中常见的实验结果。

　　腐蚀行为的评估通常通过依赖于图 3.2 所示的动力学参数的函数来完成。因此，腐蚀电位不可逆极化电极的电流密度函数类似于式(3.8)。因此

$$i = i_{corr} \left\{ \exp \left(\frac{\alpha z F \eta}{RT} \right)_f - \exp \left[-\frac{(1-\alpha)z F \eta}{RT} \right]_r \right\} \tag{3.21}$$

式中　$\eta = E - E_{corr}$，E 为外加电位，V。

　　此外，阳极过电位 $\eta_a = E - E_{corr} > 0$ 引起的阳极极化是指金属表面失去电子而氧化的电化学过程。因此，由于电子的损失，金属表面带正电荷。这种电化学极化用 η_a 定量化。相反，阴极极化要求在负过电位下向金属表面提供电子，$\eta_c = E - E_{corr} < 0$，这表明 $E < E_{corr}$。

3.4　活化极化

　　一般来说，活化极化本质上是一种与电荷转移机制有关的电化学现象，在电荷转移机制中，特定的反应步骤控制着电子从金属表面氧化的速率。在这种情况下，电子流的速度是由半电池反应中最慢的一步所控制。

　　式(3.21)是一个广义表达式，它代表了腐蚀研究中阳极极化的测量方法，表明对于无极化电极表面 $\eta_a = 0$，对于极化电极表面 $\eta_a \neq 0$。后一种情况下，活化极化的反应速率取

决于电子损失引起的金属氧化过程中的电荷转移过电位、离子质量传输中的扩散过电位、决定化学反应机理的速率引起的反应过电位、原子结合到电极晶体表面晶格中的金属沉积中的结晶过电位以及电极/端子连接处的电阻引起的欧姆过电位。

通常情况下,阳极金属在溶解于电解液之前要经历一系列的反应步骤。在活化极化过程中,假设以下理想化金属氧化反应存在这种连续性:

$$M_{晶格} \rightarrow M_{表面}^{z+} \rightarrow M_{溶液}^{z+} \tag{3.22}$$

这种连续性表明金属 M 在其表面上失去了 z 个电子,最终金属阳离子 M^{z+} 浸入溶液中。如果金属是被氧化的银,那么阳离子就是 Ag^+。对于铁来说,氧化顺序可能是 $Fe \rightarrow Fe^+ \rightarrow Fe^{2+} \rightarrow Fe^{3+}$。

对于析氢过程,Fontana 是活化极化的理想化模型,如图 3.3 所示,可以用来解释氢离子吸附在电极表面后可能发生的一系列反应步骤。因此,可能的反应步骤如下:

$$H^+ + e^- \longrightarrow H \quad （氢原子） \tag{3.23a}$$

$$H + H \longrightarrow H_2 \quad （氢分子） \tag{3.23b}$$

$$H_2 + H_2 \longrightarrow 2H_2 \quad （氢气泡） \tag{3.23c}$$

因此,只有式(3.22)中的一步和式(2.25)$c(x) = c_0 \exp\left(1 - \dfrac{zF\varphi(x)}{RT}\right)$ 中的一步控制活化极化过程中的电荷转移。例如,在金属电极表面形成氢气泡是连续反应的最后一步,最终气泡移动到电解液表面,并在那里破裂。

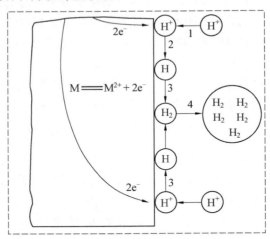

图 3.3 Fontana 活化极化模型

根据图 3.3 中的模型,金属的氧化过程可用以下氧化还原化学计量反应来表示:$zM + 2H^+ \Longrightarrow M^{z+} + H_2$。相反,如果这个反应是逆向进行的,那么溶液中的金属阳离子 M^{z+},特别是在电极/电解液界面,将被沉积(电镀)在金属电极上。因此,给出负过电位 $\eta_c < 0$,则会发生阴极极化。在任何情况下,都假定阳极和阴极的反应速率足够慢。

3.5 极化方法

金属/电解液体系的极化电阻和点蚀或击穿电位可以用至少两个电极系统来确定。使用算式计算金属溶解速率或腐蚀速率的方法有三种：

(1)线性极化(LP)。线性极化利用阳极和阴极部分用于测定的电位与电流密度曲线来确定 R_p。

(2)塔费尔外推(TE)技术(图 3.2)。其考虑阳极和阴极曲线的线性部分，以确定 R_p。

(3)电化学阻抗谱(EIS)。EIS 需要交流电，输出为可用于确定电荷转移或扩散控制过程的确定性曲线图以确定 R_p，这又与腐蚀电流密度 i_{corr} 成反比。

3.5.1 线性极化

首先，利用式(3.8)，令 $\exp\left(\dfrac{\alpha z F \eta}{RT}\right)_f \gg \exp\left[-\dfrac{(1-\alpha)z F \eta}{RT}\right]_r$，分别在阳极和阴极极化下对其进行阳极极化分析，可推导出塔费尔斜率，其中 $i_a \gg |i_c|$ 且 $\eta_a \gg \eta_c$。而当 $|i_c| \gg i_a$ 且 $\eta_c \gg \eta_a$ 时，$\exp\left(\dfrac{\alpha z F}{RT}\eta\right)_f \ll \exp\left[-\dfrac{(1-\alpha)z F \eta}{RT}\right]_r$ 可用来表征阴极极化。在这些条件下，式(3.8)简化为

$$i_a = i_0 \exp\left(\frac{\alpha z F \eta_a}{RT}\right) \quad (i_a \gg |i_c| \text{ 且 } \eta_a \gg \eta_c) \tag{3.24a}$$

$$i_c = -i_0 \exp\left[-\frac{(1-\alpha)z F \eta_c}{RT}\right] \quad (i_c \gg i_a \text{ 且 } \eta_c \gg \eta_a) \tag{3.24b}$$

解式(3.24)的过电位：

$$\eta_a = \beta_a \lg \frac{i_a}{i_c} \tag{3.25a}$$

$$\eta_c = -\beta_c \lg \frac{i_c}{i_a} \tag{3.25b}$$

其中，β_a 和 β_c 分别为阳极反应和阴极反应的塔费尔斜率：

$$\beta_a = \frac{2.303RT}{\alpha z F} = \frac{(1-\alpha)\beta_c}{\alpha} \tag{3.26a}$$

$$\beta_c = \frac{2.303RT}{(1-\alpha)z F} = \frac{\alpha \beta_a}{(1-\alpha)} \tag{3.26b}$$

另外，当 $\alpha = 0.5$ 时，$\beta_a = \beta_c$。图 3.4 给出了用于测量极化电阻的理论极化曲线。

利用线坐标，分别在过电位的小范围 η_a 和 η_c 内进行线性极化，从 $E_{corr} \pm 10$ mV 的范围内来确定。先确定 i_{corr}，再根据曲线的线性斜率估算极化电阻。

$$R_p = \frac{\Delta E}{\Delta i} = \frac{\eta}{\Delta i} \tag{3.27}$$

相应的腐蚀电流密度取决于动力学参数，即 $i_{corr} = f(\beta, R_p)$。因此，定义电流密度的腐蚀性的简单线性关系为

$$i_{corr} = \frac{\beta}{R_p} \tag{3.28}$$

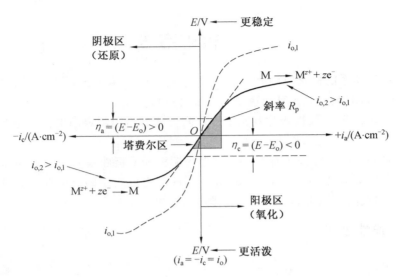

图 3.4   线性极化曲线示意图

式中，$\beta = f(\beta_a, \beta_c)$，$\beta_a$ 和 β_c 分别作为确定腐蚀或氧化金属材料的动力学参数。

式(3.28)用于预测腐蚀电流密度对极化电阻的变化，其非常敏感。实际上，极化电阻的大小主要受腐蚀电流密度的控制。因此

$$\beta = \frac{\beta_a \beta_c}{2.303(\beta_a + \beta_c)} \tag{3.29}$$

应用这种方法需要了解塔费尔阳极和阴极斜率，以便计算，然后使用式(3.28)预测。虽然 i_{corr} 表达式简单，但在腐蚀测量中是必不可少的，因为其可以转换成单位为 mm/a 的腐蚀速率，在确定 β 和 R_p 之后，更便于工程应用。

3.5.2   塔费尔外推

塔费尔外推法包括图 3.2 所示的单一极化曲线确定塔费尔斜率 β_a 和 β_c 以及 E_{corr} 和 i_{corr}。基于式(3.21)的曲线被称为斯特恩图(非线性极化)。斯特恩图和埃文斯图(线性极化)有一个相交点 (E_{corr}, i_{corr})。埃文斯图说明金属 M 浸入含有一种氧化剂(如 H^+)的电解液中的假想电化学行为。

对于含有多个氧化剂的电化学系统，使用埃文斯图确定腐蚀点更为复杂，而斯特恩图将提供类似的极化曲线，如图 3.2 所示，从中可以很容易地确定 E_{corr} 和 i_{corr}。外推塔费尔阳极和阴极线性部分，直到二者的直线相交。在图 3.2 中还涉及交换电流密度 $i_{o,H}$ 和 $i_{o,M}$ 以及它们的对应电位 $E_{o,H}$ 和 $E_{o,M}$，分别用于析氢和金属氧化。$E_{o,H}$ 和 $E_{o,M}$ 称为开路电位。此外，阴极极化的极限电流密度 i_L 也包括在内，作为从阴极极化曲线中提取的附加信息。

图 3.2 的进一步分析总结如下。

(1)实体曲线可以是静态的也可以是动态的。

(2)这条非线性曲线分为两部分。当 $E > E_{corr}$ 时，上部曲线代表金属 M 氧化的阳极极化行为。相反，如果 $E < E_{corr}$，下部曲线是氢还原为分子气体，即阴极极化(析氢)。由于阳极和阴极过电位的产生，两种极化情况都偏离了电化学平衡电位 E_{corr}，在图 3.2 中分别

用 η_a 和 η_c 表示。

（3）阳极极化曲线和阴极极化曲线都显示出称为塔费尔线的小线性部分,用于确定塔费尔斜率 β_a 和 β_c。这些斜率可以用埃文斯图或斯特恩图来确定。

（4）外推塔费尔和埃文斯直线,直到二者相交,从而确定相交点 (E_{corr},i_{corr})。

（5）用埃文斯图的缺点是在确定交点 (E_{corr},i_{corr}) 之前必须首先确定交换电流密度 i_0、开路电位(无外加电路) E_o 和塔费尔斜率。

（6）斯特恩图相比于埃文斯图的优点在于它可以通过使用恒电位扫描(扫描速率)动电位极化技术很容易地得到,并且不需要事先知道上述动力学参数来确定相交点 (E_{corr},i_{corr})。合成曲线被称为动电位极化曲线。

总之, E_{corr} 和 i_{corr} 可以根据非极化金属的埃文斯图确定,因为在 $E=E_{corr}$ 时 $i_{corr}=i_a=-i_c$。相反,如果金属是极化的,那么可以使用斯特恩图来确定 β_a 和 β_c 以及 E_{corr} 和 i_{corr}。此外, E_{corr} 是可逆电位,也称为混合电极电位。进一步分析极化现象需要使用欧姆定律。因此,电池和内部电位分别定义如下:

$$E=E_{corr}-\eta_a-\eta_c-\varphi_s=IR_x \tag{3.30}$$

$$\varphi_s=IR_s \tag{3.31}$$

式中　I——电流,A;

　　　R_x——外部电阻,Ω;

　　　R_s——溶液电阻,Ω;

　　　φ_s——内电位,V。

解式(3.30)得到

$$I=\frac{E_{corr}-\eta_a-\eta_c-IR_s}{R_x} \tag{3.32}$$

式(3.32)中的电流很大程度上取决于外部电阻的大小。R_x 的轻微减小会增加电流 I。因此,如果 $R_x \to 0$,那么 $I \to \infty$;如果 $R_x \to \infty$ 时,那么 $I \to 0$。另外,当 $E \to 0$ 时,$IR_x \to 0$。

关于式(3.31),由于 φ_s 对电池电位的贡献很小,可以忽略不计。然而,电解液电导率在确定控制电流表达式时具有重要意义。例如,当 $IR_x \gg IR_s$ 时,电解液具有高电导率;如果 $IR_x \ll IR_s$,则电解液的电导率较低。因此,从式(3.32)得出控制电流的表达式为

$$I=\frac{E_{corr}-\eta_a-\eta_c}{R_x} \quad (IR_x \gg IR_s) \tag{3.33a}$$

$$I=\frac{E_{corr}-\eta_a-\eta_c}{R_s} \quad (IR_s \gg IR_x) \tag{3.33b}$$

一些精密仪器,如恒电位仪/恒流器,在商业上可用于电化学实验,在几分钟内将金属或合金的电化学行为表征出来。然而,极化图或曲线是一种电位控制技术,这条曲线可以通过静态或动态实验获得。第二种方法要求在期望的电位范围内应用线性电位扫描率,以测量电流响应。

另外,恒流器可以作为电流控制源来确定电极表面的电位响应。然而,电位控制法是表征金属材料电化学行为的常用方法。电位可以均匀施加,也可以用波形逐步施加。前者产生稳态电流响应,后者提供瞬态电流响应。

可以通过图 3.5 进一步解释极化曲线。图 3.5 表示在 pH＝0 时含有 $c_{Fe^{2+}}＝1.79\times10^{-4}$ mol/L＝1.49×10^{-7} mol/cm^3 的电解液中 $E＝f(i)$ 和 E vs. $f(\lg i)$ 的函数。一个重要的结果是阳极和阴极塔费尔斜率 β_a 和 β_c 在数值上是相等的,因此,图 3.5(b)有一个拐点 (i_{corr}, E_{corr})。

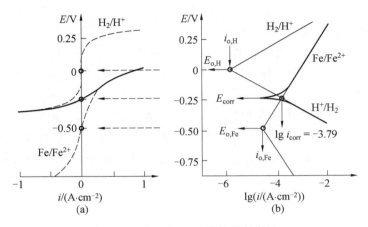

图 3.5　在 pH＝0 时铁的析氢腐蚀

图 3.5 比较了铁的线性和外推结果,此图的解释基于在没有扩散和外部电流的情况下完全激活控制。因此,从交点处的数字可以推断出如下几点:

(1)平衡时的净电流密度 $i_{net}＝i_a-i_c＝0$,而在腐蚀电位(相对于标准氢电极)$E_{corr}＝-0.25$ V 时腐蚀电流密度为 $i_{corr}＝0.162\ 2$ mA/cm^2。

(2)极化曲线在本质上是可逆的;但是,如果发生不可逆反应,当 $i_{net}＝0$ 时在 $E_{o,c}\leqslant E\leqslant E_{o,a}$ 电位范围内图 3.5(a)中的粗线将沿垂直轴。

(3)开路电位 $E_{o,H}$ 和 $E_{o,Fe}$ 可用能斯特方程估算。

一个重要的事实是,必须不断搅拌溶液,以保持溶液中物质的浓度均匀;若浓度不均匀,则在氧化过程中开路电位 $E_{o,Fe}$ 增加,在还原过程中 $E_{o,H}$ 减少。因为施加的电位和电流密度分别为 $E＝E_o$ 和 $i＝i_o$,所以在平衡时,过电位变为 $\eta＝E-E_o$。然而,如果 $i>i_{o,Fe}$,铁的反应是不可逆的,因为它通过释放电子而腐蚀。

结合电位－pH 图和在 pH 为 7 时水中铁的极化曲线,可以得到如图 3.6 所示的有关电化学状态的重要信息,其中包括用于比较的氢和氧线。观察两个图之间的电位对应关系。例如,A 点的电位表明腐蚀沿 CP 线发生,而在 B 点电位表明发生钝化,铁受到阳极保护。点 P 是临界电流密度下的过渡电位。铁电位的任何微小变化都会造成铁在 $E>E_p$ 时钝化或在 $E<E_r$ 时腐蚀。另外,如果 $E<E_c$,可用 Pourbaix 图预测抗扰度,但极化曲线表明腐蚀是可能发生的。

此外,如图 3.6(a)所示,Pourbaix 图的优势在于预测抗扰度、腐蚀性和钝化的电化学状态,且它与图 3.6(b)所示的极化曲线有关。然而,只能通过极化曲线和电流密度 i_{corr} 预测金属氧化的腐蚀速率,而通过金属阳离子还原形成氧化物保护膜的钝化速率来预测钝化速率。

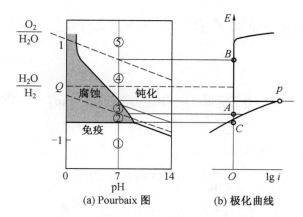

(a) Pourbaix 图   (b) 极化曲线

图 3.6   在 pH＝7 和 p＝101 kPa 下水中铁的 Pourbaix 图和极化曲线对比

3.6   腐蚀速率

在腐蚀（氧化）过程中，阳极和阴极反应速率在电极表面以特定的电流密度 i_{corr} 耦合在一起。这是一种电化学现象，说明两种反应必须发生在金属/电解液界面的不同位置。对于稳态条件下的均匀过程，电流密度的数值相等且方向相反。假设腐蚀是均匀的，并且金属电极表面没有沉积氧化膜；否则，会出现复杂现象。目前的目标是使用塔费尔外推法或线性极化技术来确定 E_{corr} 和 i_{corr}。

必须指出的是，i_{corr} 不能在 E_{corr} 处测量，因为 $i_a ＝ -i_c$，电流不会流过外部电流测量装置。

当从相对于阳极或阴极电流密度的腐蚀电位极化时，由式（3.25a）和（3.25b）给出的过电位表达式变为

$$\eta_a ＝ \beta_a \lg \frac{i_a}{i_{corr}} \tag{3.34a}$$

$$\eta_c ＝ -\beta_c \lg \frac{i_c}{i_{corr}} \tag{3.34b}$$

$\eta_a ＝ \Delta E ＝ (E － E_{corr}) > 0$ 和 $\eta_c ＝ \Delta E ＝ (E － E_{corr}) < 0$ 表示稳态腐蚀电位的电位变化。求解式（3.34a）和（3.34b）分别得到阳极电流密度和阴极电流密度为

$$i_a ＝ i_{corr} \exp \frac{2.303(E － E_{corr})}{\beta_a} \tag{3.35}$$

$$i_c ＝ i_{corr} \exp \left[- \frac{2.303(E － E_{corr})}{\beta_c} \right] \tag{3.36}$$

假设外加电流密度为 $i ＝ i_a － i_c$，然后将式（3.35）和式（3.36）代入该表达式中得到 Butler－Volmer 方程，该方程量化了电化学腐蚀的动力学：

$$i ＝ i_{corr} \left\{ \exp \frac{2.303(E － E_{corr})}{\beta_a} － \exp \left[- \frac{2.303(E － E_{corr})}{\beta_c} \right] \right\} \tag{3.37}$$

这个表达式与式（3.21）很相似，但其是一个方便的表达式，因为反极化电阻很容易通过推导式（3.37）得到

$$\frac{\mathrm{d}i}{\mathrm{d}E}=2.303i_{\mathrm{corr}}\{\beta_{\mathrm{a}}^{-1}\exp[2.303(E-E_{\mathrm{corr}})/\beta_{\mathrm{a}}]-\beta_{\mathrm{c}}^{-1}\exp[-2.303(E-E_{\mathrm{corr}})/\beta_{\mathrm{c}}]\}$$

$$(3.38)$$

进一步推导得到

$$\frac{\mathrm{d}^2i}{\mathrm{d}E^2}=5.303\,8i_{\mathrm{corr}}\{\beta_{\mathrm{a}}^{-2}\exp[2.303(E-E_{\mathrm{corr}})/\beta_{\mathrm{a}}]-\beta_{\mathrm{c}}^{-2}\exp[-2.303(E-E_{\mathrm{corr}})/\beta_{\mathrm{c}}]\}$$

$$(3.39)$$

对式(3.39)给出下列条件：

$$\begin{cases}\dfrac{\mathrm{d}^2i}{\mathrm{d}E^2}<0 & (E=E_{\max}>E_{\mathrm{corr}}) \\[2mm] \dfrac{\mathrm{d}^2i}{\mathrm{d}E^2}=0 & (E=E_{\mathrm{corr}}) \\[2mm] \dfrac{\mathrm{d}^2i}{\mathrm{d}E^2}>0 & (E=E_{\min}<E_{\mathrm{corr}})\end{cases}$$

$$(3.40)$$

式(3.39)在拐点处有

$$\left(\frac{\mathrm{d}^2i}{\mathrm{d}E^2}\right)_{E=E_{\mathrm{corr}}}=5.303\,8i_{\mathrm{corr}}(\beta_{\mathrm{a}}^{-2}-\beta_{\mathrm{c}}^{-2})$$

$$(3.41)$$

式(3.41)清楚地表明当且仅当 $\beta_{\mathrm{a}}=\beta_{\mathrm{c}}$ 时出现拐点。Oldham 和 Mansfield 指出了这一条件，并用数学工具证明了图 3.2 中的 $(E_{\mathrm{corr}},\,i_{\mathrm{corr}})$ 这一拐点。

另外，评估式(3.38)在 $E=E_{\mathrm{corr}}$ 处的极化电阻得到

$$\left(\frac{\mathrm{d}i}{\mathrm{d}E}\right)_{E=E_{\mathrm{corr}}}=2.303i_{\mathrm{corr}}\left(\frac{\beta_{\mathrm{a}}+\beta_{\mathrm{c}}}{\beta_{\mathrm{a}}\beta_{\mathrm{c}}}\right)$$

$$(3.42)$$

$$R_{\mathrm{p}}=\left(\frac{\mathrm{d}i}{\mathrm{d}E}\right)_{E=E_{\mathrm{corr}}}^{-1}$$

$$(3.43)$$

因此

$$R_{\mathrm{p}}=\frac{\beta_{\mathrm{a}}\beta_{\mathrm{c}}}{2.303i_{\mathrm{corr}}(\beta_{\mathrm{a}}+\beta_{\mathrm{c}})}=\frac{\beta}{i_{\mathrm{corr}}}$$

$$(3.44)$$

这里，β 是由式(3.29)定义的比例常数。注意，如式(3.44)和图 3.7(a)所示，R_{p} 与 i_{corr} 成反比，但是它可以如图 3.7(b)所示进行线性化处理。因此

$$\lg R_{\mathrm{p}}=\lg \beta-\lg i_{\mathrm{corr}}$$

$$(3.45)$$

一般来说，腐蚀金属相当于短路电池或产生能量的体系，在产生腐蚀产物的过程中会发生能量耗散。

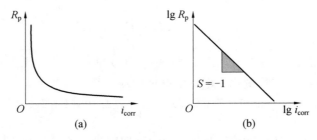

图 3.7　R_{p} 的非线性和线性图

因此,金属氧化相当于金属腐蚀。现在,由式(3.1)中法拉第的反应速率除以金属密度 ρ 得到腐蚀速率的定义式如下:

$$C_R = \frac{R_F}{\rho} \tag{3.46}$$

$$C_R = \frac{i_{corr} A_w}{zF\rho} \tag{3.47}$$

此外,腐蚀速率可以用质量损失率或渗透速率来表示,但是式(3.47)是一个便于确定金属溶解的数学模型,用每年的渗透量来表示,以 mm/a 为单位。

3.7   阻抗谱学

电化学阻抗谱(EIS)方法在描述电极腐蚀行为方面非常有用。电极特性表征包括测定极化电阻 R_p、腐蚀速率 C_R 和电化学机理。这种速率方法的实用性在于可以对交流阻抗数据进行分析,这是基于用电路模拟交流过程的。

交流电路理论是基于电极/溶液界面等效电路的瞬态响应。由于在变化的信号或扫描速率下施加小振幅电位激励,因此可以通过传递函数来分析响应。反之,电位激励产生电流响应。在 EIS 法中,将腐蚀系统建模为等效电路,采用小振幅的正弦波扰动,用于确定腐蚀机理和极化电阻。因此,传输函数采用以下形式:

$$T = \frac{输出}{输入}$$

传递函数取决于角频率,并表示为阻抗和导纳。应该强调的是,这是电位激励和电流响应之间传递函数的频率相关比例因子。因此,对于正弦电流扰动,传递函数是系统阻抗 $[Z(\omega)]$;对于正弦势扰动,传递函数是系统导纳 $[Y(\omega)]$。因此,有

$$Z(\omega) = \frac{E(t)}{I(t)} = Z'(\omega) + jZ''(\omega) \tag{3.48a}$$

$$Y(\omega) = \frac{I(t)}{E(t)} = Y'(\omega) + jY''(\omega) \tag{3.48b}$$

式中　$E(t)$——随时间变化的电位,V;

　　　$I(t)$——随时间变化的电流,A;

　　　ω——角频率,$\omega = \alpha\pi f$,f 为信号频率,Hz;

　　　$Z'(\omega)$,$Y'(\omega)$——实部;

　　　$Z''(\omega)$,$Y''(\omega)$——虚部;

　　　t——时间,s;

　　　j——虚算子,$j^2 = -1$。

此外,根据标准测试方法,欧姆定律可以在两种不同的电流施加情况下观察。因此,有

$$E = IR \quad (直流,f = 0 \text{ Hz}) \tag{3.49}$$

$$E = I|Z(\omega)| \quad (交流,f \neq 0 \text{ Hz}) \tag{3.50}$$

式中,$|Z(\omega)|$ 是包含等效电路元件(如电容器和电感器)的阻抗值。

电容器阻碍电流流动。在将电化学系统建模为电化学电路时,在整个电路上施加一个电位波形,并且对频率信号的电流响应产生阻抗数据。因此,阻抗数据与相位角以及电位和电流振幅的变化有关。这项技术是一种分析金属腐蚀行为的简单方法。图3.8给出了两个电化学电路的示意图。对于电荷转移控制(图3.8(a)),在一个简单的电路中只需要溶液电阻、极化电阻和电容;而如果电化学系统是扩散控制的(图3.8(b)),则电路中包含扩散阻抗。

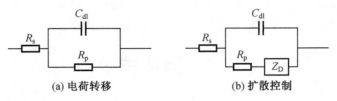

(a) 电荷转移　　　　　　　　(b) 扩散控制

图 3.8　电化学电路示意图

R_s—溶液电阻;R_p—极化电阻;C_{dl}—双电层电容;Z_D—法拉第感抗

电位激励及其电流响应在图3.9中显示为正弦激励。电化学阻抗谱法是根据美国材料试验学会G-106标准实施规程进行的,其中在离散频率下对电极/溶液界面施加一系列小振幅正弦电位扰动。这些频率会导致相对于施加的正弦电位波形的异相电流响应。

如果对电极/溶液界面施加正弦电位激励,可根据Barn和Faulkner数学模型预测电位、电流和阻抗。因此

$$E(t) = I(t)Z(\omega) = E_0 \sin \omega t \tag{3.51}$$

$$I(t) = I_0 \sin(\omega t + \theta) \tag{3.52}$$

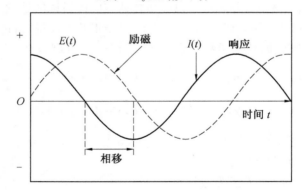

图 3.9　正弦电位激励示意图

$Z(\omega)$ 和 $Y(\omega)$ 的范围分别为

$$|Z(\omega)| = \sqrt{[Z(\omega)']^2 + [Z(\omega)'']^2} \tag{3.53}$$

$$|Y(\omega)| = \sqrt{[Y(\omega)']^2 + [Y(\omega)'']^2} \tag{3.54}$$

相位角定义如下:

$$\theta = \arctan[Z(\omega)''/Z(\omega)] \tag{3.55}$$

简单电化学电路中交流信号的基本特性用阻抗形式描述:

$$Z(\omega) = \left(R_s + \frac{R_p}{1 - \omega^2 C^2 R_p^2}\right) - j\left(\frac{\omega C R_p^2}{1 - \omega^2 C^2 R_p^2}\right) \tag{3.56}$$

式中　C——电极表面双电层的界面电容,F/cm^2。

对于低频和高频振幅,式(3.56)则变为

$$Z(\omega)_0 = R_s + R_p \quad (满足 \omega = 0) \tag{3.57}$$

$$Z(\omega)_\infty = R_s \quad (满足 \omega = \infty) \tag{3.58}$$

联立式(3.57)和式(3.58)得出极化电阻为

$$R_p = Z(\omega)_0 - R_s = Z(\omega)_0 - Z(\omega)_\infty \tag{3.59}$$

这是电化学阻抗测量中寻求的输出。令式(3.44)和式(3.59)相等,根据阻抗得出腐蚀电流密度

$$i_{corr} = \frac{\beta}{[Z(\omega)_0 - Z(\omega)_\infty]} \tag{3.60}$$

根据法拉第定律,式(3.60)变为

$$C_R = \frac{\beta A \omega}{[Z(\omega)_0 - Z(\omega)_\infty] ZF\rho} \tag{3.61}$$

对式(3.56)进一步推导,再和式(3.54)联立,得到圆的阻抗方程。由此

$$Y(\omega) = \frac{1}{Z(\omega)} = Y'(\omega) + jY''(\omega) \tag{3.62}$$

$$Y'(\omega) = \frac{R_s + R_p + (\omega C R_s R_p)^2}{(R_s + R_p)^2 + (\omega C R_s R_p)^2} \tag{3.63a}$$

$$Y''(\omega) = \frac{\omega C R_p^2}{(R_s + R_p)^2 + (\omega C R_s R_p)^2} \tag{3.63b}$$

以及

$$Z'(\omega) = \frac{Y'(\omega)}{[Y'(\omega)]^2 + [Y''(\omega)]^2} \tag{3.64a}$$

$$Z''(\omega) = \frac{Y''(\omega)}{[Y'(\omega)]^2 + [Y''(\omega)]^2} \tag{3.64b}$$

电荷控制机制的圆方程变为

$$\left[Z'(\omega) - \left(R_s + \frac{1}{2}R_p \right) \right]^2 + [Z''(\omega)]^2 = \left[\frac{1}{2}R_p \right]^2 \tag{3.65}$$

式(3.65)的轨迹如图 3.10 所示,其半径为 $R_p/2$。该图被称为 Nyquist 图,从中可以得到相位角和极化电阻的最大值

$$\tan\theta \approx \frac{|Z(\omega)|}{R_p/2} \tag{3.66}$$

$$R_p \approx \frac{2|Z(\omega)|}{\tan\theta} \tag{3.67}$$

图 3.11 所示为室温下浸入含有丁醇和硫代氨基碳酸酯(TSC)的磷酸中的 AISI 1030 钢的 Nyquist 图。这些数据是关于一种有或没有氧化硫抑制剂的电荷控制机制。从图 3.11 中可看到,Nyquist 阻抗半圆随着 TSC 抑制剂含量的增加而增加。这意味着极化电阻也随着该抑制剂的加入而增加,从而降低腐蚀速率,见表 3.1。

此外,双电层电容 C_{dl} 可以用以下公式计算:

$$C_{dl} = \frac{1}{\omega R_p} \tag{3.68}$$

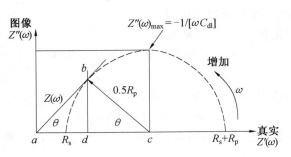

图 3.10　电化学电路阻抗的理想 Nyquist 图

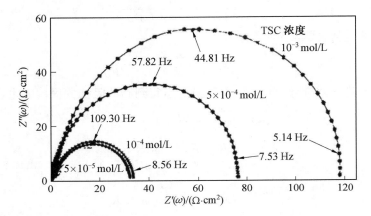

图 3.11　室温下 AISI 1030 钢在 35％H₃PO₄＋6％丁醇＋TSC 抑制剂中的 Nyquist 实验曲线

表 3.1 给出了从图 3.11 所示的复杂 Nyquist 图中提取的相关实验数据。

表 3.1　AISI 1030 钢的电化学阻抗数据

TSC/($\times 10^{-4}$ mol·L^{-1})	R_p/($\Omega \cdot$ cm^2)	C_{dl}/(μF·cm^{-2})	C_R/(mm·a^{-1})
0	4.80	130.80	63.25
0.10	14.50	121.00	20.85
0.50	31.30	77.49	9.65
1.00	33.50	74.08	9.02
5.00	77.90	45.45	3.89
10.00	119.50	39.11	2.52

　　图 3.12 所示为图 3.8(a)中电路的波特图,其中有三个极化电阻值,并给出了角频率对阻抗和相位角的影响。

　　当电化学过程由扩散或薄膜吸附控制时,可以使用图 3.8(b)所示的理想电路来模拟电化学系统。在这种情况下,扩散阻抗 Z_D 包括在电路系列中,称为 Warburg 阻抗。Z_D 和 R_p 是串联的。一个理想的 Nyquist－Warburg 图如图 3.13 所示。

　　对图 3.13 的解释表明,线的 45°部分对应于低角频率范围。在这种情况下,电化学系统的动力学受到扩散控制过程(浓度极化)的限制。此外,外推半圆(虚线)截取实际阻抗

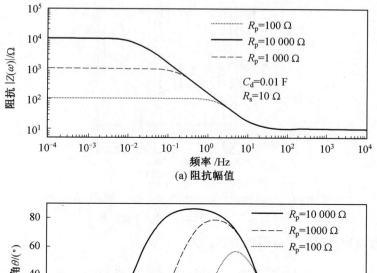

(a) 阻抗幅值

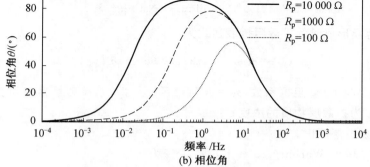

(b) 相位角

图 3.12 图 3.8(a)所示等效电路的假设波特图

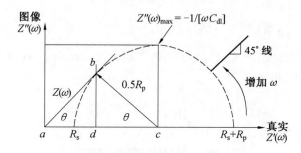

图 3.13 Nyquist－Warburg 图

轴 $Z''(\omega)$ 以图形方式定义极化电阻 R_p。使用 Z_D 的一个特殊情况是当碳钢浸入浓硫酸中时,通过表面扩散速率控制,铁(Fe)氧化并形成 $FeSO_4$ 薄膜。

图 3.14 所示为沉淀硬化(时效)2195 铝锂合金的实验 Nyquist－Warburg 曲线。半圆是由于扩散过程而凹陷的,这是由 45°线确定的。在 21.5 ℃含 3.5%氯化钠的充气溶液中该合金的极化电阻为 $R_p = 140$ Ω。

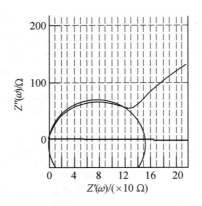

图 3.14　2195 铝锂合金的实验 Nyquist－Warburg 曲线

(190 ℃,0.5 h;3.5%NaCl 充气)

氧化物薄膜形成时的扩散阻抗表达式为

$$Z_D(\omega)=\sigma_w\omega^{-1/2}-j\sigma_w\omega^{-1/2}\coth\left[\delta\left(\frac{j\omega}{D}\right)^{1/2}\right] \tag{3.69}$$

式中　σ_w——Warburg 阻抗系数,$\sigma_w=RT/(zFAc_x\sqrt{2D})$,$A$ 为暴露在环境中的面积,c_x 为扩散层物质的浓度;

　　　δ——扩散层厚度。

在图 3.13 中的 Warburg 45°线上,$Z_D(\omega)$变为

$$Z_D(\omega)=\sigma_w\omega^{-1/2}\left(1-\frac{D}{\omega}\sqrt{\frac{\pi\delta_x}{4}}\right) \tag{3.70}$$

因为 $\delta_x\left(\dfrac{j\omega}{D}\right)^{1/2}=\dfrac{\pi}{4}$,所以 $j=(D/\omega)\sqrt{(\pi\delta_x)/4}$。

此外,由于表面粗糙度、介电不均匀性和扩散引起的 Nyquist 图的阻抗被定义为 Cole－Cole阻抗公式,因此

$$Z(\omega)=\frac{R_p}{1+(jR_pc_x)^n}\quad(0<n<1) \tag{3.71}$$

3.8　电解液特性

假设电解液中含有正电荷和负电荷的离子(粒子),其价态分别为 z^+ 和 z^-。如果溶液中有不同类型的离子,则阳离子和阴离子的数量分别为

$$N^+=\sum N_j^+=\sum y_j^+N_A \tag{3.72a}$$

$$N^-=\sum N_j^-=\sum y_j^-N_A \tag{3.72b}$$

式中　j——不同价态的物质或离子;

　　　y_j^+、y_j^-——j 的物质的量。

让外加电场干扰热力学平衡,使离子从初始位置向相反电荷的电极迁移距离 x。由于它们作为电荷抵制了电场力的作用,因此,在溶液中产生电迁移率 B_j。离子到达相反

带电电极(图 3.15)的距离为

$$x_j^+ = v_j^+ \, \mathrm{d}t \tag{3.73a}$$

$$x_j^- = v_j^- \, \mathrm{d}t \tag{3.73b}$$

式中 v_j^+ ——阳离子速度,cm/s;

$\quad\quad v_j^-$ ——阴离子速度,cm/s;

$\quad\quad \mathrm{d}t$ ——无限小时间变化,s。

迁移距离为 x_j 的离子数为

$$N^+ = \sum \frac{N_j^+ x_j^+}{L} \tag{3.74a}$$

$$N^- = \sum \frac{N_j^- x_j^-}{L} \tag{3.74b}$$

式中 L ——电极间距离(图 3.15)。

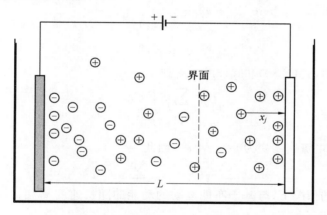

图 3.15 离子迁移距离的电池示意图

已知电传导是一种质量传输现象,在这种现象中,由于电子和离子在带电系统中的特殊迁移性,它们携带电荷,因此,在时间 $\mathrm{d}t$ 通过电解液溶液(导体)的横截面的电荷(Q)与被称为电流(I)的电荷流速相关。电子携带电流通过导线和电极,而离子携带电流通过溶液。

这种现象说明电化学反应发生在电极—溶液界面上,通过将电子从一个电极转移到另一个电极。例如,如果发生反应 $Cu^{2+} + 2e^- \longrightarrow Cu$,则意味着 1 mol 铜沉积在电极表面,而 2 mol 的电子流过电路。这种情况类似于一个电解过程,其中阳离子价态为 +2 价。然而,如果保持电流恒定,流过电路的电荷有

$$\mathrm{d}q = I \mathrm{d}t \tag{3.75}$$

在时间 $\mathrm{d}t$ 内穿过平行于电极的平面的总电荷为

$$\frac{\mathrm{d}q^+}{\mathrm{d}t} = \frac{z_j^+ q_e v_j^+ N_j^+}{L} \tag{3.76a}$$

$$\frac{\mathrm{d}q^-}{\mathrm{d}t} = \frac{z_j^- q_e v_j^- N_j^-}{L} \tag{3.76b}$$

式中 q_e ——电子电量,$q_e = 1.602 \times 10^{-19}$ C。

另外,电流和电流密度分别为

$$I = \frac{\mathrm{d}q}{\mathrm{d}t} \tag{3.77}$$

$$i = \frac{1}{A}\frac{\mathrm{d}q}{\mathrm{d}t} \tag{3.78}$$

联立式(3.76)和式(3.78)得到

$$i^+ = \sum \frac{z_j^+ q_e v_j^+ N_j^+}{V} \tag{3.79a}$$

$$i^- = \sum \frac{z_j^- q_e v_j^- N_j^-}{V} \tag{3.79b}$$

式中 V——溶液体积,$V = AL$,cm^3。

离子的浓度为

$$c_j^+ = \frac{1}{V}\sum y_j^+ \tag{3.80a}$$

$$c_j^- = \frac{1}{V}\sum y_j^- \tag{3.80b}$$

联立式(3.72)、式(3.80)和式(3.79)得到

$$i^+ = \sum z_j^+ F v_j^+ c_j^+ \tag{3.81a}$$

$$i^- = \sum z_j^- F v_j^- c_j^- \tag{3.81b}$$

在电解中,总电流密度变为 $i = i^+ + i^-$,因此

$$i = \sum z_j^+ F v_j^+ c_j^+ + \sum z_j^- F v_j^- c_j^- \tag{3.82}$$

在没有电场的情况下,与基于布朗运动的动能的随机速度 v_r 相比,向电极迁移的离子速度 v_j 较小。表示如下：

$$\frac{3}{2}kT = \frac{1}{2}m v_{r,j} \tag{3.83}$$

由式(3.81)和式(3.83)有

$$v_{r,j}^+ = \sqrt{\frac{3kT}{m_j^+}} \gg v_j^+ = \frac{i^+}{z_j^+ F v_j^+ c_j^+} \tag{3.84a}$$

$$v_{r,j}^- = \sqrt{\frac{3kT}{m_j^-}} \gg v_j^- = \frac{i^-}{z_j^- F v_j^- c_j^-} \tag{3.84b}$$

式中 m_j^+——阳离子质量。

另外,当正负离子的电荷率平衡时,电中性可以实现,用 $\mathrm{d}q^+/\mathrm{d}t = \mathrm{d}q^-/\mathrm{d}t$ 表示。然而,作为水导体的电解液的质量可以用其电导率参数 K_c 来表征。对于一维分析,有

$$K_c = \frac{i}{F_x} = \frac{1}{\rho_c} \tag{3.85}$$

式中 K_c—— 电导率,$\Omega^{-1} \cdot \mathrm{cm}^{-1}$;

ρ_c——电阻率,$\Omega \cdot \mathrm{cm}$;

F_x——电位梯度,$F_x = -\mathrm{d}\Phi/L \approx -\Delta\Phi/L$,$\mathrm{V/cm}$;

Φ——电解液溶液中某点的电位,V。

此外,离子迁移的有效性可以用电场作用于离子时溶液中的离子迁移率(B_j)来表征。这表明离子迁移率与电解液电导率有关。可以通过将式(3.81)代入式(3.85)中得到

$$K_c = \frac{1}{F_x}\left(\sum z_j^+ F v_j^+ c_j^+ + \sum |z_j^-| F v_j^- c_j^-\right) \tag{3.86}$$

$$K_c = \sum z_j^+ F B_j^+ c_j^+ + \sum |z_j^-| F B_j^- c_j^- \tag{3.87}$$

离子和电子迁移率被定义为

$$B_j = v_j / F_x \tag{3.88}$$

B_j 的单位为 $cm^2/(V \cdot s)$,即 $mol \cdot cm^2/(J \cdot s)$。通常,电化学过程是用溶液中一种特殊的金属离子 M^{z+} 来分析的。则式(3.86)可按一般形式处理,因此有

$$K_c = z_j F B_j c_j \tag{3.89}$$

那么,B_j 和 i 即变为

$$B_j = \frac{K_c}{zFc_j} \tag{3.90}$$

$$i = zFv_j c_j \tag{3.91}$$

根据这个粗略的近似值,可以确定金属阳离子 M^{z+} 的扩散系数或扩散率,如下所示。式(3.90)的两边同时乘以玻尔兹曼常数 K 和绝对温度 T,得到

$$kTB_j = kT\frac{K_c}{zFc_j} \tag{3.92}$$

kTB_j 为能斯特－爱因斯坦扩散系数 D,其是阳离子扫过面积的比率。因此,能斯特－爱因斯坦方程为

$$D = kTB_j \tag{3.93}$$

和

$$D = kT\frac{K_c}{zFc_j} \tag{3.94}$$

扩散是在固体(S)、液体(L)和气体(G)的原子结构中,原子或离子从一个位置到相邻位置随机连续运动的表现。因此,扩散系数与原子跃迁频率和跃迁距离有关。然而,$D_L > D_S$ 在恒定或相同的温度下,液体中的扩散与固体中的扩散不同,因为液体中原子排列的几何结构尚未完全了解。

此外,电解液和 N 型半导体分别通过离子和电子的传输传导电流。离子和电子都是电荷这两种来源的载体。对于电场影响下的电解液,可以预期离子以低于电子速率的速率在主体水溶液介质中漂浮。然而,离子的性质和它们的浓度影响电解液电导率和离子迁移率,这正如式(3.89)或式(3.90)所预测的。如果向电极施加相对较低的稳定电位(电压),则当双电层电容器在负电极表面上带正电,在距电极表面处的另一侧带负电荷后一定距离的相反侧带负电,实际上电流停止流动。带电的双电层充当电容器,当施加的电位增加到超过临界电压时,电容器就会击穿。电流恢复电极－电解液界面运动的可能性。在这种情况下,金属氧化发生在正极,而还原发生在负极。因此,由于离子在介质中运动时必须克服摩擦力,电流作为热量在电解液中耗散能量。

3.9 电解液电导率

电场对电解液的影响也可以通过电解液电导率的测量来表征。事实上,电解液的传导电流是通过离子的质量传递和电荷载体穿过离子电极表面双电层。因此,式(3.92)中的 K_c 很大程度上取决于离子浓度、温度和离子迁移率。外加电位和频率为 f 的交流模式使电流流过大块电解液,并使离子双层(图 2.7)作为电容器充电。如果电流流动,则电能的耗散作为大块电解液中的热量产生,电能储存在双层电容器中。能量的耗散归因于内部电位(φ)引起的离子迁移过程中的摩擦力。因此,φ 是法拉第过程(如还原和氧化反应)和电解液欧姆电阻的驱动力。

图 3.16 所示的惠斯通电桥可用于确定电解液电阻(R_s)。本节仅简要描述一个惠斯通电桥的案例。

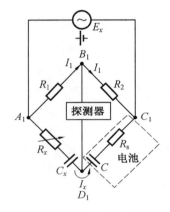

图 3.16 系列 RC 电路的惠斯通电桥

式(3.85)中 K_c 的表达式如下:

$$K_c = \frac{L}{A_e}\frac{1}{R_s} = \frac{\lambda}{R_s} \tag{3.95}$$

式中 λ——电池常数,$\lambda = L/A_e$,cm^{-1};

      L——电极间距离,cm;

      A_e——电解电路径的横截面积,cm^2。

根据 Braunstein—Robbins、Kholrausch 方法可以用来评价 K_c。在这种方法中,电极被阳极氧化生成了胶体铂黑,以便增加电极表面积、降低可能产生的极化电阻以及吸附交流电循环过程中产生的任何气体。

另外,使用交流电是为了避免由于电解液浓度的变化和电极表面电解产物的堆积而引起电解液电阻的变化。在电位频率(f)下通过调节电阻 R_x 来测量 R_s,为使电流和电位同相,需要一个可变的外部电导(C_x),惠斯通电桥中还包括双层电容器(C)。下面用两种不同的平衡条件进行讨论。

(1)如果不包括 C_x 和 C,则对于纯电阻,跨点电位 B_1D_1 为 $E_{B_1D_1}=0$,根据欧姆定律,电位平衡为

$$I_1 R_1 = I_x R_x \tag{a}$$

$$I_1 R_2 = I_x R_x \tag{b}$$

从式(a)和式(b)中消去 I_1 得到

$$R_s = R_x R_2 / R_1 \tag{c}$$

则式(3.95)变为

$$K_c = \frac{L}{A} \frac{1}{R_s} = \frac{\lambda R_1}{R_x R_2} \tag{3.96}$$

(2)如果包括电容 C_x 和 C,则电路不是纯电阻情况,点 $B_1 D_1$ 间的电位降是根据阻抗定义的。因此有

$$Z(\omega)_s = Z'(\omega)_s + jZ''(\omega)_s = R_s - j\left(\frac{1}{\omega C}\right) \tag{3.97}$$

$$Z(\omega)_x = Z'(\omega)_x + jZ''(\omega)_x = R_x - j\left(\frac{1}{\omega C_x}\right) \tag{3.98}$$

式(3.97)说明 $Z(\omega)_s = Z(\omega)_x$,$C = C_x$,$R_s = R_x$。把 $Z'(\omega)_x$ 和 $Z''(\omega)_x$ 代入式(3.53)得到

$$|Z(\omega)_x| = \sqrt{R_x^2 + 1/(\omega C_x)^2} \tag{3.99}$$

再将式(3.99)代入式(3.50)得到

$$E_x = I_x \sqrt{R_x^2 + 1/(\omega C_x)^2} \tag{3.100}$$

对于 $f \neq 0$ Hz 的交流电的情况,式(3.95)变为

$$K_c = \frac{\lambda}{|Z(\omega)_x|} \tag{3.101}$$

$$K_c = \lambda \left[R_x^2 + 1/(\omega C_x)^2\right]^{-1/2} \tag{3.102}$$

式(3.100)给出的电位表达式同样可通过复杂函数推导得到。因此,

$$E = E_0 e^{\omega t} \tag{3.103}$$

$$I = I_0 e^{j\omega t} \tag{3.104}$$

存储在双层电容器(C_x)中的电荷(q)与电容器两端的电位降(E_c)有关:

$$q = C_x E_c \tag{3.105}$$

$$E_c = E - I R_x \tag{3.106}$$

联立式(3.105)、式(3.106)和式(3.77)得到

$$I = C_x \frac{dE}{dt} - R_x C_x \frac{dI}{dt} \tag{3.107}$$

对式(3.107)应用式(3.103)和式(3.104)给出的复杂函数可以得到

$$I_0 e^{j\omega t} = j\omega C_x e^{j\omega t} - j\omega R_x C_x e^{j\omega t} \tag{3.108}$$

因此

$$E_0 = I_0 \left[R_x - j\left(\frac{1}{\omega C_x}\right)\right] = I_0 Z(\omega) \tag{3.109}$$

令 $E_x = |E_0|$,$I_x = |I_0|$,$Z(\omega)_x = |Z(\omega)| = \sqrt{R_x^2 + 1/(\omega C_x)^2}$,可得到外加电位

$$E_x = I_x \sqrt{R_x^2 + 1/(\omega C_x)^2} \tag{3.110}$$

3.10　本章小结

在测定金属 M 的腐蚀速率时,计算之前需要先知道它的动力学参数。因此,电流密度函数 $i=f(\eta,i_{corr},\beta_a,\beta_c)$ 用于评估稳态条件下活化极化时的腐蚀行为。为了使金属表面发生极化,电化学系统中必须产生过电位 $(\eta\neq 0)$,它由塔费尔方程定义。

有三种电化学方法可用于测定 i_{corr}:①E_{corr} 值在 $\Delta E\pm 10\ mV$ 的小电位范围内应用线性极化法。应用此方法可以得到 i_{corr}、R_p、β_a、β_c。②外推法会在腐蚀电位附近生成阳极和阴极曲线。这些曲线通常是线性极化的一小部分,从中可以确定塔费尔斜率,线性线的外推收敛于 E_{corr},即 η 的定义处。③这种方法涉及交流阻抗谱(EIS),它基于对潜在激励的瞬态电流响应。其用于测定阻抗 $Z(\omega)$ 作为极化电阻 R_p 的测量值并基于包含电阻和电容器的电化学电路生成用于模拟腐蚀过程的阻抗数据。这种阻抗技术基于交流电路理论。阻抗技术的输出是电荷转移的 Nyquist 图或扩散控制的 Nyquist－Warburg 图。

最后,基于扩散的数学模型根据电解液的离子迁移率和导电容量来描述电解液溶液中电流密度的产生。因此,确定了扩散率的能斯特－爱因斯坦方程。

第 4 章　浓差极化动力学

4.1　概　述

当一种物质 j（如 H^+）的浓度变成由速率控制时，电化学电池是阴极极化的。这是离子传质引起的阴极反应。在这种情况下，物质 j 在阴极电极表面的浓度低于体积浓度（$c_a < c_b$），因此电化学过程由传质速率（通量）控制，而不是电荷转移。一般来说，传质可能是扩散、电场作用下带电物质的迁移，以及搅拌、旋转或振动引起的流体运动造成的对流。在后一种情况下，对流通量很大程度上取决于传质速度和物质浓度。在分析电化学过程时，不考虑通量来源，而必须考虑稳态或瞬态条件。

4.2　传质模型

化学或电化学物质 j（称为原子）的传质可能是一个复杂的现象，因为含有离子的溶液（流体）可能会受到湍流的强烈影响，还会在一定程度上受层流、扩散和电场的影响。对于固定的化学或电化学系统，如储罐、管道或电池，在内部层流下，通过摩尔通量或质量通量来量化传质。对于 x 方向的一维处理，质量传递可以描述为一个理想的圆柱形或矩形（平行六面体）单元。图 4.1 所示为一个三维分析的简化模型。因此，摩尔通量 J 是垂直于平面的矢量。

该模型表明，含有物质 j 的区域平面 dA 在 x 方向从位置 1 移动到位置 2，然后移动到位置 3，这种运动受质量传递模式的影响，如浓度梯度引起的扩散、电场引起的迁移、由于运动速度或这些模式的组合而产生的自然或强制对流，物质 j 的传质可以用摩尔通量 J（J 表示单位时间通过单位面积的物质 j 的物质的量，单位 mol/($cm^2 \cdot s$)）或质量通量 J^*（单位 g/($cm^2 \cdot s$)）的绝对值来量化。注意，J 垂直于物质 j 的移动平面，它代表矢量摩尔通量 $\boldsymbol{J}$ 的绝对值。总通量可定义为

$$J = \sum J_j \tag{4.1a}$$

$$J^* = \sum J_j A_{w,j} \tag{4.1b}$$

式中　$A_{w,j}$——物质 j 的摩尔质量。

对于稳态条件和固定 x 轴，其浓度变化率为 $dc_j/dt = 0$。总摩尔通量由能斯特—普朗克方程定义：

$$J = -D \frac{dc}{dx} - \frac{zFDc}{RT} \frac{d\varphi}{dx} + cv \tag{4.2}$$

$$J_d = -D \frac{dc}{dx} \tag{4.3}$$

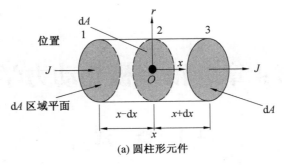

(a) 圆柱形元件

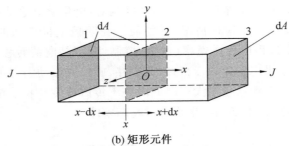

(b) 矩形元件

图 4.1　平面沿 x 方向扩散的体积元件

$$J_m = -\frac{zFDc}{RT}\frac{d\varphi}{dx} \tag{4.4}$$

$$J_c = Cv \tag{4.5}$$

式中　J_d——由浓差引起的扩散摩尔通量，$\mathrm{mol/(cm^2 \cdot s)}$；

　　　J_m——由浓差引起的迁移摩尔通量，$\mathrm{mol/(cm^2 \cdot s)}$；

　　　J_c——流体流动引起的对流摩尔通量，$\mathrm{mol/(cm^2 \cdot s)}$；

　　　dc/dx——浓度梯度，$\mathrm{mol/cm^4}$；

　　　$d\varphi/dx$——电位梯度，$\mathrm{V/cm}$；

　　　D——扩散系数，$\mathrm{cm^2 \cdot s}$；

　　　c——离子浓度，$\mathrm{mol/cm^3}$ 或 $\mathrm{mol/L}$；

　　　v——流体动力速度，$\mathrm{cm/s}$。

式(4.2)在马洛伊的传质模型之后的物理解释如图 4.2 所示。大多数离子的扩散系数为 $D \approx 10^{-5}\,\mathrm{cm^2/s}$。扩散摩尔通量 J_d 产生于距离电极表面 x 处的离子浓度梯度。一般来说，扩散是随机粒子(离子、原子或分子)运动而使物质运动的过程。另外，迁移摩尔通量 J_m 是由导致溶液中的电位梯度的电场作用而产生的。对流摩尔通量 J_c 是由溶液(电解液)在旋转、搅拌或振动的作用下移动或流动而引起的。

在电场中，金属还原或氧化反应过程的速率通常用电流密度 i 表示，使用式(3.20)中的广义法拉第方程得到

$$i = zF\frac{m}{A_w tA} \tag{4.6}$$

因此总摩尔通量为

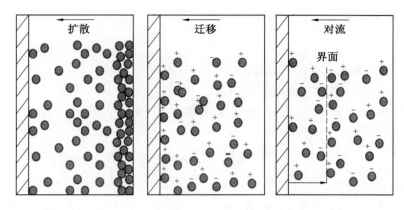

图 4.2 传质模型

$$J = \frac{m}{A_w t A} \tag{4.7}$$

对式(4.6)在 x 方向上进行一维分析,有

$$i = zFJ \tag{4.8}$$

将式(4.2)代入式(4.8)得到能斯特-普朗克-法拉第方程(NPF)表示的电流密度:

$$i = zF(J_d + J_m + J_c) \tag{4.9}$$

将式(4.3)和式(4.5)代入式(4.9)得到上述传质模型的总电流密度:

$$i = zF\left(-D\frac{dc}{dx} - \frac{zFDc}{RT}\frac{d\varphi}{dx} + cv\right) \tag{4.9a}$$

在电化学电池的工作过程中,J_d 和 J_m 通常是耦合的。这是一个被称为双极扩散或二元系统的耦合的传质过程,其中迁移摩尔通量 J_m 由于化学势梯度 $d\mu/dx$ 而产生,化学势梯度又是势能梯度 $d\varphi/dx$ 的结果。然而,其他因素如压力梯度 dp/dx、浓度梯度 dc/dx 和温度梯度 dT/dx 作为式(4.4)总值 J_m 的影响因素被忽略。

4.3 迁移摩尔通量

迁移摩尔通量可定义如下:

$$J_m = -cB\frac{d\mu}{dx} \tag{4.10}$$

式中 B——离子迁移率,$cm^2/(V \cdot s)$ 或 $cm^2 \cdot mol/(J \cdot s)$;

$d\mu/dx$——化学势梯度,$J/(cm \cdot mol)$。

另外,式(4.10)中没有出现作为总迁移通量贡献的 dc/dx、dp/dx 和 dT/dx 等梯度。因此,式(4.10)表示为近似模型。但是,$d\mu/dx$ 对 J_m 的贡献很大,它可以定义为

$$\frac{d\mu}{dx} = zq_e\frac{d\varphi}{dx} \tag{4.11}$$

将式(4.11)代入式(4.10)得到用电位梯度表示的迁移摩尔通量

$$J_m = -zq_e cB\frac{d\varphi}{dx} \tag{4.12}$$

迁移率被定义为

$$B = \frac{v}{F_x} \tag{4.13}$$

式中 v——流动物质 j 的运动速度,cm/s;

F_x——作用于样品 j 的电位,V/cm。

推导 B 的一个更简便的方法是通过联立式(4.4)、式(4.12)和 $F = q_e N_A \approx$ 96 500 C/mol得到

$$B = \frac{DN_A}{RT} = \frac{D}{kT} \tag{4.14}$$

式中 T——绝对温度;

k——玻尔兹曼常数, $k = R/N_A = 1.38 \times 10^{-23}$ J/K, R 为气体常数, $R = 8.314$ J/(mol·K);

N_A——阿伏伽德罗常数。

因为对于大多数离子 $D \approx 10^{-5}$ cm²/s,在 $T = 298$ K 时的迁移率 $B \approx 2.43 \times 10^{15}$ cm²/(J·s)。由式(4.14)得到能斯特—爱因斯坦方程

$$D = BkT \tag{4.15}$$

对于一个近似看作球体的粒子 j,这个方程也可以用化学势推导得出。

4.4 菲克扩散定律

扩散可以定义为由随机运动过程而造成的物质的转移。假设一个各向同性的均匀介质,其中扩散系数 D 为常数,物质(离子、原子或分子)的转移速率由菲克第一定律描述。尽管扩散被视为一个三维过程,但可以假设它发生在各向同性的介质中。

一般来说,稳态 $\partial c/\partial t = 0$ 和瞬态 $\partial c/\partial t \neq 0$ 的条件由菲克扩散定律决定。

$$J_i = -\sum_{i=1}^{3} D_{ii} \frac{\partial c}{\partial x_i} \tag{4.16}$$

$$\frac{\partial c}{\partial t} = \sum_{i=1}^{3} D_{ii} \frac{\partial^2 c}{\partial x_{ij}^2} \tag{4.17}$$

式中 $\partial c/\partial t$——浓度变化率,mol/(cm³·s);

$i, j = 1, 2, 3$,代表 $x_1 = x$, $x_2 = y$, $x_3 = z$;

D_{ii}——均匀介质中,只有浓度不同,各向同性出现的扩散系数;

$\frac{\partial^2 c}{\mathrm{d} x_{ij}^2} = \frac{\partial^2 c}{\partial x_{ji}^2}$。

菲克定律在测量各向同性和各向异性介质中的扩散系数方面具有重要意义。将一个扩散问题限制在一维就足够处理扩散中的大多数近似情况。因此,式(4.16)和式(4.17)可以简化为各向同性介质中沿 x 方向的扩散流动过程。

$$J_x = -D \frac{\partial c}{\partial x} \tag{4.18}$$

$$\frac{\partial c}{\partial t} = D \frac{\partial^2 c}{\partial x^2} \tag{4.19}$$

这些表达式表明,摩尔通量和浓度变化率都强烈依赖于沿 x 方向的浓度梯度,因为 $\partial c/\partial y=\partial c/\partial z=0$,并且扩散方向垂直于溶质的移动平面,菲克第二定律方程适用于与双组分体系有关的一些相关扩散问题,如浸入或悬浮在液体溶液中的电极片。

菲克第一定律类似于牛顿黏度定律、欧姆定律和傅里叶定律。爱因斯坦有如下假设:在自扩散条件下,球形粒子(离子)在黏度为 η_v 的连续介质(溶液)中运动,单位长度 F 的斯托克阻力或摩擦力作用于这些粒子上,忽略原子间作用力,则可由此预测 F_x 的 B 和 D 的值。

$$F_x=6\pi R_j\eta_v v \tag{4.20}$$

$$B=\frac{1}{6\pi R_j\eta_v} \tag{4.21}$$

$$D=\frac{kT}{6\pi R_j\eta_v} \tag{4.22}$$

式中　R_j——球形粒子的半径,cm;

$\quad\quad\eta_v$——黏度,J·s/cm³ 或 g·s/cm²。

将式(4.3)代入式(4.8)得到电流密度作为浓度梯度的函数:

$$i=zFD\frac{\mathrm{d}c}{\mathrm{d}x} \tag{4.23}$$

式中,$\mathrm{d}c/\mathrm{d}x>0$,则 $i>0$,$J_d>0$。

对于较小的过电位,结合式(3.15)和式(4.23),得到交换电流密度为

$$i_0=\frac{RTD}{\alpha\eta}\frac{\mathrm{d}c}{\mathrm{d}x} \tag{4.24}$$

扩散系数或扩散率用阿伦尼乌斯方程定义。因此

$$D=D_0\exp\left(-\frac{E^*}{RT}\right) \tag{4.25}$$

式中　D_0——扩散常数,cm²/s;

$\quad\quad E^*$——活化能,J/mol。

这个扩散率方程类似于式(3.3),其物理解释见 3.3 节和图 3.2。

4.4.1　矩形元件中的扩散

菲克第二定律适用于非稳态或瞬态条件,其中 $\mathrm{d}c_i/\mathrm{d}t\neq0$。由图 4.1 所示的矩形元件可得到浓度的基本微分方程。将中心平面视为矩形体积单元中的参考点,并假设位置 2 处的扩散平面沿 x 方向移动,距离为从位置 $1x-\mathrm{d}x$ 到位置 $3x+\mathrm{d}x$ 的距离。因此,在位置 1 进入体积单元元件并离开位置 3 的扩散速率为

$$R_x=\mathrm{d}y\mathrm{d}z\left(J_x-\frac{\partial J_x}{\partial x}\mathrm{d}x\right)-\mathrm{d}y\mathrm{d}z\left(J_x+\frac{\partial J_x}{\partial x}\mathrm{d}x\right) \tag{4.26a}$$

$$R_x=-2\mathrm{d}x\mathrm{d}y\mathrm{d}z\frac{\partial J_x}{\partial x}=-2\mathrm{d}V\frac{\partial J_x}{\partial x} \tag{4.26b}$$

同样有

$$R_y=-2\mathrm{d}x\mathrm{d}y\mathrm{d}z\frac{\partial J_y}{\partial y}=-2\mathrm{d}V\frac{\partial J_y}{\partial y} \tag{4.27}$$

$$R_z = -2\mathrm{d}x\mathrm{d}y\mathrm{d}z\,\frac{\partial J_z}{\partial z} = -2\mathrm{d}V\,\frac{\partial J_z}{\partial z} \tag{4.28}$$

浓度变化率定义如下：

$$\frac{\partial c}{\mathrm{d}t} = \frac{1}{2\mathrm{d}V}\sum R_i \tag{4.29}$$

$$\frac{\partial c}{\partial t} = -\frac{\partial J_x}{\partial x} - \frac{\partial J_y}{\partial y} - \frac{\partial J_z}{\partial z} \tag{4.30}$$

式(4.30)是质量守恒的连续性方程。当 D 为常数时，根据式(4.17)和式(4.30)推导得到三维的菲克第二定律方程如下：

$$\frac{\partial c}{\partial t} = D\left(\frac{\partial^2 c}{\partial x^2} + \frac{\partial^2 c}{\partial y^2} + \frac{\partial^2 c}{\partial z^2}\right) \tag{4.31}$$

同样，一维扩散足以分析各向同性介质中的大多数情况。注意，"z"已经在式(4.28)、式(4.30)和式(4.31)中被用作坐标。因此，对于 x 方向上的扩散，式(4.31)中的浓度变化率即变为菲克第二定律方程(式(4.19))。

如果 D 不为常数，那么此时在 x 方向上式(4.31)中的浓度变化率变为

$$\frac{\partial c}{\mathrm{d}t} = \frac{\partial}{\mathrm{d}x}\left(D\,\frac{\partial c}{\partial x}\right) \tag{4.32}$$

$$\frac{\partial c}{\mathrm{d}t} = \frac{\partial D}{\partial x}\frac{\partial c}{\partial x} + D\,\frac{\partial^2 c}{\partial x^2} \tag{4.33}$$

这是一个很难求解的方程，因为 D 为一个取决于 x 和 t 的变量，即 $D = f(x,t)$。也就是说，在瞬态下，D 和 c 是位置和时间的函数。因此，式(4.19)是菲克第二定律最常用的形式，是非稳态条件下一维分析的一般扩散表达式。

4.4.2　圆柱形元件中的扩散

浓度速率方程遵循坐标变换。设 $D = f(x,t)$ 和 $\mathrm{d}z$ 为圆柱体的边

$$x = r\sin\theta$$
$$y = r\cos\theta$$
$$\mathrm{d}V = r\theta\mathrm{d}r\mathrm{d}z$$

扩散方程变为

$$\frac{\partial c}{\mathrm{d}t} = \frac{1}{r}\left[\frac{\partial}{\mathrm{d}r}\left(rD\,\frac{\partial c}{\partial r}\right) + \frac{\partial}{\partial\theta}\left(\frac{D}{r}\,\frac{\partial c}{\partial\theta}\right) + \frac{\partial}{\partial z}\left(rD\,\frac{\partial c}{\partial z}\right)\right] \tag{4.34}$$

对于大圆柱体中的径向扩散，由式(4.34)有

$$\frac{\partial c}{\mathrm{d}t} = \frac{1}{r}\frac{\partial}{\partial r}\left(rD\,\frac{\partial c}{\partial r}\right) \tag{4.35}$$

稳态条件下，根据式(4.35)可以得到

$$\frac{\mathrm{d}}{\mathrm{d}r}\left(r\,\frac{\mathrm{d}c}{\mathrm{d}r}\right) = 0 \tag{4.36}$$

4.4.3　菲克第二定律的解

对于图 4.1 所示的矩形元件，式(4.19)的解在《兰氏化学手册(第十三版)》第 5 章中

给出的特殊情况下,应遵守适当的边界条件,其中包括推导两个合适解的详细分析步骤。根据浓度极化的归一化浓度表达式 $c_\infty = c_b > c_0$,有

$$\frac{c_x - c_b}{c_0 - c_b} = 1 - \text{erf}\left(\frac{x}{\sqrt{4Dt}}\right) \quad (c_b > c_0) \tag{4.37}$$

$$c_x = c_0 + (c_b - c_0)\,\text{erf}\left(\frac{x}{\sqrt{4Dt}}\right) \quad (c_b > c_0) \tag{4.38}$$

且对于活化极化,$c_\infty = c_b > c_0$,则有

$$\frac{c_x - c_b}{c_0 - c_b} = \text{erf}\left(\frac{x}{\sqrt{4Dt}}\right) \quad (c_0 > c_b) \tag{4.39}$$

$$c_x = c_0 - (c_0 - c_b)\,\text{erf}\left(\frac{x}{\sqrt{4Dt}}\right) \quad (c_0 > c_b) \tag{4.40}$$

式中 c_b——物质 j 的整体浓度;

      c_0——电极表面的浓度。

误差函数 $\text{erf}\left(\frac{x}{\sqrt{4Dt}}\right)$ 是一个积分函数,可通过级数展开进行数值求解,如

$$\text{erf}(y) = \frac{2}{\sqrt{\pi}} \int_0^y \exp(-y^2)\,\mathrm{d}y \tag{4.41}$$

$$\text{erf}(y) = \frac{2}{\sqrt{\pi}}\left(\frac{1}{0!}\frac{y}{1} - \frac{1}{1!}\frac{y^3}{3} + \frac{1}{2!}\frac{y^5}{5} - \frac{1}{3!}\frac{y^7}{7} + \cdots\right) \tag{4.42}$$

$$\text{erf}(y) = \frac{2}{\sqrt{\pi}} \sum_{n=1}^{\infty} \frac{(-1)^{n+1} y^{2n-1}}{(n-1)!\,(2n-1)} \tag{4.43}$$

它的互补函数定义如下:

$$\text{erf}(y) + \text{erfc}(y) = 1 \tag{4.44}$$

$$\text{erfc}(y) = \frac{2}{\sqrt{\pi}} \int_y^{\infty} \exp(-y^2)\,\mathrm{d}y \tag{4.45}$$

式中 $y = x\sqrt{4Dt}$。

尽管误差函数数据是重复的,但为了方便起见以图表的形式给出该函数的值,见表 4.1 和图 4.3。

表 4.1 误差函数 $\text{erf}(y)$ 的常用值

y	$\text{erf}(y)$	y	$\text{erf}(y)$	y	$\text{erf}(y)$
0	0	0.55	0.563 3	1.30	0.934 0
0.025	0.028 2	0.60	0.603 9	1.40	0.952 3
0.05	0.056 4	0.65	0.642 0	1.50	0.966 1
0.1	0.112 5	0.70	0.677 8	1.60	0.976 3
0.15	0.168 0	0.75	0.711 2	1.70	0.983 8
0.20	0.222 7	0.80	0.742 1	1.80	0.989 1
0.25	0.276 3	0.85	0.770 7	1.90	0.992 8

续表 4.1

y	erf(y)	y	erf(y)	y	erf(y)
0.30	0.328 6	0.90	0.797 0	2.00	0.995 3
0.35	0.379 4	0.95	0.820 9	2.10	0.997 0
0.40	0.428 4	1.00	0.842 7	2.20	0.998 1
0.45	0.475 5	1.10	0.880 2	2.30	0.998 9
0.50	0.520 5	1.20	0.910 3	2.40	0.999 3

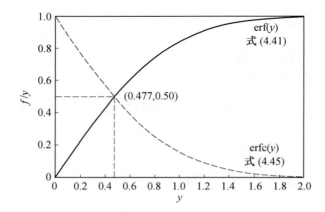

图 4.3　误差函数及其互补函数分布

　　式(4.37)的图形应用如图 4.4 所示。曲线随着时间 t 的增加而向上移动,随着距离 x 的增加而向下移动。式(4.38)的图形应用如图 4.5 所示,曲线随时间 t 的增加向右移动,其中扩散层 δ 随着 t 的增加而增加。

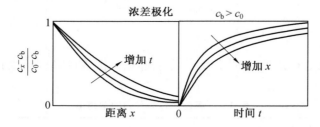

图 4.4　浓度极化归一化浓度

　　此外,浓度极化和活化极化的浓度梯度 $\mathrm{d}c/\mathrm{d}x$ 都可以由式(4.38)和式(4.40)确定。因此,对于 $c=c_x$ 的浓度极化有

$$\frac{\partial c}{\partial x} = -(c_0 - c_\mathrm{b})\frac{\partial}{\partial x}\left[\frac{2}{\sqrt{\pi}}\int_y^\infty \exp(-y^2)\mathrm{d}y\right] \tag{4.46}$$

$$\frac{\partial c}{\partial x} = -\frac{c_0 - c_\mathrm{b}}{\sqrt{\pi Dt}}\exp\left(-\frac{x^2}{4Dt}\right) \quad (c_\mathrm{b} > c_0) \tag{4.47}$$

$$\left.\frac{\partial c}{\partial x}\right|_{x=0} = -\frac{c_0 - c_\mathrm{b}}{\sqrt{\pi Dt}} \approx -\frac{c_0}{\sqrt{\pi Dt}} \quad (c_\mathrm{b} \gg c_0) \tag{4.48}$$

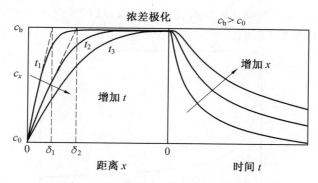

图 4.5 浓度极化的浓度分布示意图

对于活化极化 $c=c_x$，有

$$\frac{\partial c}{\partial x}=-(c_0-c_{\mathrm{b}})\frac{\partial}{\partial x}\left[\frac{2}{\sqrt{\pi}}\int_y^\infty \exp(-y^2)\mathrm{d}y\right] \tag{4.49}$$

$$\frac{\partial c}{\partial x}=-\frac{c_0-c_{\mathrm{b}}}{\sqrt{\pi Dt}}\exp\left(-\frac{x^2}{4Dt}\right)\quad (c_0>c_{\mathrm{b}}) \tag{4.50}$$

$$\left.\frac{\partial c}{\partial x}\right|_{x=0}=-\frac{c_0-c_{\mathrm{b}}}{\sqrt{\pi Dt}}\approx-\frac{c_0}{\sqrt{\pi Dt}}\quad (c_0\gg c_{\mathrm{b}}) \tag{4.51}$$

将式(4.51)代入式(4.23)得到扩散传质导致的电流密度的科特雷尔方程

$$i=\frac{zFDc_{\mathrm{b}}}{\sqrt{\pi Dt}}=\frac{zFDc_{\mathrm{b}}}{\delta} \tag{4.52}$$

$$\delta=\sqrt{\pi Dt} \tag{4.53}$$

式中　δ——扩散双层的厚度，在实验中，该参数的范围为 $0.3\ \mathrm{mm}\leqslant\delta\leqslant0.5\ \mathrm{mm}$。

下面分析图 4.6 所示的 Fontana 浓度极化的经典模型。该模型表明溶液中的离子浓度高于电极表面的离子浓度。因此，$c_{\mathrm{b}}>c_0$ 意味着氢阳离子的扩散方向朝着发生阳极和阴极反应的电极表面。因此，在稳态条件下，扩散摩尔通量由菲克第一定律方程确定。可以假设不存在其他传质现象。

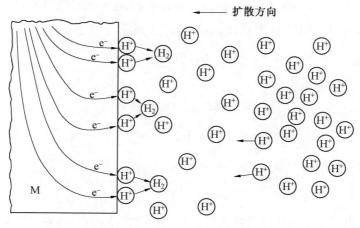

图 4.6 浓差极化模型示意图

假设式(4.52)中除了时间 t 的所有变量是常数,可以预测电流密度分布为特定电解液的非线性行为,如图4.7所示。

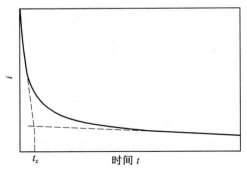

图4.7 科特雷尔方程非线性电流密度分布示意图

式(4.48)和式(4.52)的线性化如图4.8所示。式(4.52)表明,i 与 $\dfrac{1}{\sqrt{t}}$ 成正比,$\dfrac{1}{\sqrt{t}}$ 的系数构成斜率。

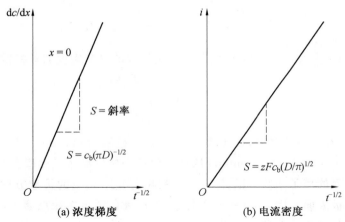

图4.8 电极表面($x=0$)浓度梯度和电流密度示意图

此外,图4.7中曲线下的面积代表单位面积的电荷。电量 q 的定义为

$$q = \int iA_s \mathrm{d}t \tag{4.54}$$

式中 A_s——电极表面积。

将式(4.52)代入式(4.54)并对其积分求解得到

$$q = \frac{2}{3}zFAc_b\sqrt{D/\pi} \cdot t^{3/2} \tag{4.55}$$

将式(4.52)代入式(4.55)得

$$q = \frac{2}{3}Ait \tag{4.56}$$

图4.9给出了根据式(4.55)作出的理想电荷分布图,随着初始体积浓度 c_b 的增加,曲线向上位移。

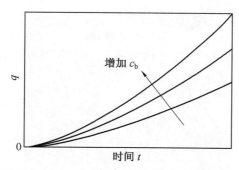

图 4.9 电荷量 q 的非线性分布示意图

相比之下,气体和液体中的物质总是从一个地方运动到另一个地方,而固体中的物质则围绕它们的晶格位置振荡。在水介质中的扩散是本节的主要主题,物质 j 的浓度可以通过扩散来消除,质量转移发生在从高浓度到低浓度的区域,如同在浓差极化下的阴极过程一样。在恒定温度下保持电解液中物质 j 的连续供应和移除,实现了稳态,并且可以通过实验确定 D,因为 $\partial c/\partial t = 0$;否则,出现非稳态或瞬态扩散过程,并且浓度变化率变成 $\partial c/\partial t > 0$。

为了便于理解,可以通过在相同的温度 T 和压力 p 下连接系统 A 和系统 B 来简要概括扩散过程,从而物质 A 和物质 B 混合在一起,直到由于物质 A 扩散到物质 B 的速率和物质 B 扩散到物质 A 中的速率相等而获得均匀的组成。混合物的平均组成是 $c = (c_A + c_B)/2$。例如,下面是混合物 A 和 B 的一些常见扩散情况:

①气体的扩散,如氦和氩,在密闭容器中形成混合物;

②液体的扩散,如水和酒精、水和液体肥皂;

③固体中的扩散,如在 1 050 ℃的热处理炉中紧压在一起的一根铁棒和一根铜棒。

4.4.4 固定边界

开放式毛细管技术用于确定稀释溶液中自扩散离子的扩散率。毛细管如图 4.10 所示,在液体介质中具有固定的边界和开放的上端,离子(溶质)在该上端由于扩散而发生相互作用。

对于初始浓度 c_0 已知毛细管中离子的非稳态扩散,图 4.10 示意性地给出了实验装置的一般概念。毛细管与其他组件相连,便于在浸泡和从溶液中取出时进行处理。

在这种技术中,毛细管和溶剂中的离子或物质 j 在无限长的时间内通过开放空间扩散。经过一段时间 t 后,将毛细管从用于确定最终浓度 $c = f(x,t)$ 的系统中移除,并且浓度比 c/c_0 与扩散率 D 相关。该扩散问题的解决方案基于下面给出的边界条件:

$$c = c_0 \quad (x=0,\ t \geqslant 0) \tag{a}$$

$$\partial c/\partial x = 0 \quad (x=0,\ t \geqslant 0) \tag{b}$$

$$c = 0 \quad (x=L,\ t \geqslant 0) \tag{c}$$

$$c = c_x \quad (-L < x < L) \tag{d}$$

条件(b) $x = 0$ 时规定扩散不能在方程的解的中心平面上发生。式(4.19)的解基于拉普拉斯变换和变量分离等方法。使用任何一种方法都可以得到式(4.19)的解作为标准

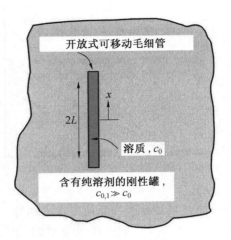

图 4.10　开口毛细管

化浓度

$$\frac{c-c_0}{c_1-c_0}=1-\frac{4}{\pi}\sum_{k=0}^{\infty}\frac{(-1)^n}{2n+1}\exp\left[-\frac{(2n+1)^2\pi^2 Dt}{4L^2}\right]\cos\left[\frac{(2n+1)\pi x}{2L}\right]\qquad(4.57)$$

如果 $x=L$ 时，$c_1=0$，那么 $t=0$ 时，式(4.57)可简化为

$$\frac{c}{c_0}=\frac{4}{\pi}\sum_{n=0}^{\infty}\frac{(-1)^n}{2n+1}\exp\left[-\frac{(2n+1)^2\pi^2 Dt}{4L^2}\right]\cos\left[\frac{(2n+1)\pi x}{2L}\right]\qquad(4.58)$$

式(4.58)的准确性取决于用于该表达式中的术语数量。假设这一系列表达式中的一项产生足够精确的结果，那么扩散率就变为

$$D=\frac{4L^2}{\pi t}\ln\left[\frac{\pi c_0}{4c}\sec\left(\frac{\pi x}{2L}\right)\right]\quad(c<c_0,\ t>0)\qquad(4.59)$$

令式(4.59)中 $x=L/2$，得到

$$D=\frac{4L^2}{\pi t}\ln\left(\frac{\pi\sqrt{2}\,c_0}{4c}\right)\quad(x=L/2,\ c<c_0,\ t>0)\qquad(4.60)$$

因此，如前所述，$D=f(c_0/c)$。

4.5　扩散和迁移

对于导出的数学模型，可以进行一个重要的观察，$c=f(x,t)=(x,t)$。所有这些变量在电极表面固定距离处随时间衰减，因为它们与时间的平方根成反比。先前的分析方法是电位控制过程的结果，在该过程中，电流响应是在特定温度下测量的。到目前为止，这项分析工作已经完成，以确定电流密度响应，如式(4.23)，这是根据简单反应，如 $M^{z+}+ze^-\rightleftharpoons M$，其中 M^{z+} 被还原为金属 M 的动力学传质，而在电解液中形成的浓度梯度的结果。对受到电位控制过程的含水电解液中的质量传递的进一步分析表明，电流密度响应式(4.23)，可以仅通过扩散得到。然而，电位控制电化学系统产生电场，并且很明显，扩散和迁移摩尔通量分别与浓度和电位梯度相关。后者对电流密度的大小有很大的影响。因此，没有场的能斯特—普朗克方程是弱的，迁移摩尔通量接近零($J_m\rightarrow0$)。对流摩尔通量

(J_d)可以提供足够的结果。如果是电学的,那么根据菲克第一定律预测的扩散摩尔通量就是控制步骤,对于稳态条件下的质量传递,其中浓度变化率为$\partial c/\partial t=0$。另外,如果$\partial c/\partial t\neq0$意味着扩散摩尔通量是依赖于调谐的,并且它是由菲克第二定律描述的线性扩散过程。

对于耦合扩散和迁移传质情况,式(4.9)化简为

$$i=zF(J_d+J_m)=-zFD\frac{dc}{dx}-\frac{zFDc}{RT}\frac{d\varphi}{dx} \tag{4.61}$$

令$di/dx=0$,则

$$\frac{d^2\varphi}{dx^2}+\frac{1}{\sqrt{\pi Dt}}\frac{d\varphi}{dx}=0 \tag{4.62}$$

求解这个普通的微分方程给出了势梯度的理论定义

$$\frac{d\varphi}{dx}+\frac{\varphi}{\sqrt{\pi Dt}}=0 \tag{4.63}$$

如果$d\varphi/dx=0$电流密度响应仅由电极表面的扩散控制,则$x=0$。当$x=\delta$时,式(4.63)的解为

$$\varphi=\varphi_0\exp\left(-\frac{x}{\sqrt{\pi Dt}}\right)=\varphi_0\exp(-x/\delta) \tag{4.64}$$

当$\varphi_0=RT/zF$时,类似于式(2.22)。这里,δ是由式(4.53)定义的双电层的厚度。如果$x=0$,则电极表面处$\varphi=\varphi_0>0$。内电位可以由能斯特方程定义,如式(2.24)所示。如果式(4.61)中$dc/dx=0$,那么传质迁移的电流密度为

$$i_m=\frac{zFDc_0}{\delta}=\frac{zFDc_0}{\sqrt{\pi Dt}} \quad (t>0) \tag{4.64a}$$

而对于扩散传质来说

$$i_d=\frac{zFDc_0}{\delta}=\frac{zFDc_0}{\sqrt{\pi Dt}} \quad (t>0) \tag{4.64b}$$

因此,对于耦合扩散和迁移情况,总电流密度定义为

$$i=i_m+i_d=\frac{2zFDc_0}{\sqrt{\pi Dt}} \quad (t>0) \tag{4.64c}$$

4.6 可逆浓差电池

对于可逆电化学电池,浓度极化的过电位由能斯特方程定义。运用式(2.8),常数$K=c_x/c_0$和阴极过电位$\eta_c=E-E_0$。根据浓度比得出阴极过电位

$$\eta_c=-\frac{RT}{zF}\ln\frac{c_x}{c_0} \tag{4.65}$$

这表明,随着浓度c_x的增加,η_c变得更负。这里$c_x=c(x)>0$,且体积中的有限浓度为$c_x=c(\infty)=c_b$。评估式(4.64)在$x=\infty$和$x=0$处的电位得到

$$\eta_c=\varphi(\infty)-\varphi(0)$$

$$\eta_c=\varphi_0\exp(-\infty)-\varphi_0\exp(-0)$$

$$\eta_c = -\varphi \exp(x/\delta) \tag{4.66}$$

根据 $\delta = \sqrt{\pi D t}$，联立式(4.65)和式(4.66)，得到界面电位：

$$\varphi = \frac{RT}{zF} \ln \frac{c_x}{c_0} \exp(-x/\delta) \tag{4.66a}$$

根据式(4.65)，浓度极化的浓度变为

$$c_x = c_0 \exp\left(\frac{zF\eta_c}{RT}\right) \quad (c_b > c_0) \tag{4.67}$$

而活化极化的浓度为

$$c_x = c_0 \exp\left(-\frac{zF\eta_a}{RT}\right) \quad (c_b > c_0) \tag{4.68}$$

由此，活化过电位定义如下：

$$\eta_a = \frac{RT}{zF} \ln \frac{c_0}{c_x} \tag{4.69}$$

浓度分布表达式(4.67)和式(4.68)现在被认为是指数函数，而不是过去在扩散过程中处理的误差函数。

4.7　极限电流密度

假设传质是由扩散引起的，扩散摩尔通量 J_x 是稳态条件下传质的化学速率。随后，扩散过程可以用菲克第一定律来描述。因此，式(4.18)变为

$$J_x = -D \frac{\Delta c}{\Delta x} = -D \left(\frac{c_x - c_0}{\delta}\right) \tag{4.70}$$

因为在电极表面 $x_0 = 0$ 处 $\Delta x = x - x_0 = \delta = \sqrt{\pi D t}$，联立式(4.8)和式(4.70)得出稳态条件下 $\Delta c < 0$ 的阴极电流密度

$$i_c = -\frac{zFD\Delta c}{\sqrt{\pi D t}} \tag{4.71}$$

式中，zF 是将 1 mol 金属转化为腐蚀产物所需的电荷数。然而必须存在一个极限电流密度 i_L，因此，式(4.71)变为

$$i_L = \frac{zFDc_x}{\sqrt{\pi D t}} \tag{4.72}$$

因为在 $x = 0$(电极表面)处 $c_0 = 0$，联立式(4.71)和式(4.72)得到电流密度比值：

$$\frac{i_c}{i_L} = \frac{\Delta c}{c} = \frac{c_x - c_0}{c_x} = 1 - \frac{c_0}{c_x} \tag{4.73}$$

因此，浓度比变为

$$\frac{c_0}{c_x} = 1 - \frac{i_c}{i_L} \tag{4.74}$$

将式(4.74)代入式(4.65)中得到基于极限电流密度的浓度极化的过电位：

$$\eta_{conc} = \frac{RT}{zF} \ln\left(1 - \frac{i_c}{i_L}\right) \quad (i_L > i_c) \tag{4.75}$$

$$\eta_{conc} = \frac{2.303RT}{zF} \ln\left(1 - \frac{i_c}{i_L}\right) \tag{4.76}$$

如果 $\eta_{conc} \to 0$,那么式(4.75)变为线性近似:

$$\eta_{conc} = \frac{RT}{zF}\left(1 - \frac{i_c}{i_L}\right) \tag{4.77}$$

虽然活化极化的过电位是由式(3.16)给出的,但是为了方便起见,这里将它重新编号。

$$\eta_{act} = \beta_c \lg \frac{i_c}{i_0} = -\frac{2.303RT}{(1-\alpha)zF} \lg \frac{i_c}{i_0} \tag{4.78}$$

式中,$i_0 = i_{corr}$。

假设扩散过程的总阴极过电位是式(4.76)和式(4.78)的总和,则有

$$\eta_c = \eta_{conc} + \eta_{act} \tag{4.79}$$

$$\eta_c = \frac{2.303RT}{zF}\left[\lg\left(1 - \frac{i_c}{i_0}\right) - \frac{1}{(1-\alpha)}\lg\frac{i_c}{i_0}\right] \tag{4.80}$$

或者

$$\eta_c = \frac{RT}{zF}\left[\ln\left(1 - \frac{i_c}{i_L}\right) - \frac{1}{(1-\alpha)}\lg\frac{i_c}{i_0}\right] \tag{4.81}$$

但是,$\eta_c = E_c - E_o$,其中 E_c 是外加阴极电位,$E_o = E_{corr}$ 是腐蚀电位。因此式(4.81)变为

$$E_c = E_o + \frac{2.303RT}{zF}\left[\lg\left(1 - \frac{i_c}{i_L}\right) - \frac{1}{(1-\alpha)}\lg\frac{i_c}{i_0}\right] \tag{4.82}$$

式(4.82)给出了从 i_{corr} 到 i_L 的阴极曲线示意图,如图 4.11 所示。

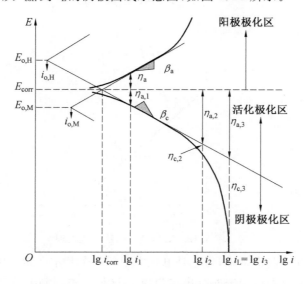

图 4.11 活化极化和浓差极化区域示意图

由图 4.11 中可知:

①从 $(E_{corr}, \lg i_{corr})$ 到点 1 的转变产生了过电位 $\eta = \eta_{a,1}$,活化电位控制传质。

②点 2 处 $\eta = \eta_{a,2} + \eta_{c,2}$,存在混合极化,但是 $\eta_{a,2} > \eta_{c,2}$。

③点 3 处 $\eta = \eta_{a,3} + \eta_{c,3}$，存在混合极化，但是此时的电流密度并不取决于电位，且 $i_3 = i_L$。

④根据式（4.82），温度的变化会改变阴极极化曲线。

在确定氧化态或还原态（仅指化合价）时，需要知道由式（3.26）和式（3.17）定义的塔费尔斜率和对称因子。然而，价态 z 还可以根据式（4.75）给出的浓度极化关系和 $\eta_{conc} = E_c - E_{corr}$ 来估算。因此，有

$$E_c = E_{corr} + \frac{RT}{zF} \ln\left(1 - \frac{i_c}{i_L}\right) \tag{4.83}$$

绘制 E_c 和 $\ln(1 - i_c/i_L)$ 的关系图，如图 4.12 中的直线所示，外推该直线得到的截距对应于 E_{corr}。

该直线的斜率为

$$S_c = \frac{\Delta E}{\Delta \ln(1 - i_c/i_L)} = \frac{RT}{zF} \tag{4.84}$$

求解式（4.84）中的 z，得到一个近似氧化态的表达式：

$$z = \frac{RT}{FS_c} \tag{4.85}$$

斜率也可以通过相对于阴极电流密度取式（4.83）的一阶导数来确定：

$$\frac{dE_c}{di_c} = -\frac{RT}{zF(i_c - i_L)} \tag{4.86}$$

$$S_c = \frac{dE_c}{di_c} = \frac{\Delta E_c}{\Delta i_c} \tag{4.87}$$

则有

$$z = -\frac{RT}{S_c F(i_c - i_L)} \tag{4.88}$$

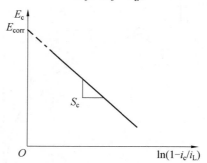

图 4.12　式（4.83）的线性化处理

前面的图解方法非常基础，但它是电化学中的一个基本元素。例如，这种线性方法通常用于测定不可逆极谱过程中的有机化合物 z，这是一种控制电位技术，需要电流响应作为还原物质 j 的时间函数。这项技术的目的是测量极限电流 $I_L = A_s i_L = f(t)$，其中 A_s 是电极的表面积。因此，式（4.52）变为

$$I_L = \frac{zFA_s Dc_b}{\sqrt{\pi D t}} \tag{4.89}$$

此外，在阴极过程中，离子向阴极移动，本体和表面浓度相关（$c_b > c_s$），并且由于本体溶液中的离子耗尽而产生限制电流密度。从流体力学的观点来看，i_L 随着溶液流动速度和温度的增加而增加。因此，层流下的传质速率可以使用法拉第定律转换成 i_L。事实上，在高速度下很难实现溶液速度和准稳态溶液中的稳态电极或旋转电极的精确控制。例如，具有光滑表面的经典旋转圆盘电极便于表征溶液流动对腐蚀反应的影响。根据博登数学模型确定角速度函数 $i_L \approx i_{corr}$，经整理得到用于确定 D 的这个方程的最终形式是

$$i_L = 0.62zFc_b D^{2/3} K_v^{-1/6} \sqrt{\omega} \tag{4.90}$$

式中 K_v——运动黏度，cm^2/s；

ω——角速度，Hz 或 s^{-1}。

关于 i_L 的简单关系如下：

$$i_L = \varepsilon\sqrt{\omega} \tag{4.91}$$

$$\varepsilon = 0.62zFc_b D^{2/3} K_v^{-1/6} \tag{4.92}$$

此外，式（4.91）表明，暴露在溶液中的旋转光滑表面在雷诺数下经历了从层流到湍流的转变，雷诺数由下式定义

$$Re = \frac{\omega r_t^2}{K_v} = \frac{\omega r_t^2 \rho}{\eta_v} \tag{4.93}$$

式中 r_t——发生转变的半径，cm；

η_v——流体黏度，$g/(cm \cdot s)$；

ρ——粒子（离子）密度，g/cm^3。

过渡半径也小于圆盘半径（$r_t < r$），已知旋转圆盘每单位时间的转数（N），角速度很容易计算，即 $\omega = 2\pi N$。现在商业仪器可用于在宽范围的电极速度下使用旋转电极系统进行电化学实验。

4.8 恒电流极化

使用恒电流技术在阴极电极上产生电流，在达到稳态之前测量电位响应。

根据厄尔迪一格鲁兹，用于求解菲克第二定律的边界条件可以由式（4.23）推导出来。因此

$$D\frac{\partial c}{\partial x} = \frac{i}{zF} \quad (x = 0) \tag{4.94}$$

随后，作为时间函数的浓度方程采用以下分析形式：

$$c = c_0 - \frac{2i}{zF}\sqrt{\frac{t}{\pi D}} \quad (t > 0) \tag{4.95}$$

此外，在 $x = 0$ 处（电极表面）即 $c = c_s = 0$ 的过渡扩散时间由式（4.95）推导如下：

$$t_0 = \frac{\pi D}{4}\left(\frac{zFc_0}{i}\right)^2 \tag{4.96}$$

联立式（4.95）和式（4.96）得到作为时间和温度的函数的扩散过电位：

$$\eta = \frac{RT}{zF}\ln(1 - \sqrt{t/t_0}) \approx \frac{RT}{zF}(1 - \sqrt{t/t_0}) \tag{4.97}$$

式(4.97)说明当 $t=t_0$ 时，$\eta \to \infty$，但该情况是不可能的。相反，当 $t \to t_0$ 时，$(1-\sqrt{t/t_0})<1$，则 $\eta<0$，就会发生另一个电化学过程。式(4.97)给出的曲线如图4.13所示。

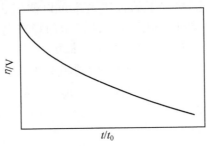

图 4.13　式(4.97)给出的曲线

4.9　交流极化

交流极化是由交流电引起的，交流电反过来周期性地影响阴极电极表面附近的浓度，但是带电的双层被认为保持不受干扰。在这些交流条件下，式(3.52)变为

$$i=i_0 \sin \omega t \tag{4.98}$$

将式(4.98)代入式(4.23)得出交替的浓度梯度：

$$\frac{\partial c}{\partial x}=\frac{i_0}{zFD}\sin \omega t \tag{4.99}$$

根据厄尔迪—格鲁兹的观点，周期性浓度定义为

$$c=c_0-\frac{i_0}{zF\sqrt{\omega D}}\exp\left(-x\sqrt{\frac{\omega}{2D}}\right)\cos\left(\omega t+\frac{\pi}{4}-x\sqrt{\frac{\omega}{2D}}\right) \tag{4.100}$$

因此，过电位变为

$$\eta=\frac{RT}{zF}\ln \frac{c_s}{c_0} \tag{4.101}$$

$$\eta=\frac{RT}{zF}\ln\left(1+\frac{c_s-c_0}{c_0}\right) \tag{4.102}$$

$$\eta\approx\frac{RT}{zF}\ln \frac{c_s-c_0}{c_0} \tag{4.103}$$

在 $x=0$ 时将 $c_s=0$、式(4.100)和式(4.103)联立得到活化极化的周期性过电位：

$$\eta_{ac}=\frac{RTi_0}{zF \cdot 2c_0\sqrt{\omega}}\sin\left(\omega t+\frac{\pi}{4}\right) \tag{4.104}$$

$$\eta_{ac}\approx\frac{RTi_0}{zF \cdot 2c_0\sqrt{\omega}}\left(\omega t+\frac{\pi}{4}\right) \quad \left(\omega t+\frac{\pi}{4}\to 0\right) \tag{4.105}$$

4.10 本章小结

一种物质 j 在电极表面的浓度低于在主体中的浓度 $c_b > c_0$，这与活化极化相反（$c_b < c_0$）。在活化极化中，浓度极化的动力学是速率控制的电化学过程，因为电极是阴极极化的。传质可以通过扩散、迁移、对流或这些模式的组合来实现。因此，能斯特－普朗克方程可以给出合理的结果。然而，如果扩散是一种单一的机理，菲克第一定律指出，在稳态下因为浓度速率是 $\mathrm{d}c/\mathrm{d}t = 0$，扩散摩尔通量取决于浓度梯度；相反，菲克第二定律要求 $\mathrm{d}c/\mathrm{d}t \neq 0$，它主要取决于浓度梯度 $\frac{\partial^2 c}{\partial x^2}$ 和时间。菲克第二定律的解取决于扩散问题的类型和相关的边界条件，但《兰氏化学手册（第十三版）》第 5 章中给出的解是基于钟形函数的误差函数 $y = \exp(-x^2)$。该式可以用来预测物质 j 的浓度、浓度梯度、电极表面电流密度随时间 $t^{-1/2}$ 衰减。尽管电流密度是一个随时间变化的参数，但它受物质 j 的通量的影响，并受作为其最大值的极限电流密度（i_L）的限制。因此，浓差极化所需的过电位取决于电流密度比 i_c/i_L。

第5章 混合电极电位

5.1 概　述

本章仅限于应用混合电极电位原理分析复杂的水腐蚀现象,其与混合电极电化学腐蚀过程有关。这一理论在第3章和第4章已经通过氧化还原电化学反应机理介绍过。本章主要是对电化学原理的扩展,其中部分反应作为半电池反应被引入,其相关动力学与活化和浓度极化过程有关。本章介绍的原理和概念可作为用来理解简单电化学系统中腐蚀(氧化)和还原反应等电化学行为的独特而简单的方法。

为了比较和分析简单的电化学系统,本章用到了埃文斯图和斯特恩图,并介绍了阳极控制和阴极控制极化的概念。此外,为了使用包含外部电路的电化学装置来分析腐蚀,还涉及了预定的腐蚀电路。

5.2　电极电位的混合

电化学腐蚀系统可使用先前描述为塔费尔斜率、交换和限制电流密度的动力学参数来表征。然而,混合电极电位理论分析需要借助一个混合电极系统。图 5.1 所示为浸在盐酸溶液中的经典纯锌电极,图中电位数值是相对于标准氢电极获得的。这种表示电极电位和电流密度关系的图形称为埃文斯图,用于描述纯锌的电极动力学。

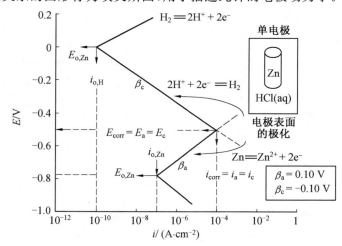

图 5.1　锌在盐酸溶液中的埃文斯图

埃文斯图要求阳极和阴极直线、腐蚀电位(E_{corr})和腐蚀电流密度(i_{corr})点位于氢还原线(H^+/H_2)和锌氧化线(Zn/Zn^{2+})的交汇处。此外,氢和锌的交换电流密度(i_o)和开路电位对于完成绘制图 5.1 所示的 Zn/电解液单电极电化学系统是很有必要的。

事实上,这种类型的电位—电流密度可以用于与含有一种或多种氧化剂(比如 H^+、Fe^{2+}……)的电解液接触的任何固体材料。因此,可以从图 5.2 中确定腐蚀电位 E_{corr} 和腐蚀电流密度 i_{corr}。此外,连接图中所给出的 i_o 和 i_{corr} 的直线,得到它们各自的过电位方程。图 5.2 中的点(E_{corr}, i_{corr}),其电位和电流密度相等,因为该点代表电化学平衡。

另外,斯特恩绘制了阳极和阴极的非线性极化曲线,这为电化学系统的电极动力学理论的研究提供了更为真实的表达。图 5.2 中埃文斯(直线)和斯特恩(曲线)图解法说明了浸在含有 H^+ 和 Fe^{2+} 氧化剂的腐蚀介质中的假设某金属 M 的腐蚀过程。

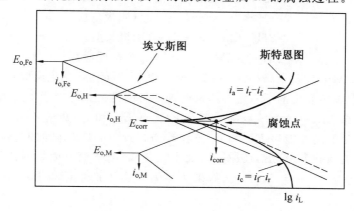

图 5.2　极化图对比

向电解液中添加亚铁(Fe^{2+})氧化剂会增加电解液的腐蚀性,为了确定金属材料 M 的腐蚀点,还需要一个额外的埃文斯图。在这种特殊情况下,绘制埃文斯图之前,必须知道每个氧化剂和金属的交换电流密度、开路电位和塔费尔斜率,这是这种用于测定金属 M 的 E_{corr} 和 i_{corr} 技术的缺点。

此外,使用恒电位或动电位技术在确定腐蚀点附近的极化曲线时非常有用。后一种技术是一种更快的方法,用于获得从极限电流密度下的低电位到析氧的高电位。这种动态方法非常有利于在几分钟内获得完整的极化曲线。

图 5.2 所示的假设极化曲线阐明了一种接近现实的工业条件,因为大多数腐蚀溶液中含有不止一种氧化剂。通常,由于腐蚀产物和现有氧化剂的污染,酸性溶液中含有铁—亚铁盐和其他离子杂质。然而,图 5.2 所示的电化学情况表明:

①与图 5.1 相比较,M/H^+ 体系中加入 Fe^{3+} 导致(E_{corr}, i_{corr})点发生了偏移,且 E_{corr} 和 i_{corr} 都随之增加。

②金属溶解速率和腐蚀速率都增加了。

③还原剂 Fe^{3+}/Fe^{2+} 和氧化剂 $2H^+/H_2$ 的还原会引起混合电极电位的变化,即腐蚀电位 E_{corr}。这种电位潜在的上升趋势意味着金属变得更稳定。

④金属表面同时发生氧化还原反应。根据以下还原反应,交换电流密度及其相应的开路电位,如图 5.2 所示,图中电位数值是相对于标准氢电极获得的。

$$2Fe^{3+} + 2e^- \longrightarrow 2Fe^{2+} \ (E^{\ominus}_{Fe^{3+}/Fe^{2+}} = 0.438 \text{ V})$$

$$H_2 \longrightarrow 2H^+ + 2e^- \quad (E^{\ominus}_{H_2/H^+} = 0)$$

$$2Fe^{3+} + H_2 \longrightarrow 2Fe^{2+} + 2H^+ \quad (E^{\ominus} = 0.438 \text{ V})$$

氧化还原反应的电位为 $E^{\ominus} = E^{\ominus}_{Fe^{3+}/Fe^{2+}} + E^{\ominus}_{H_2/H^+}$。在这一情况下：

①在要求的 Fe^{3+}/Fe^{2+} 还原线和 H_2/H^+ 氧化线的交点处的电荷守恒原理要求增加电流密度以进行 $2H^+/H_2$ 还原。然后，$2H^+/H_2$ 沿着 Fe^{3+}/Fe^{2+} 线上方的虚线，直到它与 M/M^{z+} 线相交。虚线代表总的还原率。

②对于一个金属氧化反应，需要两个还原反应。因此，Fe^{3+} 的加入减少了氢的释放。

③图 5.2 所示电化学系统可能发生的反应有

$$2Fe^{3+} + 2e^- \longrightarrow 2Fe^{2+} \quad (阴极反应) \tag{5.1}$$

$$2H^+ + 2e^- \longrightarrow H_2 \quad (阴极反应) \tag{5.2}$$

$$2M \longrightarrow 2M^{2+} + 4e^- \quad (阳极反应) \tag{5.3}$$

$$M + 2H^+ + 2Fe^{3+} =\!=\!= M^{2+} + 2Fe^{3+} + 2H^+ \quad (氧化反应) \tag{5.4}$$

向电解液中添加氧化剂不一定会增加腐蚀的可能性。正是交换电流密度决定了这种情况。例如，如果 $i_{o,Fe^{3+}/Fe^{2+}} \ll i_{o,M/M^{2+}}$，那么 Fe^{3+} 对 E_{corr} 和 i_{corr} 影响不大。反之也很好理解，因为 i_o 必须足够高才能对 E_{corr} 和 i_{corr} 产生影响。此外，如果施加的电位 $E = 0$，则电流不流动，并且金属氧化和氧化剂还原同时发生在金属/电解液界面。因此，此时氧化和还原电流密度相等且 $i = i_{ox} - i_{red} = 0$。如果 $E \neq 0$，则由于产生阳极和阴极过电位而发生极化。

$$\eta_a = (E - E_{corr}) > 0 \tag{5.5}$$

$$\eta_c = (E - E_{corr}) < 0 \tag{5.6}$$

5.3　极化的解释

发生阳极反应代表金属劣化，因为腐蚀的金属会损失电子。这是一种表面电化学现象，可能会对金属结构造成严重影响。因此，腐蚀的驱动力是由下式定义的过电位（η）：

$$\eta = E_a - E_c \tag{5.7}$$

式中，下角标"a"和"c"分别代表阳极和阴极。关于图 5.1，假设电流不流动，那么局部电位变为腐蚀系统的开路电位。因此，

$$\begin{cases} E_o = E_{o,c} = E_{H^+/H_2} \\ E_o = E_{o,a} = E_{Zn/Zn^{2+}} \end{cases} \tag{5.8}$$

如果电流流动，由于电化学极化效应，电极表面发生不可逆效应。在这种情况下，将腐蚀电位和腐蚀电流密度与阴极和阳极项进行比较，则

$$E_c < E_{corr} < E_a \tag{5.9}$$

$$i_{corr} > i_{o,a} > i_{o,c} \tag{5.10}$$

$$i_{o,a} = i_{o,Zn/Zn^{2+}} \tag{5.11}$$

$$i_{o,c} = i_{o,H^+/H_2} \tag{5.12}$$

此外，电化学极化是过电位的一种量度，代表由外加电位引起的半电池电极电化学状态的偏离量。因此，电化学极化的驱动力是过电位。

因此,电化学极化分为两类,即阳极极化和阴极极化。二者相应的过电位由式 (3.34a)和(3.34b)定义。由前文可知极化曲线的阳极和阴极部分的过电位分别代表阳极或阴极和平衡态的偏差:

$$\eta_a = \beta_a \lg \frac{i_a}{i_{corr}} > 0 \tag{5.13}$$

$$\eta_c = -\beta_c \lg \frac{i_c}{i_{corr}} < 0 \tag{5.14}$$

通常,电流密度越高,过电位越高,电化学反应速度越快。此外,极化的其他方面特性使其在电解冶金操作方面占有优势,例如电解提取、电解精炼、电镀和阴极保护以防止腐蚀或被称为腐蚀的材料表面劣化的有害过程。因此,连续极化导致局部电位改变,直到达到稳定状态,并且观察到的混合电极电位是腐蚀电化学系统的腐蚀电位 E_{corr}。到目前为止,已经假设温度和压力保持不变;否则,温度和压力梯度必须包括在电化学系统的分析中。

极化图预测了控制电化学系统的半电池的类型。图 5.3 所示为用于确定极化的控制类型的两种示意性情况。

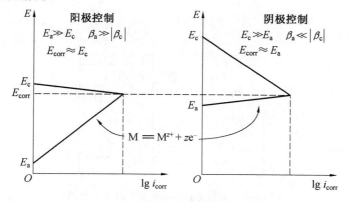

图 5.3 控制极化的埃文斯图

考虑图 5.4 所示的电化学电池。当电路断开时,电流不流动,电池处于热力学平衡状态。然而,当电流流动时,电池被极化,并且电极处的正向(阴极)和逆向(阳极)电流和电位具有以下条件

$$I_c > I_a \quad (M^{z+} + ze^- \longrightarrow M, 阴极电极上)$$

$$I_a > I_c \quad (M \longrightarrow M^{z+} + ze^- \longrightarrow M, 阳极电极上)$$

$$I = (I_c - I_a)_c = (I_a - I_c)_a \quad (阳极电极上)$$

$$E_c < E < E_a \quad (电压表示数)$$

随后,电荷转移过程的速率不相等,平衡态被扰乱。因此,电极被极化。该极化电池的相应过电位由式(5.13)和式(5.14)给出。

考虑图 5.5 所示的电池,通过电路中的电阻器以预定速率测量锌(Zn)的腐蚀速率。

图 5.5 所示的可逆电池可以用以下符号表示:

$$Zn \,|\, Zn^{2+}, ZnSO_4 \,\|\, H^+, H_2 \,|\, Pt \tag{5.15}$$

由这个电阻断开的电池,会发生以下反应

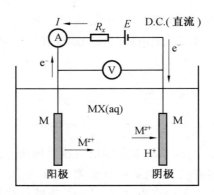

图 5.4　金属 M 的极化电池

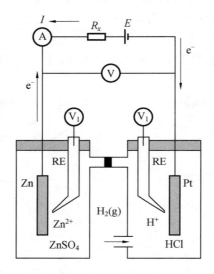

图 5.5　测量 Zn 的腐蚀速率的可逆电池

$$Zn \longrightarrow Zn^{2+} + 2e^- \quad （阳极） \tag{5.16}$$

$$2H^+ + 2e^- \longrightarrow H_2 \quad （阴极） \tag{5.17}$$

$$Zn + 2H^+ \longrightarrow Zn^{2+} + H_2 \quad （氧化还原反应） \tag{5.18}$$

根据式(5.17),析氢发生在 Zn 表面电极上,而不是 Pt 电极上。这与真正的电化学相互作用相去甚远,因此无法测量电流。这意味着每个电极的电位可以通过连接高阻抗电压表来测量,如图 5.5 所示。在平衡状态下,电流和电位分别为 $I_c = I_a = 0$ 和 $E = E_c - E_a$,用于氧化还原反应的电池的电位差 E 和自由能变化 ΔG 分别为

$$E = E^{\ominus} - \frac{RT}{zF} \ln K \tag{5.19}$$

$$\Delta G = -zFE \tag{5.20}$$

开路电阻调整外部电路的电阻会产生过电位,Zn 的腐蚀会以一定的速度进行。这表明电池是极化的。这种极化过程意味着阳极锌(Zn/Zn^{2+})的氧化变得更加活泼,而阴极氢离子的减少或氢的释放($2H^+/H_2$)变得更加不活泼。可测量的电池电位根据开路电位、阳极和阴极过电位以及欧姆定律来定义。因此,$E = E_o - (\eta_a + \eta_c + IR_s)$,根据欧姆定

律,电位为 $E=IR_x$,所以有 $E_o-(\eta_a+\eta_c+IR_s)/R_x$,这表明电流 I 强烈依赖于外部电阻 R_x。但是当 R_x 保持不变时,锌的腐蚀速率是有限的。如果 $R_x=0$,那么电池短路,电流成为电荷转移速率的量度。

根据施赖尔的观点,一个定义明确的电化学电池包含一种高电导率的电解液,这就决定了外部电路和溶液的欧姆定律必须满足 $IR_x\approx0$ 和 $IR_s\approx0$ 的条件。因此,电池可逆开路电位变为 $E_o=\eta_a+\eta_c$。这个表达式清楚地表明存在混合电极电位关系,意味着测得的电位本质上是混合电极电位。这种混合电极电位在图 3.2 中表示为斯特恩图或极化图。

5.4 原电池的极化

本节介绍极化电偶腐蚀的情况。金属 M_1 和 M_2 的特殊假设电偶腐蚀极化曲线如图 5.6 所示。这些曲线说明金属 M_1 和 M_2 是连接(耦合)的,并且因为 $i_{corr,M1}<i_{corr,M2}$,所以电子流从 M_1 流向 M_2。为了方便起见,假设这两种金属具有相同的化合价 z,则该电偶中发生的反应主要为

$$M_1^{z+}+ze^-\longrightarrow M_1 \quad \text{(阳极)} \tag{5.21}$$

$$M_2 \longrightarrow M_2^{z+}+ze^- \quad \text{(阴极)} \tag{5.22}$$

$$M_1^{z+}+M_2 \longrightarrow M_1+M_2^{z+} \quad \text{(氧化还原反应)} \tag{5.23}$$

因此,电偶腐蚀电流密度如图 5.6 中阳极和阴极极化曲线的相交点所示。该耦合电流密度的值介于金属 M_1 和 M_2 的腐蚀电流密度之间

$$i_{corr,M1}<i=i_{corr}<i_{corr,M2} \tag{5.24}$$

当达到稳态时,电流密度和电位相等,也就是说,

$$i=i_a=-i_c \tag{5.25}$$

$$E=E_{corr} \tag{5.26}$$

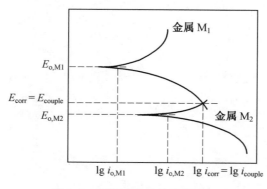

图 5.6 电偶腐蚀极化示意图

E_{couple}、i_{couple}——M_1 和 M_2 两种金属同时产生极化曲线时对应的腐蚀平衡电位和腐蚀电流密度

应该指出的是,电偶系列和电动势系列中的腐蚀电位是不同的。前者可以在后一系列电动势中使用的不同温度和离子浓度下作为耦合电位来测量。因此,必须谨慎使用电偶系列,因为它是与温度和浓度相关的动力学参数。

5.5　表面积的影响

电极在腐蚀介质中的表面积称为相对面积,它影响电偶腐蚀的速率。例如,琼斯报道的室温下黄铜/钢电偶在 20％氯化钠中的实验数据证明,增加表面积比会造成电偶腐蚀电位的增加。因此,电偶的腐蚀电位主要取决于阴极与阳极的表面积比。

5.6　本章小结

混合电极电位理论包括阳极极化和阴极极化,其中物质的扩散与电解液中的电流有关。如果已知塔费尔斜率和交换电流密度以及至少一种氧化剂,便可以利用混合电极电位原理通过绘制埃文斯图来表征电化学腐蚀系统。根据埃文斯图确定的动力学参数是腐蚀电位和腐蚀电流密度。动电位极化曲线也称为斯特恩图,非常容易获得,并显示出不同的特征,有助于表征电极的电化学行为。

此外,由于产生过电位($\eta > 0$)造成阳极极化,过电极($\eta < 0$)产生阴极极化,电化学偏离平衡导致极化现象。如果电极表面在极化过程中出现电流($\eta \neq 0$)和不可逆效应,则又会导致局部电位变化,直至达到稳态。

在模拟工作环境的特定环境中,必须谨慎表征电偶腐蚀行为。如前所述,电偶腐蚀电位对温度、离子浓度和阴极与阳极的表面积比的变化很敏感。

第6章 腐蚀和钝化

6.1 概 述

金属和合金的电化学腐蚀行为可以通过生成极化曲线来研究,极化曲线提供了几个具有不同物理意义的电化学区域。暴露在恶劣环境中的材料可以通过分析完整的极化曲线来表征,该极化曲线包括电化学过程,如浓差极化、活化极化和钝化。一种材料,特别是金属固体,可能表现出一定程度的腐蚀性;也就是说,侵蚀性电解液(环境)有导致金属溶解(通过氧化反应腐蚀)的趋势。然而,相同的材料可以在相同的环境中以相对高的电位进行钝化,而与电流无关。因此,钝化可以通过在材料表面上电沉积不渗透的金属氧化物膜化合物而表现出来,从而保护其不变质。此外,随着电位的增加,膜通常会击穿,留下局部裸露的金属在相对较高的电位下受到腐蚀。

6.2 仪 器

电化学腐蚀可以用合适的电化学仪器来表征。定制设计设备如图 6.1 所示。电源是控制电位的恒电位仪或控制电流的恒电流仪。这种电化学电池设计对于薄的或易碎的工作电极有重要意义。工作电极(WE)与点焊导线一起嵌入环氧树脂中。实际上,这种环氧树脂只是一种金相样品,在浸入工作电解液之前已经被很好地抛光了,以避免不利的电化学副反应。一些自定义设计单元可以在其他地方找到。图 6.2 所示为市场上可买到的

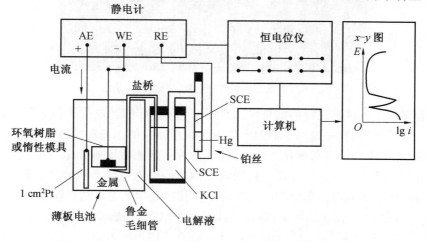

图 6.1　极化设备示意图

AE—辅助电极;WE—工作电极;RE—参考电极;SCE—饱和甘汞(Hg_2Cl_2)电极

美国材料试验学会 G－5 标准电化学电池,由通用电气普林斯顿应用研究公司设计,型号为 K47。这种电池配备辅助石墨电极,用于向 AE 表面提供均匀的电流分布,被称为三电极电池。

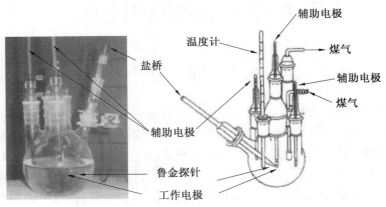

图 6.2　商用电化学电池

此外,可以使用校准良好的电化学仪器/设备进行腐蚀和电化学研究。图 6.3 显示了一个自动化的现代实验仪器,包括市场上可买到的设备,如普林斯顿应用研究公司的273A 型恒电位仪/恒电流仪和 K47 型电化学或极化电池。

图 6.3　现代电化学仪器设备

例如,使用上述仪器进行的常见腐蚀研究可包括确定腐蚀电位和腐蚀电流密度、线性极化电阻、塔费尔图、扫描速率下的动电位极化和循环极化。最常见的电化学技术是恒电位、动电位、恒电流和动电流极化。此外,该装置可用作测量因施加电位而产生的电流响应的恒电位仪,或用作测量施加电流时的电位响应的恒电流仪。该装置在研究人员中很受欢迎,也可用于研究电沉积过程中氧化物和氮化物涂层的微观结构演变。

恒电位仪使用 R_s 作为辅助电极(AE)或对电极(CE)与参考电极(RE)之间的电解液电阻,RE 由于工作电极(WE)和 RE 之间的电流流动而产生电阻,电位值 E 可调,用来保持 WE 电位恒定。

用零电阻的电流表(ZRA)和模数转换器(ADC)测量可调电位 E。恒电位仪的主要目的是通过向 AE 提供电流来控制 WE 和 RE 之间的电位差。

由第 3 章可知,开路电位是在没有外加电位的情况下的腐蚀电位 E_{corr},在这种情况下,腐蚀电流密度 i_{corr} 无法测量或确定。然而,电化学技术可用于从用外加电位扫描 WE 表面产生的极化曲线确定 i_{corr},并测量响应电流或电流密度。这意味着 i_{corr} 不能测量但是可以用图表估算。另外,极化是测量过电位的一种方法,而 WE 上的电化学过程基本上是动力学和扩散过程的结合。

如果施加的电位为 E_{corr} 或非常接近 E_{corr},可以定义为有外加电位使电流流动时的电化学开路电位;则可以监测电位噪声和电流噪声来评估 WE 的腐蚀行为。用于分析电化学噪声的特定恒电位仪如图 6.3 所示。如果阳极过电位为 $\eta_a \rightarrow 0$ 时发生非均匀腐蚀,则可使用电化学噪声(ECN)技术来表征腐蚀行为,在该技术中,噪声信号的测量量化了干扰 WE 表面稳态的离散电化学事件。电化学噪声代表电位和电流的波动。因此,WE 和 RE 之间的电位噪声是由于 WE 的热力学状态的变化而产生的,而电流噪声则是由于 WE 和 AE 之间 WE 上腐蚀过程的动力学状态的变化而产生的。

电极系统如图 6.1 所示。工作电极(WE)电位相对于参考电极进行测量,前提是欧姆电阻梯度显著降低,并且电流仅在辅助电极和工作电极之间流动。电化学电池组件及其功能描述如下:

(1)铂辅助电极:它将电流传递给要研究的工作电极(样品)。

(2)鲁金毛细管:它是一种充满电解液的探针或管子,通过可溶性离子盐(KCl)提供离子传导路径。连接电池和参比电极(RE)的鲁金毛细管和盐桥不携带极化电流,其作用是降低 WE 和 AE 之间通过电解液的欧姆电阻梯度。事实上,极化电位中包含部分欧姆电位。

(3)工作电极(WE):必须已知暴露或接触区域。事实上,理想的表面(暴露)区域是 1 cm^2。WE 表面和鲁金毛细管尖端之间的距离应在以下范围内:1 mm$\leqslant x \leqslant$ 2 mm。如果金属-树脂界面处理不当,缝隙腐蚀可能导致错误的结果。进行电化学腐蚀实验的另一个重要因素是,为了在开始极化测试之前将电极稳定在电解液中,样品浸入时间必须恒定。

(4)恒电位仪:手动操作的恒电位仪是一种步进式仪器,用于测量电位(E)和电流密度(i)并绘制电位与电流的 $E-\lg i$ 图。商用可编程恒电位仪与静电计、对数转换器和数据采集设备都是一种自动化仪器,可在所需电位范围内提供连续可变的扫描,通常在 -2 V$<E<$2 V 的范围内,以获得包括阴极和阳极区域的完整的极化曲线。这种自动化过程称为动电位极化技术,它提供了所需扫描速率的极化曲线。此外,时间因素在稳态极化运行中非常重要,因为电化学反应的机理可能会随之而改变。

图 6.4 给出了一个假设极化曲线示意图,说明了可以从这种类型的曲线确定的理想参数的详细信息。

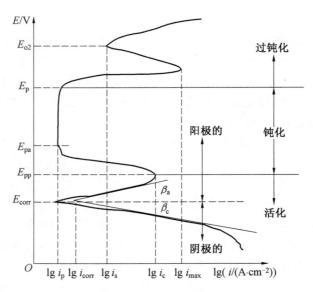

图 6.4　假设极化曲线

i_p—钝化电流密度；E_{pa}—钝化电位；i_{corr}—腐蚀电流密度；E_{corr}—腐蚀电位；
i_s—次级平衡电流密度；E_{o2}—析氧电位；i_c—临界电流密度；E_{pp}—原钝化电位；
i_{max}—最大电流密度；E_p—点蚀电位。

6.3　极化曲线

图 6.5 显示了在脱气硫酸溶液中共析钢的逐步(恒电位)极化曲线。该极化曲线被清晰地分为阳极区和阴极区。这些区域的塔费尔斜率和腐蚀电流密度可以非常容易地确定。从该图中提取的相关实验数据包含在图例中,图中电位值是相对于饱和甘汞电极获得的(图 6.6~6.9 同理)。极化曲线仅涵盖腐蚀电位附近的数据。图 6.5 清楚地表明,收集大量数据以绘制远离腐蚀电位的极化曲线是一个耗时的过程。因此,自动恒电位仪似乎减轻了这种类型表征的延长的实验过程。

极化曲线可以提供材料是活化的、钝化的还是活化—钝化的证据。因此,电极的腐蚀行为可以在特定环境中表征。例如,恒电位和动电位测试方法可以给出相当相似的结果;然而,后一种方法需要较慢的扫描速率(mV/s),以保持稳定的腐蚀电位和稳态行为。使用动电位极化曲线的动力学研究可能在表征金属或合金的腐蚀行为方面存在缺陷,因为使用条件容易受到腐蚀电位变化的影响。尽管如此,恒电位和动电位过程在确定活化—钝化材料的电化学腐蚀行为中是有用的。因此,金属的钝化性和电解液的腐蚀性可以表征为温度、离子种类浓度、扫描速率、对流甚至压力的函数。例如,图 6.6 给出了室温下暴露于静止空气中的硫酸浓度的影响,图 6.7 说明了扫描速率对 RSA 304(50%Cr)不锈钢电化学行为的影响。采用快速凝固和常规冶金凝固工艺制备该不锈钢。前一种合金为 RSA 304,后一种合金为 IM 304。

最初,RSA 304 是 50%冷轧,IM 304 是 41%冷轧。为了使两种不锈钢都具有相同的

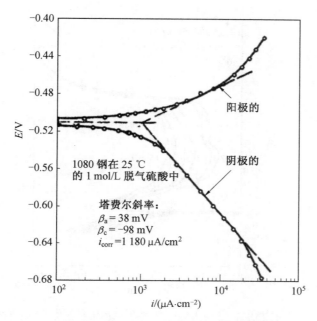

图 6.5　1080 共析钢在脱气硫酸环境下的逐步极化曲线

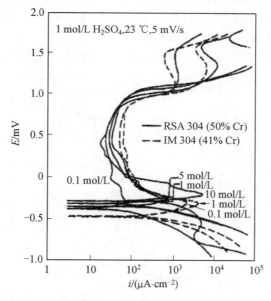

图 6.6　冷轧 RSA 304 和 IM 304 在室温硫酸浓度下的动电位极化曲线

屈服强度,进行了冷轧百分比试验。从图 6.6 可以看出,两种 304 的电化学行为为略有不同。极化曲线的各种形状可归因于不可逆反应,这种不可逆反应代表电能向热量转变过程的耗散。两种 304 都是活化－钝化不锈钢,都显示出相当好的钝化电位范围。

另外,如图 6.7 所示,RSA 304 的电化学腐蚀行为受到扫描速率的显著影响。钝化电流密度 i_p 没有被很好地定义,但是随着扫描速率的增加,钝化电位范围向右移动。该钝化电位范围为 0～1 V。扫描速率对其他极化参数影响不大。例如,在图 6.7 中使用的所有

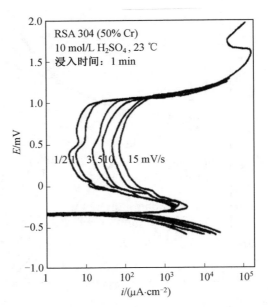

图 6.7　RSA 304 在 pH＝0～1.2 的 10 mol/L 硫酸溶液中扫描速率函数的动电位极化曲线

扫描速率下，点蚀电位和临界电位分别约为 1 V 和－0.25 V。从图 6.6 和图 6.7 可以明显看出，极化曲线足以详细评估不锈钢 RSA 304 和 IM 304 的电化学行为。综上所述，RSA 304 比其对应的 IM 304 稍微更耐腐蚀。

此外，退火微结构条件对 RSA 304 和 IM 304 电化学行为的影响如图 6.8 所示。

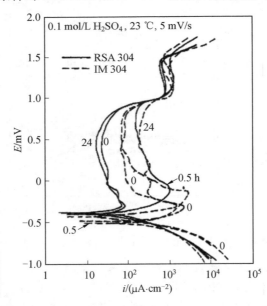

图 6.8　退火(1 000 ℃)304 不锈钢的实验动电位极化曲线

冶金的变量参数是 1 000 ℃下的热处理时间。基本上，由于快速凝固工艺（RSP）诱导的固有特性以及可形成更高质量的氧化表面膜，RSA 304 比 IM 304 更耐腐蚀。据报

道,这种钝化膜是一种非晶态氧化物。相对于常见装置的腐蚀速率 C_R,RSA 304 表现出

$$C_R = 5.47 \ \text{mm/a} \quad (\text{作用电流密度 } i_c)$$
$$C_R = 0.89 \ \text{mm/a} \quad (\text{作用电流密度 } i_p)$$
$$C_R = 0.098 \ \text{mm/a} \quad (\text{作用电流密度 } i_{corr})$$

对于 0.5 h 的退火条件,比较特殊的情况是腐蚀电流密度下的腐蚀速率。因此,$C_R =$ 0.098 mm/a 对应的 i_{corr} 的值非常低。事实上,RSA 304 和 IM 304 由于含铬量高,在硫酸溶液中都表现出很高的耐腐蚀性,这可能是由于形成水合氧化铬保护膜而钝化。

并不是所有的金属和合金在特定的环境下都表现出如 304 不锈钢一样的活化—钝化行为。铝及其合金在大多数环境中都具有活性。高级合金,如镍—钼基快速凝固合金(RSA)$Ni_{53}Mo_{35}Fe_9B_2$ 在硫酸溶液中的钝化如图 6.9 所示。该快速凝固合金在 1 100 ℃下进行了长时间退火,并在 25 ℃下 0.10 mol/L,pH=1.5 的硫酸溶液中进行了动电位分析。结果证明,尽管 RSA 的腐蚀电位很低,约为 11 $\mu A/cm^2$,但它仍表现为活性材料。这些合金在硫酸中的电化学行为可能是一些硼化物颗粒嵌入 Ni—Mo 基体中造成的电偶效应。

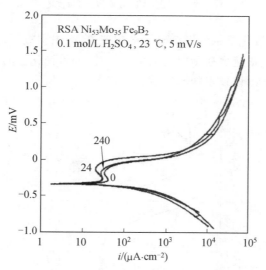

图 6.9　退火(1 100 ℃)镍—钼基 RSA 合金的实验电位动态极化曲线

此外,阳极氧化是一种铝和铝合金容易被附着在表面的保护性氧化膜氧化,并通过固态扩散进一步氧化的过程。然而,这些材料在含有氯化钠的电化学环境中表现出活性。

例如,图 6.10 所示为 2195 铝锂合金在 190 ℃时效并在 3.5%的氯化钠脱气溶液中进行试验的动电位极化曲线。所有的极化曲线都显示出活跃的电化学行为,因为并非所有的老化过程都会形成氧化物保护膜。尽管由于阳极氧化过程,这种合金在空气中钝化,但又由于在被测溶液中没有出现临界电流密度,它在电化学上变得活跃。因此,当外加电位高于腐蚀电位时,合金不会钝化,而是以动电位氧化。

时效时间(热处理时间)对时效合金的腐蚀电位和腐蚀电流密度均有影响。这可能是由于第二相的析出,在 2195 铝锂合金表面形成局部的原电池。

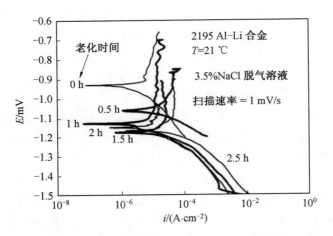

图 6.10　2195 铝锂合金时效的动电位极化曲线

6.4　循环极化曲线

从本质上讲,循环极化是一种混合电极电位现象,其中阳极极化和阴极极化过程使用逆向扫描速率进行。扫描速率在预定的电位下反转,导致钝化区的阴极极化,直到阳极曲线和阴极曲线相交为止。该技术的输出示意图如图 6.11 所示。

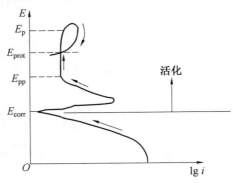

图 6.11　循环极化曲线示意图

E_{prot}—保护电位

该循环曲线说明了防止局部或点蚀的保护电位腐蚀。该电位低于点蚀腐蚀电位 E_p。磁滞回线的面积实际上是提供给电极表面的功率。E_{prot} 和 E_p 的活性越高,金属对缝隙腐蚀的抵抗能力就越强。由于循环极化技术的点蚀电位可用于测量金属植入物暴露于人体体液中的电阻,因此可将其应用于生物领域。根据 Fontana 的说法,体液是一种在 37 ℃下含有约 1‰氯化钠、其他盐和一些有机化合物的充气生理盐水溶液,人体体液的腐蚀性与充气温水相似。

6.5 钝化氧化膜

钝化是一种发生在金属－电解液界面上的电化学还原机制。生成的还原产物是一种金属氧化物、化合物的固体薄膜,它在腐蚀金属的基础上进行化学计量反应(即完成的反应)。因此,在不受外部电位影响的自然钝化或外加的外部阳极电位的人工钝化作用下,金属会发生钝化。

钝化氧化膜为固体界面钝氧化物化合物,其保护金属免受进一步氧化,厚度范围从 1 nm 到 10 nm。显然,由于较少的原子缺陷,厚度为 $1\sim2$ nm 数量级的薄膜比厚膜质量高。一种表现为钝化的金属在与电流或电流密度无关或几乎无关的电位范围内是热力学不稳定的。这意味着金属在钝化状态下是不稳定的,因为轻微的扰动可能会将钝化电位增加到点蚀电位或以上,从而导致膜击穿。此外,化学钝化是一种与金属表面上的阴极反应相关的状态,而电化学钝化依赖于外部阳极电位来迫使阴极反应发生。根据图 6.4,i_c-i_p 区域定义了活化/钝化转换。钝化开始于 i_c,结束于 i_p,因此,膜厚度在 i_p 处从 E_{pa} 电位增加,但是氧化膜的离子电导控制其厚度。此外,金属阳离子的高离子电导率促进了厚膜化。对于低离子电导率,情况正好相反。

大多数金属和合金没有如图 6.4 所示的明确的钝化电位范围。例如,图 6.6～6.8 中所示的 RSA 304 和 IM 304 的数据更为真实,这些多晶合金的许多缺陷,如空隙、位错、晶界等,导致了钝化行为。这意味着由于这些缺陷,钝化氧化膜的内在形成具有复杂的机理。如图 6.7 所示,钝化氧化膜和钝化行为强烈依赖于扫描速率 dE/dt。该实验数据是使用含有 23 ℃ 脱气 H_2SO_4 溶液的电化学装置(图 6.1)获得的。尽管需要模拟使用条件进行加速腐蚀试验,但是在外科植入材料中人们必须非常小心,因为必须避免产生毒性。

金属和合金的钝化在阳极保护中很重要。然而,前者取决于金属/电解液系统,其中在高氧化膜电阻下保持钝化的电流密度($i_p \ll i_c$)。如果钝化区内的电位保持在较低水平($E_{pp} \leqslant E < E_p$),则可以实现钝化的稳定性(图 6.4)。显然,i_c 必须作为钝化发生的基本动力学参数而存在,如图 6.6～6.8 所示。此外,图 6.9 中的 Ni－Mo 基合金表现出钝化,但是由于 H_2SO_4 溶液中硼化物/基体电流效应,钝化过程将不能保持。

6.6 钝化动力学

假设无缺陷单晶和氧化膜的生长机制为空位迁移。因此,与法拉第定律相关的单晶成膜速率可以近似为

$$\frac{dx}{dt} = \frac{i_p A_w}{zF\rho} \tag{6.1}$$

式中　x——膜厚度,cm;

　　　　dx/dt——成膜速率,cm/s;

　　　　i_p——钝化电流密度,A/cm²;

　　　　z——价态;

$F = 96\ 500\ \mathrm{C/mol}$（或 A·s/mol）；

ρ——金属的密度，$\mathrm{g/cm^3}$。

式（6.1）在数学上类似于式（3.47），但两者有不同的含义。此外，式（6.1）与图 6.12 所示的几个因素有关。

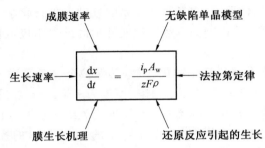

图 6.12　成膜速率的重要意义

此外，如果应用阿伦尼乌斯方程，那么薄膜生长速率由平衡时的正向/逆向电流密度来描述

$$i_f = i_r = \alpha z F \exp\left(-\frac{Q}{RT}\right) \tag{6.2}$$

式中　α——速率常数，$\mathrm{mol/s}$；

Q——活化能，$\mathrm{J/mol}$；

R——气体常数，$R = 8.314\ (\mathrm{J/mol \cdot K})$；

T——绝对温度，K。

现在，施加一个阳极过电位来进行薄膜生长，从而形成一个电场电位梯度（η/x）。如果薄膜上存在线性电场，则正向和逆向情况分别为

$$i_f = \alpha z F \exp\left(\frac{-Q - zFL\eta/x}{RT}\right) \tag{6.3}$$

$$i_r = \alpha z F \exp\left(\frac{-Q + zFL\eta/x}{RT}\right) \tag{6.4}$$

式中　L——与电极表面的距离，在该距离处电解液中存在电位降；

$zFL\eta/x$——过电位引起的能量势垒。

如果某一距离 x 处的净电流密度为 $i_x = i_f - i_r$，那么

$$i_x = i_0 \left\{ \exp\left[\exp\frac{B\eta}{x} - \exp\left(-\frac{B\eta}{x}\right) \right] \right\} \tag{6.5}$$

$$i_x = 2i_0 \sinh\frac{B\eta}{x} \tag{6.6}$$

式中

$$i_0 = \alpha z F \exp\left(-\frac{Q}{RT}\right) \tag{6.6a}$$

$$B = \frac{zFL}{RT} \tag{6.6b}$$

如果 $B\eta/x \to \infty$，由式（6.5）得到高场方程

$$i_x = i_0 \exp \frac{B\eta}{x} \tag{6.7}$$

如果 $B\eta/x \to 0$，由式(6.6)得到

$$i_x = 2i_0 \frac{B\eta}{x} = \frac{\eta}{R_x} \tag{6.8}$$

因为欧姆效应引起的薄膜电阻可以定义为

$$R_x = \frac{x}{2i_0 B} \tag{6.9}$$

对于阳极电流密度 $i_x < i_c$，式(6.1)可以重新定义为

$$\frac{\mathrm{d}x}{\mathrm{d}t} = \frac{i_x A_w}{zF\rho} \tag{6.10}$$

将式(6.6)代入式(6.10)得到

$$\frac{\mathrm{d}x}{\mathrm{d}t} = \frac{2i_0 A_w}{zF\rho} \sinh \frac{B\eta}{x} \tag{6.11}$$

令

$$\lambda = \frac{2i_0 A_w}{zF\rho} \tag{6.12}$$

$$\theta = \frac{B\eta}{x} \tag{6.13}$$

式(6.11)变为

$$\frac{\mathrm{d}x}{\mathrm{d}t} = \lambda \sinh \theta \tag{6.14}$$

式中，弧度的范围为 $-1 \leqslant \theta \leqslant 1$。阳极极化的过电位 $\eta \geqslant 0$，氧化膜形成速率的曲线，式(6.14)理论上如图 6.13 所示。

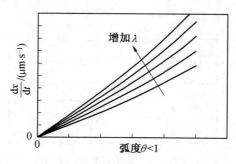

图 6.13　氧化膜形成速率的理论曲线

钝化热力学和能斯特方程可以推广到形成氧化膜的简单反应步骤：

①金属还原：

$$M^{2+} + 2e^- \longrightarrow M \tag{6.15}$$

$$E_{M^{2+}/M} = E_M^{\ominus} - \frac{RT}{zF} \ln \frac{[M]}{[M^{2+}]} \tag{6.16}$$

$$E_{M^{2+}/M} = E_M^{\ominus} + \frac{RT}{zF} \ln [M^{2+}] \tag{6.17}$$

②金属氧化物还原：

$$MO + 2H^+ + 2e^- \longrightarrow M + H_2O \tag{6.18}$$

$$E_{MO/M} = E_{MO/M}^{\ominus} - \frac{RT}{zF} \ln \frac{[M][H_2O]c_M c_{H_2O}}{[MO][H^+]^2} \tag{6.19}$$

$$E_{MO/M} = E_{MO/M}^{\ominus} + \frac{2RT}{zF} \ln[H^+] \tag{6.20}$$

③金属氧化物的形成：

$$M^{2+} + H_2O \longrightarrow MO + 2H^+ \tag{6.21}$$

$$E_{M^{2+}/MO} = E_{M^{2+}/MO}^{\ominus} - \frac{RT}{zF} \ln \frac{[MO][H^+]^2}{[M^{2+}][H_2O]} \tag{6.22}$$

$$E_{M^{2+}/MO} = E_{M^{2+}/MO}^{\ominus} - \frac{2RT}{zF} \ln \frac{[H^+]^2}{[M^{2+}]} \tag{6.23}$$

$$E_{M^{2+}/MO} = E_{M^{2+}/MO}^{\ominus} - \frac{4.606RT}{zF}(\lg[M^{2+}] - pH) \tag{6.24}$$

式中，$[M] = [MO] = [H_2O] = 1 \text{ mol/L}$ 且

$$pH = -\lg[H^+] \tag{6.25}$$

此外，无源氧化膜的结构、组成和厚度可以使用非原位技术来确定，氧化物膜的进一步表征可以使用原位技术来完成。钝化氧化膜由于其厚度薄和在金属表面的强黏附性而极难表征。图 6.14 给出了一些金属和合金的钝化氧化膜示意图。

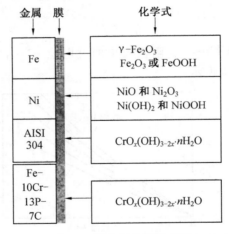

图 6.14 钝化氧化膜示意图

钝化膜的一个特殊应用是电镀技术。在电镀技术中，通过在盐酸或硝酸中对印刷机的平版铝片进行点蚀，使金属表面变得粗糙。

显然，容易钝化的金属和合金可能是由于钝化氧化膜的快速形成。如果薄膜形成，那么金属很容易受到保护。这可能表明钝化膜的质量更高，从而导致更高的点蚀电位和更低的腐蚀速率。

6.7 钝化机理

应区分表面层和钝化氧化膜。如果金属在环境中不溶，它可能在金属表面生成不溶的氧化物腐蚀产物，形成结晶且黏附性差的表面层（非钝化厚层），如腐蚀铜管道上的蓝色/绿色层以及铁和铁合金上众所周知的棕色"锈"层。如果一种金属可溶于溶液，它会氧化并作为阳离子溶解于溶液中。这些阳离子与溶解氧反应，并以氧化物的形式沉积在金属上，在电场的影响下形成钝化氧化膜。此外，金属易在金属/溶液界面上氧化，形成自发的钝化氧化膜，保护基底金属免受腐蚀。

下面给出形成钝化膜的反应步骤的例子。根据金属氧化膜形成的规律，通过以下几个反应步骤可以在金属表面形成钝化氧化镍膜：

$$Ni + H_2O \longrightarrow NiOH_{ads} + H^+ + e^- \tag{6.26}$$

$$NiOH_{ads} + H^+ \longrightarrow Ni^{2+} + H_2O + e^- \tag{6.27}$$

$$NiOH_{ads} \longrightarrow NiO_{film} + H^+ + e^- \tag{6.28}$$

式中，下角标"ads"代表吸附，这意味着产物 $NiOH_{ads}$ 与金属表面接触并被吸附；$NiOH_{film}$ 是在金属表面上形成金属偶的一层薄且连贯的膜，并且它可能是具有其自身原子结构的晶体。

尽管钝化氧化膜具有保护作用，但它在特定的电解液中是热力学不稳定的。然而，该膜在特定的环境条件下可能是无定形的。假设氧化镍（NiO）薄膜具有晶体结构，作为比较，$CrO_x(OH)_{3-2x} \cdot nH_2O$ 是无定形的，那么可以推断后者因为没有晶界等晶体缺陷而比前者具有更高的膜质量。事实上，很明显钝化氧化膜是无定形的和不溶的，它们将金属表面与溶液隔离开。但是，如果钝化氧化膜有缺陷，由于缺陷较少，厚度从 1 nm 到 2 nm 的薄膜优于较厚的薄膜。

钝化时间为 t 的钝化膜厚度可以用式（6.1）预测。假设钝化电流密度 i_p 在钝化电位范围内 $E_{pp} \leqslant E \leqslant E_p$ 保持恒定，如图 6.11 所示，则

$$\int_0^x dx = \int_0^t \frac{i_p A_w}{zF\rho} dt \tag{6.29}$$

$$x = \frac{i_p A_w t}{zF\rho} \tag{6.30}$$

6.8 本章小结

腐蚀性和钝化性可以使用极化曲线来表征，极化曲线在电化学反应区具有不同的物理意义。腐蚀性的程度可以根据电解液引起金属连续溶解的侵蚀性进行定量评估。如果一种金属随着外加电流的增加而氧化，直到反向又会减少，假设溶液中存在足够的阳离子与溶解氧反应以在电极表面上形成氧化膜，那么这种电化学现象称为钝化，钝化也是由电极钝化的难易程度来定性定义的。

电化学腐蚀的控制依赖于电化学原理和要进行的试验类型。因此，实际的腐蚀控制

模拟使用条件时更真实。然而,实验室试验提供了一个在役金属腐蚀行为的参考,因为实验条件是按要求控制的。尽管电解液对金属的腐蚀性程度受其在温度 T 下的电导率的影响,但由电偶效应引起的腐蚀可能非常复杂。可以说,电偶腐蚀可以分为由不同金属引起的腐蚀、由塑料引起的腐蚀,甚至木材在特定腐蚀环境下的腐蚀。然而,电位和电流的电学测量被用于表征金属表面的腐蚀。因此,电化学技术可以基于直流(D. C.)获得图 6.5～6.10 所示的极化曲线,或者基于交流(A. C.)获得表征与腐蚀相关的电化学噪声的瞬态动力学图,电化学噪声与腐蚀有关。前者用于恒电位或动电位极化、线性极化(已知极化电阻)、塔费尔外推、循环极化;后者用于电化学噪声和电化学阻抗测量。

　　已知金属和合金,特别是许多不锈钢在酸性溶液中钝化,该溶液具有由极化曲线确定的足够宽的钝化电位范围。尽管如此,仍有两种电位控制技术用于绘制极化曲线,分别是恒电位和动电位技术。前者是逐步技术,而后者是动态技术,其在低电位扫描速率下,几分钟内便可获得极化曲线。如果扫描速率在略高于点蚀电位 E_p 的电位下反转,可得到用于确定抗点蚀保护电位 E_{prot} 的循环极化曲线,如图 6.11 所示。

　　根据式(6.1),钝化动力学通常通过法拉第定律来表征,该定律根据膜厚度的增长来确定成膜速率。作为一个粗略的近似,成膜速率 dx/dt 与空位扩散有关,并假定其服从阿伦尼乌斯方程式(6.2)。事实上,只要在至电极表面一定距离 x 处存在净阳极电流密度 i_x 和过电位 η_x,成膜速率 dx/dt 就会增加。

第7章 电化学冶金

7.1 概 述

本章介绍电化学原理在电解生产或提取纯金属或精炼含有杂质的电沉积金属中的应用,这些杂质在生产过程中共同沉积。在描述与金属电解提取和电解精炼相关的细节之前,用简化框图(图 7.1)表示金属生产中涉及的工程领域。

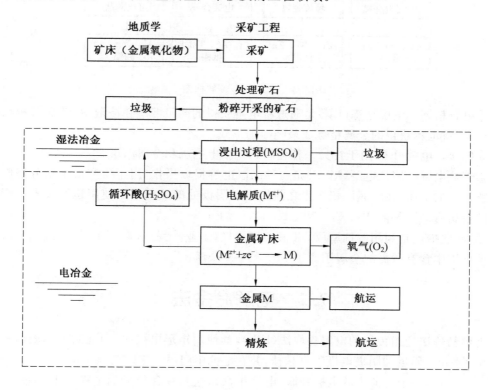

图 7.1 电沉积金属 M 的框图

萃取冶金的工程可具体划分为不同的领域(图 7.2):

(1)火法冶金用于在高温下熔化金属。随后,熔融金属通过缓慢(常规)凝固被铸造成几种形状,或者通过快速凝固被铸造成带状物或粉末。

(2)电解冶金用于从浸出液中回收或提取一些金属,使用水电解和熔盐电解来回收铝、镁和铀。

电解冶金也可继续划分为如图 7.2 所示的子领域。每个子领域都有其独有的电池特性,但它们都在类似的电解条件下工作:

①电沉积法。电沉积法是从品质差的矿石中提取回收金属 M，如金属 Cu、Ni、Zn、Ti、Pb 等。通过阴极形式的电沉积回收金属，阴极通常为矩形（板）。如果使用旋转的圆柱体和圆盘，最终的电沉积产品可以是带状或粉末的形式。

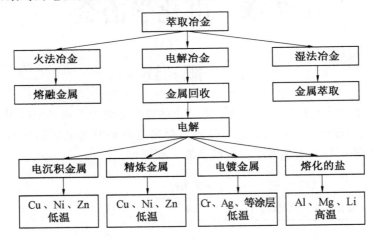

图 7.2　萃取冶金领域框图

②电解精炼。电解精炼（ER）是通过将电解获得的阴极溶解在溶液中，然后沉积在新的阴极上，将电解获得的金属精炼成最纯净的形式。

③电镀。电镀（EP）用于在另一种金属或合金上电沉积金属涂层。

④熔盐电解。熔盐电解（MSE）是一种高温电解提取操作，用于生产由于水分解而不能电解提取的金属，在金属沉积发生之前促进了阴极处的氢析出。使用这种技术生产或回收的金属有 Al、Mg、Be、Ce、Na、K、Li、U、Pu 等。

（3）湿法冶金是利用溶剂萃取 SX 和离子交换（工业工程）从矿石中提取金属。因此，得到浸出液中含有所需的金属阳离子 M^{z+} 和一些杂质。

7.2　电解冶金法

电解精炼法即指传统的电解提取法（EW），其使用矩形电极（平面起始板），表面积约占 1 m×1 m。阳极和阴极电极垂直悬挂，并在电池中间隔一定距离（3 cm≤x≤10 cm）。如图 7.3 所示，一个电池中的电极并联，电池串联。这是一种经典的电极－电池布局，用于降低净电池电位降和欧姆电阻。

电解提取是一种电化学过程，用于从水溶液中还原（提取或沉积）阴极片表面上的金属阳离子 M^{z+}，该过程主要采用以金属离子 M^{z+}、硫酸和水为主要成分的浸出化学工艺。这种溶液被广泛用作含有低浓度溶解金属离子的电解液。最近的研究发现了有机物在电解液方面的优良作用。其中一种物质是二乙烯三胺（DETA），用于从氢氧化物形式（污泥）中提取或浸出锌、镍和铜，并反应排出铁和钙，但这种工艺特别容易形成 Cu—DETA 复合物。通常，在电解液中加入少量的盐，如 NaCl 或 Na_2SO_4，以提高离子电导率，增加 pH，降低电解液电阻，从而降低电池的工作电位和能耗。

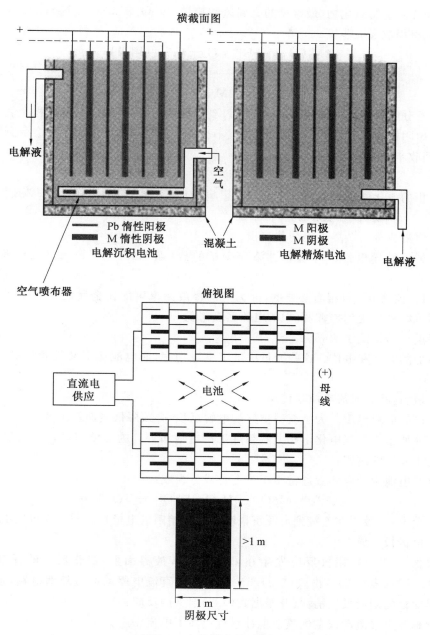

横截面图

电解液

空气

混凝土

—— Pb 惰性阳极
■ M 惰性阴极
电解沉积电池

—— M 阳极
■ M 阴极
电解精炼电池

电解液

空气喷布器

俯视图

直流电
供应

电池

(+)
母
线

>1 m

1 m

阴极尺寸

图 7.3　电解槽布局示意图

　　一般来说,电解提取法通常用于从离子溶液中提取原子 Zn、Ni 和 Cu。如果不存在杂质共沉积,并且电化学电池屏障和阳极不溶解,通过电解沉积(还原)生产金属所涉及的常见反应如下:

　　(1)主要步骤:

$$MO + H_2SO_4 \longrightarrow MSO_4 + H_2O \tag{7.1}$$

$$MSO_4 \longrightarrow M^{z+} + SO_4^{2-} \tag{7.2}$$

其中，MO 代表金属氧化物，最常见的金属硫酸盐是 $CuSO_4$、$ZnSO_4$、$NiSO_4$。

（2）电解提取反应步骤：

$$2H_2O \longrightarrow 4H^+ + O_2 + 4e^- \quad （阳极） \tag{7.3}$$

$$2M^{2+} + 4e^- \longrightarrow 2M \quad （阴极） \tag{7.4}$$

$$2M^{2+} + 2H_2O \longrightarrow 2M + 4H^+ + O_2 \quad （整体） \tag{7.5}$$

水分子分解促进氧气以气体形式释放。到目前为止，已经假设电解沉积金属 M 具有易于从起始阴极板上去除的合适特性，并且不会发生析氢；否则，金属沉积会受到阻碍。

（3）回收步骤：

$$SO_4^{2-} + 2H^+ \longrightarrow H_2SO_4 \tag{7.6}$$

电沉积的电化学受到以下几个因素的影响，为了能够有效地生产金属，必须控制这些因素：

①电解液成分。杂质可能会共沉积。

②电解液的导电性。可以通过添加少量的盐（如 NaCl、KCl）来提高电解液的导电性。

③pH。控制 pH 是很有必要的，因为氢的释放速率可能比金属沉积的速率快，这样会使金属沉积过程受到损害，沉积的电流密度降低。

④温度。通常低于 70 ℃。

⑤施加的电流和电位。这些变量决定了电池功率，而电池功率又与能耗呈线性比例关系。

⑥扩散、迁移和对流等质量传递。

⑦电极表面粗糙度。为了获得更好的电解沉积，必须降低表面粗糙度。

图 7.3 所示为常规电化学和电解精炼工厂电池布局。为方便起见，简要概述这些电化学电池中发生的过程：

①这些电池中的电解液通常由至少三种成分组成：

$$电解液 = MSO_4 \cdot nH_2O + H_2O + H_2SO_4 + \cdots \tag{7.7}$$

②传统上，铅被用作连接到电源正极端子的起始阳极电极片。阴极板可以由金属、不锈钢或钛电极板制成。

③根据式（7.3），阳极反应发生在阳极－电解液界面上，氧化反应的标准电位为 $E_a^{\ominus} = -1.23$ V（表 2.2）。由式（7.3）产生的电子被直流电驱动通过外部电路，被阴极－电解液界面处的阴极反应消耗，并根据式（7.5）定义的反应进行。

④电解液直接流动或空气喷射搅拌系统提高了电流密度。

⑤随着电解的进行，需不断补充电解液；否则，金属阳离子 M^{z+} 的浓度显著下降，电位消失，$E \rightarrow 0$。

⑥为了进行金属沉积，施加的电位必须大于阳极和阴极标准电位的总和。例如，在铜电解提取（EW）中，施加的电位必须是

$$E > (E_{a,H_2O}^{\ominus} + E_{Cu}^{\ominus}) = -1.229 \text{ V} + 0.337 \text{ V} \tag{a}$$

$$E > -0.892 \text{ V} \tag{b}$$

⑦通常，电位在 1.5 V ＜ E ＜ 4.00 V 的范围内。这是在电化学操作中常规铅阳极

和气体扩散阳极中使用的实际电位范围。

⑧在锌的电解提取中使用气体扩散阳极和尺寸稳定的阳极产生了在 $90\% \leqslant \varepsilon \leqslant 100\%$ 范围内的高电流效率，但是电流密度高于大多数常规的平面铅阳极案例。常规做法的常见电流效率范围是 $80\% \leqslant \varepsilon \leqslant 90\%$。

⑨在电解过程中，电流以很高的速度流动，但是由于连接器和接线系统以及阴极－电解液界面处存在电解液电阻，因此会出现过电位降。此外，当通过扩散的传质导致浓度极化时，可能产生过电位。

⑩在 EW 和 ER 中，悬浮在电解槽上方的酸滴聚集是一种被称为"酸雾"的现象，这种现象是由酸性溶液中氢气甚至氧气的气泡破裂而产生的。因此，向大气中喷洒酸液对人的健康和设备都是有害的。人们可以通过通风系统或使用封闭的圆柱形电池来减轻酸雾的危害。

⑪由于电解液电阻和电连接电阻的存在，电流流动时会产生热量。需要热交换器来克服电解液过热的现象，避免阴极劣化和阳极氧化。因此，对于大多数电子电流作为导电体的 EW，应使温度保持在 $30\ ℃ \leqslant T \leqslant 45\ ℃$ 的范围。

⑫一旦获得足够的金属沉积，阴极被机械地从电池中移除并剥离，前提是在片－沉积界面处存在弱原子结合，然后，阴极起始片被回收。图 7.4 所示为一个电解提取池，作为一类项目的一部分。图 7.5 所示为用于生产铜的 ASARCO 工业池。

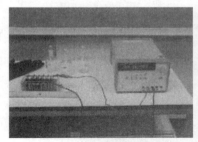

图 7.4　实验室电解铜槽

图 7.6 所示为包含非平面电极和过于简化的电解提取电池的示意图。圆柱形和圆盘形阴极已经使用了许多年。电金属技术有限公司最近开发了 EMEW 电池，用于在低于 $4.00\ V$ 的电位范围内的 $400\ A/m^2 < i < 700\ A/m^2$ 电流密度下电解提取各种浓度的金属（Cu、Zn、Ni、Ag、Au 和 Pt 等），电流效率为 $\varepsilon > 85\%$。EMEW 电池由聚氯乙烯管包围的同心圆柱形电极组成，与传统的平面电极电池相比，它有几个优点。例如，电池价格便宜，由于电池具有封闭端，因此消除了"酸雾"问题，并且其低能耗的特点适合于从碱性和

含氯化物的溶液中回收金属。

图 7.5 ASARCO 的铜电解槽和阴极

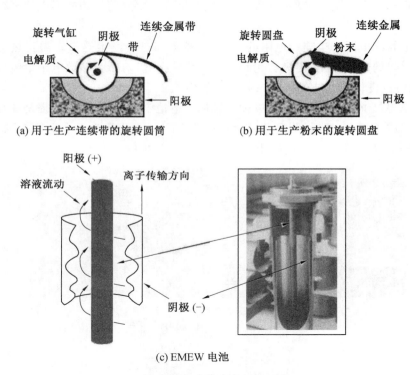

(a) 用于生产连续带的旋转圆筒　　　(b) 用于生产粉末的旋转圆盘

(c) EMEW 电池

图 7.6 非传统电解提取电池

7.3 电解冶金计算原理

本节主要涉及基于法拉第电解定律和能量消耗的简单公式,用于通过水电解从电解液中生产高纯度金属。其数学原理简单易懂,易于在基本工程计算中使用。然而,当溶质的扩散和迁移耦合时,可能会出现复杂情况。扩散本身是一个相当复杂的问题,取决于要分析的扩散过程的类型。

7.3.1 法拉第电解定律

电解定律指出,在电化学过程中,在电极表面物质 j 获得或释放的物质的量与通过含水电解液的电荷量(Q)成正比。电荷由式(3.81)定义为每单位时间的电流量。对于流经电解液的恒定电流,电荷为

$$\int dQ = I \int dt \tag{7.8a}$$

$$Q = It \tag{7.8b}$$

因此,一个物质 j 的数量被定义为在一段时间内由于流动的电流而获得或释放的法拉第质量

$$W = \lambda_e Q \tag{7.8c}$$

$$W = \lambda_e It \tag{7.8d}$$

式中 λ_e ——电化学常数,g/A;

Q ——电荷量,C 或 A·s 或 J/V。

另外,λ_e 定义为

$$\lambda_e = A_w / z q_e N_A \tag{7.8e}$$

$$\lambda_e = A_w / zF \tag{7.8f}$$

式中 F ——法拉第常数,$F = q_e N_A = 96\,500$ C/mol(A·s/mol 或 J/(mol·V));

q_e ——电子电荷,$q_e = 1.602\,2 \times 10^{-19}$ C;

N_A ——阿伏伽德罗常数,$N_A = 6.022\,13 \times 10^{23}\,\text{mol}^{-1}$;

A_w ——摩尔质量,g/mol。

联立式(7.8d)和式(7.8f)得到理论上的质量增加为

$$W_{th} = It A_w / zF \tag{7.8g}$$

$$W_{th} = Q A_w / zF \tag{7.8h}$$

综上所述,导电是一种质量传递现象,在这种现象中,电子和离子通过它们的迁移携带电荷。带正电荷的离子(阳离子)和带负电荷的离子(阴离子)都向相反的方向流动。因此,阳离子和电子向带负电的阴极电极表面(-)移动,而阴离子向带正电的阳极电极表面(+)移动。

7.3.2 产率

由于布线系统的缺陷和电解液中可能存在的污染物或杂质,实际的电化学电池不可能以 100% 的效率运行。因此,法拉第电解定律即式(7.8g)必须包括阴极电流效率参数,以确定电解金属沉积量或阴极质量增加量。通常情况下,阴极的电流效率低于 100%,这是由于氢的释放或计算机的协同工作。因此,实际质量增加以及电流效率和总阴极表面积变为

$$W = I A_w t / zF = \varepsilon i A_s A_w t / zF \tag{7.9}$$

$$\varepsilon = W / W_{th} = i / i_{th} < 1 \tag{7.10}$$

$$A_s = 2N A_c \tag{7.11}$$

式中　ε——电流效率；

　　　I——电流，A；

　　　A_w——摩尔质量，g/mol；

　　　t——时间，s；

　　　z——价态；

　　　A_s——总阴极表面积，cm^2；

　　　N——阴极数量；

　　　A_c——阴极表面积，cm^2。

传统的电解提取池使用平面铅基阳极，电流密度范围为 $200\ A/cm^2 < i < 500\ A/cm^2$。先进的电解提取池使用氢气扩散（HGD）阳极，其电流密度范围为 $2\ kA/m^2 < i < 8\ kA/m^2$。通常，电流密度和能量效率 ε^* 小于 100%，这主要是欧姆电位降和析氧反应造成的缺点。能效可通过以下方式定义

$$\varepsilon^* = \varepsilon E_{cell}/E < 1 \tag{7.12}$$

其中，E 是外加电位。电位是电极电位和过电位的总和，包括欧姆效应部分。因此，

$$E = E_a + E_c + \eta_a + \eta_c + IR_s \tag{7.13}$$

同样，E 也可以定义为

$$E = IL\rho_x/A_s = iL\rho_x \tag{7.14}$$

式中　ρ_x——溶液电阻率；

　　　L——阳极到阴极的距离，cm。

根据欧姆定律，溶液电阻的分布可以从式（7.14）中推导出来：

$$R_s = E/I = L\rho_x/A_s \tag{7.15}$$

评估电解提取池性能的另一个重要参数是生产率，其定义为

$$p_R = dW/dt = \varepsilon i A_s A_w/zF \tag{7.16}$$

为了从经济的角度分析电解提取单元，操作该单元所需的功率和能量消耗分别为

$$P = EI \tag{7.17}$$

$$\gamma = P/p_R = zFE/A_w\varepsilon \tag{7.18}$$

功率 P 被转换成 kW，γ 被转换成 $kW \cdot h/kg$。式（7.18）是一个简单而重要的分析电沉积过程的工具。可以观察到，这是一个依赖于两个独立变量的表达式。因此，通过在三维空间中绘制一个表面（网格）可以很好地理解这个表达式，如图 7.7 所示。

能耗面图说明 γ 随着 E 的减少和 ε 的增加而减少。当 $\varepsilon = 1$ 和 $E = 1\ V$ 时，可以获得最佳的金属回收率。因此，锌的能耗为 $\gamma = 0.82\ kW \cdot h/kg$，铜的能耗为 $\gamma = 0.84\ kW \cdot h/kg$，镍的能耗为 $\gamma = 0.91\ kW \cdot h/kg$。由于许多设计因素，如电接触、电解液电阻等，真正的电解提取操作很少达到 100% 的效率。然而，理想的电解提取池必须在非常低的能耗下运行，以使生产成本尽可能低。

电解冶金过程是连续进行的，从浸出车间向电解槽连续供应新鲜电解液在从溶液生产金属的过程中起着非常重要的作用。因此，根据法拉第定律对进入电池的电解液的体积流速 F_r 必须进行机械控制。需要一个 F_r 数量级的泵来使电解液通过电极循环到浸出车间，以达到循环利用的目的，并避免电解液酸度的增加。

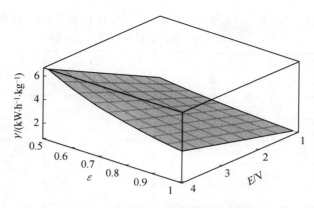

图 7.7 电沉积锌的理论能耗面

电解液体积流速 F_r（通常以 L/min 为单位）是在强制层流下电解特定金属期间必须控制的另一个参数。因此，

$$F_r = p_R/\rho_M = p_R/c_o A_w \qquad (7.19)$$

式中　ρ_M——金属 M^{z+} 阳离子的质量浓度，g/L；

　　　c_o——金属 M^{2+} 阳离子的整体浓度，mol/cm^3。

常见的电解液成分是金属硫酸盐、水、硫酸和少量用于增强电解液导电性的盐。因此，

$$电解液 = MSO_4 \cdot nH_2O + H_2O + H_2SO_4 + NaCl \qquad (7.20)$$

对于固定的电解液总体积，水合金属硫酸盐的质量、氯化钠的质量和硫酸的体积可以分别用下列公式确定：

$$W_{MSO_4 \cdot nH_2O} = (Vc_{o,M})A_{w,MSO_4 \cdot nH_2O}/A_{w,M} \qquad (7.21)$$

$$W_{NaCl} = V\rho_{NaCl} \qquad (7.22)$$

$$V_{H_2SO_4} = V\rho/\rho_{H_2SO_4} \qquad (7.23)$$

式中　V——电解液的总体积，L；

　　　ρ——硫酸的密度，g/cm^3；

　　　$\rho_{H_2SO_4}$——硫酸的质量浓度，g/L；

　　　ρ_{NaCl}——氯化钠的质量浓度，g/L；

　　　$A_{w,MSO_4 \cdot nH_2O}$——金属硫酸盐的摩尔质量，g/mol；

　　　$A_{w,M}$——金属 M 的摩尔质量，g/mol。

7.3.3　锌的电解提取

锌金属的典型工业生产是通过电解高纯度硫酸锌来完成的。对于 $500\ A/cm^2$ 时 90% 的电流效率，能量消耗为 $3.3\ kW \cdot h/kg$。由于能耗是决定电解提取池可行性的一个经济因素，通过减少阳极析氧导致的不可逆能量耗散，可以在很大程度上实现能量节约。事实上，降低欧姆电位降可以节省能量。通过使用催化析氧阳极，如尺寸稳定的阳极和氢气扩散（HGD）阳极，可以降低能耗。后一种类型的阳极降低了生产成本。因此，HGD 阳极与传统的 $400\ A/m^2 \leqslant i \leqslant 800\ A/m^2$ 范围相比需要低的电位范围（$1.5\ V < E <$

4 V)和高的电流密度(2 kA/m²≤*i*≤8 kA/m²)。电沉积锌的一些相关参数见表7.1。

表 7.1 电沉积锌所用的相关参数

i /(A·m^{-2})	E /V	ε /%	γ /(kW·h^{-1}·kg^{-1})	阳极金属	T /℃
500	3.3	90	3.30	Pb 合金	>25
5 000	4.0	91	3.60	DSA 阳极	>25
5 000	1.8	90	1.64	DSA 阳极	>21
5 000	4.0	90	3.10	DSA 阳极	50
5 000	4.0	95	3.50	DSA 阳极	50

　　根据这些数据可知,常规铅合金和非常规 DSA 阳极的电解提取池之间的主要区别在于电流密度。然而,除了一个报道的 DSA 电池外,E、ε 和 γ 都是相似的。这些观察表明,传统电池在从溶液中回收锌的金属方面仍有重要作用。尽管催化氧阳极促进了大量的节约,但是锌电解液中的杂质限制了它们的使用寿命,而电解液的净化可以减少这种有害影响。图 7.8 所示为 Bestetti 等报告中的锌的试验能耗面图。这个三维图表明,在电位 E 为固定值的情况下,能量消耗 γ 随着效率 ε 的增加而降低。另外,保持 ε 不变,随着 E 的增加 γ 增加。因此,理想的操作条件可以通过保持低的 E 和高的 ε 来实现低的 γ 这个曲面符合式(7.18)。

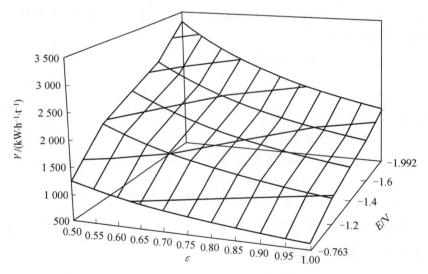

图 7.8 氢气扩散(HGD)阳极电沉积锌的实验能耗面

　　表 7.2 列出了文献中可用的实验数据。常规阳极和氢气扩散(HGD)阳极的电池电位符合式(7.13)。在流过强酸溶液的恒定电流密度下,HGD 阳极比常规电极产生更低的电池电位。这表明 HGD 在电极作业方面很有发展潜力,因为它的能耗比同类产品低。

表 7.2 $i=450$ A/m² 且 pH＝1 电极数据

参数	常规电极电位/V	HGD 阳极电位/V
$E_a + E_c$	2.04	0.81
η_a	0.86	0.14
η_c	0.06	0.06
IR_s	0.54	0.54
E	3.5	1.55

7.4 电解精炼

电解精炼是一种电化学技术,可以提炼冶炼的金属,也可以对电解提炼出来的金属进一步提纯。冶炼厂和电沉积工艺的最终金属产品含有杂质,但进一步的精炼可以通过电解精炼池来完成,电解精炼池可提供高纯度金属 M,如铜,随后可进行贵金属的二次回收。电解精炼的工厂布局如图 7.3 所示。杂质比生产的金属更贵重。例如,几乎纯的阴极被用作阳极,以迫使金属溶解大约 85%,而剩余的被用作生产初始板的废料。随后,进行金属还原,以在 200 A/m²≤i≤215 A/m² 范围内的电流密度和 $E_{ER}<E_{EW}$ 电位下沉积纯金属。在电解精炼过程中,杂质落到电解槽底部,并作为富含贵金属的"阳极泥"被收集,如 Au、Ag、Pt。此外,使用由不同合金制成的起始片的原因是为了补偿片－沉积物界面处的弱原子结合,以便通过机械手段容易地去除。

电解精炼有其基于电化学动力学原理的基础。阳极通过失去电子和释放阳离子而被人工氧化,在相反方向施加的电流的影响下,M^{z+} 通过溶液向阴极表面迁移。结果,阳离子与电子结合形成还原反应。这是电解金属沉积的原理,而电解金属沉积又是附着在阴极表面上的,因此,阴极表面形成了一层覆盖金属层。随着电解进行到由实验或工业实践确定的程度,该层的厚度增加。精炼过程可以用可逆的电化学反应来表示

$$M \rightleftharpoons M^{z+} + ze^- \tag{7.24}$$

$$M_1 \rightleftharpoons M^{z_1+} + z_1 e^- \tag{7.25}$$

这意味着金属 M 在阳极表面释放 z 个电子,并通过逆向电化学反应在阴极表面重新获得电子。电解涉及电子的交换,而不是化学反应。一些比金属 M 更不贵重的杂质可以在阳极表面氧化,变成阳离子溶解在电解液中。迄今为止,电解精炼过程被认为是在宏观生产中提纯金属的理想电化学过程。宏观操作参数,如温度、电解液流量、电解液浓度和成分、外加电位和电流密度对电解沉积质量有很大影响。通过在电解液中加入足够量的有机添加剂(抑制剂),可以铸造没有杂质偏析和氧化表面的阳极,并保持电极间电流密度的均匀分布,可以获得平滑、黏附和无缺陷(裂纹)的电沉积。否则,阳极极化会导致低溶解速率并降低金属沉积速率,因此,通过电镀过程可以获得粗糙和结节状的表面沉积。

7.5　电镀技术

电镀是一种类似于电解提取锌的电化学过程,其中金属沉积后得到非常薄的金属涂层,并且它基于由电子交换而不是化学反应引起的电化学反应的原理。此外,电镀可以被定义为由于阴极电极上的还原反应而产生的电解金属沉积,其中金属膜(薄层)被黏附作为表面修整过程。因此,薄金属膜被镀在金属和合金表面,以增强它们的耐腐蚀性、耐磨性以及珠宝和餐具的美观性。这种膜必须在规则或不规则的金属表面上黏附且均匀,金属或合金表面在电沉积之前必须清洗;否则,得到的膜黏附性差,而且不完全的沉积将起不到保护基底金属的作用,外观也会不好看。通常,清洁贱金属(物体)的表面是通过使用有机、碱性或酸性溶液来实现的。清洁具体步骤等取决于溶剂的类型,但主要目的是去除所有杂质,如油、油脂、污垢、氧化物等。

最常见的金属涂层是基于电镀 Cr、Ni、Cd、Co、Ag 和 Au 的,金属涂层相对于特定环境中由于电偶效应产生的电位差而言,可能对基底金属是负性的或正电性的。一般来说,通过使电流从阳极(一)通过溶液到达阴极(＋),金属或塑料物体可以涂覆不同于水溶液的电镀金属,水溶液是电导体。在这种电化学过程中,带正电荷的离子(阳离子)是电荷载体,它们平行于电流方向向阴极移动。

在一个特定的固体表面镀一层薄膜需要控制许多因素。因此,应考虑以下几点:

(1)低电流密度和相对较低的温度促进了具有细颗粒的相干沉积;否则会产生松散且粗糙的薄膜。

(2)少量的有机溶质,例如脲和胶,因为它们阻碍金属离子放电,所以可以增强电沉积,并增加阴极极化。

(3)电镀过程必须在物体表面均匀进行。基底金属的几何形状可能导致不均匀的电镀分布和电场。

电镀最常见的工业应用可以总结如下:

①食品储存用钢制储罐上的锡(Sn)涂层。

②钢零件上的铬涂层(厚度小于 2 μm),用作装饰和保护膜。铬涂层坚硬、耐磨、耐腐蚀。在某些装饰应用中,将铬涂层镀在钢的镍底漆上。

③银和金涂层分别用作珠宝和导电部件上的装饰膜。银涂层也用在器具上。

应该提到的是,电镀被认为是一种精加工工艺。其他精加工过程包括在物体上进行涂层以达到保护或装饰的目的,但这些过程不是电镀,因为这些工艺过程中并没有用到电。下面简要列举一些非电解抛光工艺:

(1)油漆涂层。油漆涂层是一种常见的用来装饰或保护物体或结构的技术。

(2)热浸。热浸是一种用锌涂覆钢零件以防止腐蚀的技术。因此,由锌涂层的零件称为镀锌钢。

(3)化学气相沉积法(CVD)。CVD 要求在相对较高的温度下,对真空室或管式炉内的固体表面进行蒸汽冷凝。现在,这种技术被用于涂覆金属和光学元件。此外,CVD 用于在相对较低的温度下在各种衬底上生产直径为几纳米的碳纳米管,但是它们在衬底上的排列和对方向的控制显然难以实现。这可能归因于石墨片的尺寸和形态。

（4）铝阳极氧化。由铝和氧之间的化学反应组成,在铝基金属上形成一层薄的氧化铝膜的过程称为铝阳极氧化。这一过程是空气中的自然现象。因此,该工艺是基于化学反应的化学镀工艺。

（5）化学机械平坦化。化学机械平坦化工艺用于制备含铜互连的多层集成电路的硅晶片表面。

（6）粉末涂料。其中金属粉末在相对较高的温度下在熔炉中熔化在基材表面。熔融金属被用来涂覆运动和游乐场设备、洗衣机和烘干机等。

（7）等离子体技术。等离子体由电离气体云组成,用于在高温下涂覆金属基体。根据具体应用,该技术分为低压或高压等离子体。前者在流体中产生,后者通过 HH 电池的电连接母线施加。

HH 电池的热电设计需要仔细分析电磁场,因为磁流体动力学(MHD)不稳定性导致熔融 $NaAlF_6$—Al 界面中复杂的相互作用,进而导致高能量消耗和低电流效率。MHD 不稳定性是由界面处的电磁波和流体动力波引起的。在界面处,由于磁力可能产生热磁湍流(熔融铝高度的波动),并且磁能被转换成动能,该界面变得不稳定,电池短路,因此电池电位和能量消耗增加。由此可知,将外部母线系统设计为 HH 电池的一部分需要分析电池内磁场引起的电流波动。因此,如果需要的话,由于耦合磁场和电场的影响,数学分析可能非常复杂。

图 7.9 所示为 HH 电池几何模型的体积元件,其中的矢量为电流密度(**J**)、流体速度(**v**)、磁通量(**B**)、洛伦兹力(**F**)和代表电场大小的矢量积(**v**·**B**)。

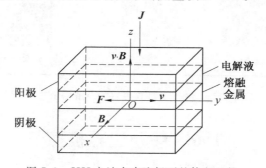

图 7.9 HH 电池在直流场下的体积元件

该模型可用于预测 MHD 特性和磁场特性,前提是数值模拟中考虑了 HH 钢壳和载流钢母线(正极端子)的磁化。应用直流电磁场产生的洛伦兹力分布与流体速度(v_x)反向,因此,在 HH 电池中产生电磁场。如果这个力场足够强,力场驱动流体流动的和谐振动,会导致不利的物理条件,使磁流体不稳定。这种不利条件被称为熔融金属上表面(金属垫)的扰动,其结果是电位波动和能量消耗增加。图 7.10 所示为 HH 不稳定电池中的电位波动的例子。

此外,HH 电池(电位计操作)成功的关键因素是预测和保持 MHD 稳定性。这就需要使用纳维尔-斯托克斯运动方程和麦克斯韦方程来表征内部 MHD 流,包括电荷分布、法拉第感应定律、欧姆定律、洛伦兹力定律、泊松方程,甚至拉普拉斯方程。

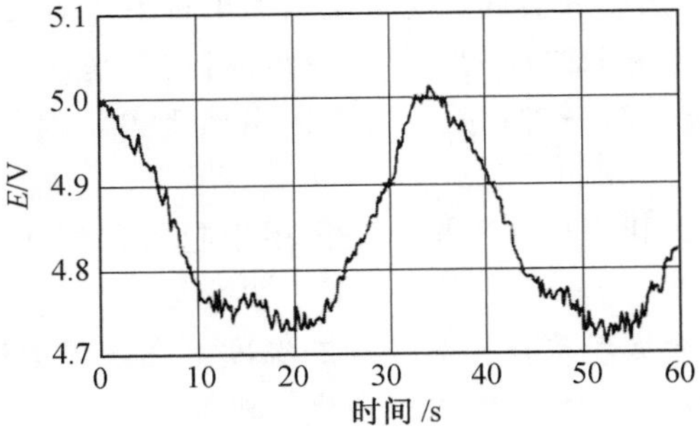

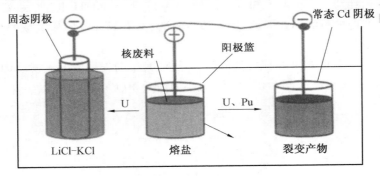

图 7.10　HH 不稳定电池的电位变化

此外，核废料（废燃料）的熔盐电解是一种新型的电解冶金工艺，主要由阿尔贡国家实验室的 CMT 分部开发。图 7.11 所示为一个用于处理核废料的示意性电解槽，特别是用于回收铀（U）和钚（Pu），以及收集裂变产物，如在 500 ℃ 熔融低共熔 LiCl－KCl 电解液底部的稀土 Cs、Sr 和 Ce 等。该高效电解槽包括一个沉积纯铀的固定固态阴极、一个用于收集 U 和 Pu 的化学稳定性高的固定液体 Cd 阴极（由于其在液体镉中具有化学稳定性，液体镉与钚反应形成金属间化合物 $PuCd_6$），以及一个包含碎核固体的旋转阳极篮。

固态阴极　　　　　　　　　　　　　　　　　常态 Cd 阴极

核废料　　阳极篮

U　　　　　　　U、Pu

LiCl－KCl　　　　　熔盐　　　　　　裂变产物

图 7.11　用于处理核废料的电解槽示意图

7.6　移动边界扩散

已知，在相同温度下，相同溶质在液体中的扩散通常比在固体中的扩散快。然而，由于原子排列不完善，液体的几何形状不能得到很好的保持。尽管存在这个问题，爱因斯坦还是通过假设粒子的随机方向和跳跃长度，基于液体水中细颗粒的布朗运动导出了扩散率。扩散问题的主要目的是了解问题，并随后确定适当的边界条件，这是进一步发展菲克第二定律方程的适当数学解所需要的。然而，边界条件取决于电化学系统和发生扩散的类型。

在本节中，表面边界运动被认为是求解这类方程的一个基本特征。因此，由于金属阳离子（溶质）和不可移动物质的扩散而伴随着电极厚度增加的扩散被认为是一个特殊的扩散问题，类似于向电解槽阴极板表面的传质扩散。

图 7.12 所示为 Crank 的理想化模型，用于将边界移向溶液的溶液体积并给出了浓度

分布的示意图。这种扩散问题要求介质没有对流处置，并且边界运动沿着固定的轴 x_1 和 x_2 发生。在这种情况下，边界运动垂直于 x_1 和 x_2 轴发生。

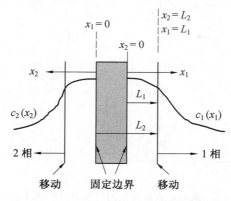

图 7.12 无限介质中移动边界扩散模型

金属扩散可以通过将一个固定的电极板作为阴极，在温度 T 和压力 p 下浸入电解液中来模拟。1 相中的阳离子溶质膜（图 7.12）通过外表面上的扩散沉积在薄片上，并且该膜持续被电解液饱和。薄膜厚度生长分别发生在 1 相和 2 相中具有厚度的 L_1 和 L_2 方向。因此，片材每一侧上沉积的薄膜所占据的空间是 $0 \leqslant x_1 \leqslant L_1$ 和 $-L_2 \leqslant x_2 \leqslant 0$。因此，1 相或 2 相相对于边界的运动是由穿过界面的传质扩散引起的。这种扩散问题类似于在金属表面形成氧化膜的变色反应。

7.7 对流传质

应用固定平面电极描述对流传质。考虑图 7.13 所示的电解液流体动力流动条件，这是一种在电解提取和电解精炼电池中发现的质量转移，其中由于氧气泡的产生，电解液在阳极表面向上运动，这增强了质量转移。如图 7.13 中箭头所示，电解液运动在电极顶部比底部更强烈。如果电流流动，那么电解液运动增加并下降到阴极底部。在这种情况下，很明显对流摩尔通量叠加在菲克扩散摩尔通量上。邻近垂直电极（板）表面的流体中的浓度梯度引起流体密度的变化，边界层（δ_u）从层流状态向上发展到湍流状态。

出现强制对流传质的条件是 c_s（表面的物质浓度）$\neq c_b$（液体深处的物质浓度），在阴极表面 $x = 0$ 处 $c_s \ll c_b$。根据盖格和普瓦里耶的观点，许多强制的常规传质解决方案类似于传热情况。质量传递现象是一个有据可查的工程领域。因此，在众多优秀的资料来源中，埃文斯、盖格和普瓦里耶、哈根、盖斯凯尔、因克洛帕和德威特的著作可以作为当前层流和紊流条件的参考。

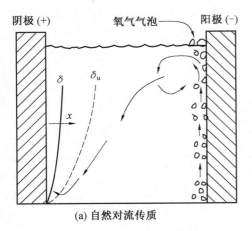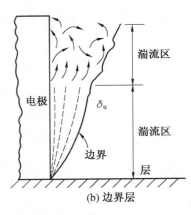

(a) 自然对流传质　　　　　　　　　　　　(b) 边界层

图 7.13　两个垂直板之间的自然对流传质和边界层

7.8　本章小结

电化学原理的有益应用是从水溶液中电解回收和提炼金属。因此,用于处理金属离子的工程科学即电解冶金,它被细分为用于回收或提取金属阳离子的电解提取,以及用于精炼或提纯含有共沉积的电解提取金属的电解精炼。杂质和电镀,用于在另一种金属或基底上涂覆金属涂层,以达到防腐或装饰的目的。原电池和电解池的区别在于,前者放电,如手电筒,而后者在外部充电,以迫使其发生还原反应,前提是外部施加的电位(电压)大于电池电极。如果启动片阴极连接到电源的负端,则形成阴极。显然,那些电位高于表2.1 中氢电位的金属最容易电解沉积或从它们在溶液中的离子状态还原,而下面列出的那些金属更难还原。例如,铜离子很容易被还原,因为铜标准电位是正的。另外,阴极表面的氢释放铝和镁不能从水溶液中还原。因此,在高温下使用熔盐电解来回收金属 Al、Mg、Ti、Li、Na 等。

电镀和电解沉积需要通过电极的外部电位。因此,电能是通过一个外部电路提供的,该电路被转换成化学能。这种能量转换导致在阴极表面(负极端)发生还原反应。这意味着带正电的离子(阳离子)被带负电的阴极表面吸引,带正电的阳极吸引带负电的离子(阴离子)。因此,阳极因失去电子而氧化,阴极因获得这些电子而还原。这一系列电化学过程称为电解或电解沉积,它只是半电池反应之间的一种电子交换现象。

偏离电化学平衡需要超过理论值的电位(电压),这一过程称为极化,这是由于强制阳离子电解沉积所需的外加过电位,因此,电化学电池必须极化才能进行电沉积。由于阴极表面附近的阳离子耗尽,这种极化过程得以维持。然而,极化的过电位不应该太高;否则,在电沉积过程中会出现析氢现象,金属阴极会吸收氢,导致电流效率降低,能耗增加。此外,如果在电镀过程中发生氢释放,氢吸收会以原子氢的形式出现,导致一种不良的腐蚀形式,称为氢脆(HE),这种腐蚀会由于电镀金属中氢压力的增加而开裂或内部起泡。因此,由于被电镀的金属没有塑性滑移,而产生了高电场。

第8章 阴极保护

8.1 概 述

腐蚀的机理包括由于电化学现象引起的金属溶解。因此,腐蚀与腐蚀金属有限距离内的电流流动有关,可以解释腐蚀量由通过金属的电流量定量确定。电化学现象的发生是由于腐蚀金属表面区域之间电位的不同。因此,腐蚀的驱动力是金属表面腐蚀产物生成自由能的降低。相反,在稳态条件下,防止腐蚀需要用到阴极保护的方法。

简单的工程结构,如在医院储存水的球形钢制储罐,需要采取防腐措施,一层薄薄的油漆就可以保护油箱免受腐蚀。然而,对复杂的结构,如钢制储罐附近的埋地钢管、钢桥、炼油厂的多个储罐、海上石油钻井平台、海船以及许多其他金属结构都必须进行防腐保护。

阴极保护方法在防腐设计方面很有用,但这些方法需要电化学极化的知识。保护金属结构的主要目的是通过向结构提供电子流以减少或抑制金属溶解(氧化)来消除或降低腐蚀速率。这意味着阳极反应在结构表面被抑制,因此可以通过使用适合的材料和适当的仪器向结构提供电子来实现对阴极的保护。

8.2 电化学原理

阴极保护是一种电化学技术,在这种技术中,为防止腐蚀现象的出现,会向结构施加阴极电位。这说明欧姆定律,即 $E = IR_x$,可以用来控制电位,使得 $E < E_{corr}$,并且要求 $I < I_{corr}$。这是这种电位控制技术的主要原理。原则上,所有结构都可以采用阴极保护,但结构钢是最常见的用于建造大型结构的含铁材料,其通过外部电位(外加电位)进行阴极保护。

图 8.1 所示为保护结构免受腐蚀的总图。保护金属结构的有用技术可以单独应用或与其他技术如外加电流阴极保护涂层(ICCP)结合使用。

根据电化学原理,金属 M 在电解液中的腐蚀产物的形成取决于溶液中的组分。例如,考虑溶液中是否存在氧气。借助假设某氧化金属 M 的以下反应对溶液类型进行分类:

$$M + 1/2O_2 + H_2O \longrightarrow M(OH)_2 \quad (\text{充氧}) \qquad (8.1)$$

$$M^{2+} + 2H_2O \longrightarrow M(OH)_2 + 2H^+ \quad (\text{除氧}) \qquad (8.2)$$

因此,充氧溶液中含有氧气,而其除氧部分缺乏溶解氧。前者是工业设计中最常见的反应。对于腐蚀钢铁,在氧气的存在下,阳极和阴极的耦合反应产生一个整体的氧化还原反应,类似于式(8.2)。

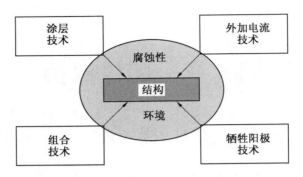

图 8.1 防腐蚀保护技术示意图

$$2Fe \longrightarrow 2Fe^{2+} + 4e^- \quad (阳极) \tag{8.3a}$$

$$O_2 + 2H_2O + 4e^- \longrightarrow 4OH^- \quad (阴极) \tag{8.3b}$$

$$2Fe + O_2 + 2H_2O \longrightarrow 2Fe^{2+} + 4OH^- \quad (氧化还原) \tag{8.3c}$$

$$Fe^{2+} + 4OH^- \longrightarrow 2Fe(OH)_2 \downarrow \quad (不稳定) \tag{8.3d}$$

$$2Fe(OH)_2 + 1/2\ O_2 + H_2O \longrightarrow 2Fe(OH)_3 \downarrow \equiv Fe_2O_3 \cdot 3H_2O \tag{8.3e}$$

一般来说,阴极保护可以应用于任何易受腐蚀的材料,但这种方法通常用于在稀释或者碱性电解液(如海水和土壤等介质)中保护碳钢结构。1.3 节和第 4 章介绍了钢铁或碳钢的腐蚀机理。然而,腐蚀产物可能是不稳定的氢氧化亚铁($Fe(OH)_2$)固体化合物,在环境反应中形成的氢氧化物($Fe(OH)_3$)或水合氧化铁($Fe_2O_3 \cdot H_2O$)就是被称为"锈"的物质。使用阴极保护的方法可避免这种腐蚀产物的形成。但是,必须谨慎地将外部电位应用到结构件上,因为氢析出可能导致任何涂层的破坏和氢脆化。

钢铁或碳钢的腐蚀原理和阴极保护的原理如图 8.2 所示。腐蚀是以铁原子在充氧电解液中以缓慢或快速的溶解速率发生的,因为铁原子释放电子,而电子是水还原在电解液(如空气或土壤)中形成羟基离子所必需的。另外,阴极保护是通过向结构件提供外部电子来实现的。因此,外部电子的数量显著减少或阻止了铁的溶解速率,但羟基离子仍在结构表面形成。

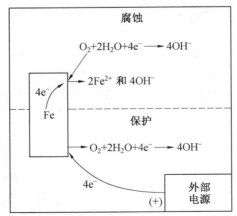

图 8.2 钢铁腐蚀和保护的示意图

阴极保护也可以用图 8.3 所示的极化图来说明。第 3 章和第 4 章详细介绍了如何用极化曲线解释电化学反应的原理,但是通过图 8.3 可以更加方便地理解并评估金属在充氧电解液中的阴极动力学的方法。

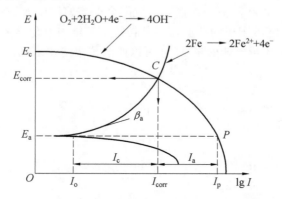

图 8.3　显示假设金属腐蚀点"C"和保护点"P"的极化示意图
I_0—阳极平衡腐蚀电流;I_p—保护电流

假设发生氧还原,并且不存在其他氧化剂。这是一个理想情况下,保护一个地下结构的案例。氧是一种不带电荷的物质,这意味着它的质量转移取决于它的浓度梯度。图8.3的使用解释如下:

①电化学极化曲线示意图表明,如果施加的外加电位和电流分别为 $E > E_a$ 和 $I > I_a$,则金属溶解沿着 $E_a - C$ 曲线发生。

②如果 $E_a < E < E_{corr}$ 且 $I_a < I < I_{corr}$,则必须不时向系统提供外部电子供应,以减少金属溶解。

③如果 $E \leqslant E_a$ 且 $I \leqslant I_p$,意味着所施加的电位是金属的开路(在该电位下没有电流流动),并且所施加的电流是纯阴极的,则可以实现理想的保护。因此,该金属受到了理想的阴极保护。然而,如果 $E < E_a$,该结构在更高的电流下也受到保护,但是氢的析出会导致氢脆。

基于以上思路,采用涂层技术以及牺牲阳极技术,是阴极保护经常使用的手段。

①涂层技术(CT)。它具有成本效益,并提供主要的保护,但容易产生点状的表面缺陷,这会促进电流的增加,从而导致局部腐蚀部位的成熟。但是,对涂层缺陷必须进行阴极保护以防其腐蚀。显然,涂层和阴极保护技术的结合足以保护一般由钢制成的金属结构。

煤焦油沥青是一种黑色树脂,用于涂覆地下结构。这种类型的涂层具有良好的耐水性、耐酸性和耐矿物性,并且可以使用喷涂方法或拖把、滚筒及任何其他手动方法以热熔的形式涂覆在结构上。

涂层缺陷是由于化学反应和机械损伤而产生的,涂层缺陷会导致缺陷密度和电流保护要求的增加。低电阻缺陷导致的保护电流的增加可以用欧姆定律即 $I = E/R_x$ 来确定,然而,阴极保护是通过外加电流施加到涂层结构上的。

②牺牲阳极技术(SAT)。它也可用于保护无涂层(裸)结构、海船、近海储罐、近海平

台、热水器等。事实上,使用牺牲阳极的阴极保护设计需要几个阳极。必须经常监测这些阳极,因为它们会牺牲性地(故意地)溶解,最终尺寸会减小,无法向结构输送必要的电流。

使用这种技术的主要要求是结构必须极化,同时牺牲阳极被氧化以提供保护结构所需的电子流源。事实上,这些阳极被连接到形成闭合电路的结构上,该结构必须被适当地设计以避免阳极钝化。牺牲阳极的特征在于其在特定环境中电化学溶解的能力。阳极容量 C_a 是阳极提供的单位质量电能的量度,它可以用法拉第定律来确定。

$$C_a = \frac{\varepsilon z F}{A_w} \tag{8.4}$$

式中　ε——阳极电流效率,$\varepsilon_{Mg} = 0.50$,$\varepsilon_{Al} = 0.60$,$\varepsilon_{Zn} = 0.90$;

　　　A_w——摩尔质量,g/mol;

　　　z——价态;

　　　F——96 500 A·s/mol(26.81 A·h/mol);

　　　C_a——阳极容量,A·h/kg。

此外,阳极分为牺牲阳极和外加电流阳极。前者必须是阳极结构,必须以低速率溶解,为阴极提供电子;后者在阴极保护设计中必须具有低消耗率。具体而言,牺牲镁(Mg)阳极广泛用于埋地管道和家用或工业热水器应用。例如,一个 Mg 阳极可以保护埋在土壤中长达 8 km 的涂层管道。

8.3　阴极保护标准

阴极保护的电化学基础基于表达式(3.28)中描述的标准,$i_a = -i_c = i_{corr}$ 对应的 E_{corr} 或 $i_{corr} = i_a + i_c = 0$。该模型指出,当正向和逆向电流密度在平衡状态下完全相同时 $E = E_{corr}$,金属表面的腐蚀速率为零。这一标准在 1938 年被米尔斯和布朗认可,并成为保护钢结构的一种普遍做法。

然而,设计阴极保护系统需要初始电流大于特定设计寿命的维护值,而恰好该结构在使用寿命期间可以阴极极化。在阴极保护的早期阶段,使用含镁层的阳极材料的特殊设计效果很好。对于土壤结构,可以使用 Mg 条带,而对于海洋环境中的土壤结构,据报道,在维持电流密度的稳态条件下,通过让 Mg 在初始电流密度下溶解,为铝合金加上一层 Mg 可以有效地极化结构。因此,Mg 是在阴极保护的早期阶段使用最多的起始材料,最终使极化结构达到稳定状态。

1. 半电池电位标准

对于钢结构,当在铁(Fe)平衡半电池电位下极化时,可实现阴极保护。Fe^{2+} 和 OH^- 活度的关系式为 $[Fe^{2+}] = 2[OH^-]$。因此,溶解度常数 $K_{Fe(OH)_2}$ 和 $[Fe^{2+}]$ 变为 $K_{Fe(OH)_2} = [Fe^{2+}][OH^-]^2 = 1/4 [Fe^{2+}]^3$ 和 $[Fe^{2+}] = 1.931 \times 10^{-5}$ mol/L。因此,在 $T = 25\ ℃ = 298$ K 时,铁和碳钢极化的理论电位变为

$$E = E_{Fe} \approx -0.60\ V_{SHE} = -0.94\ V_{Cu/CuSO_4} \tag{8.5}$$

低于 $-0.92\ V_{Cu/CuSO_4}$ 的电位会促进氢的释放。

2. pH 标准

上述钢结构极化的理论电位可以用不同的方法确定。pH 表达如下:

$$\mathrm{pH}=1+\lg \alpha(\mathrm{OH}^-)=14+\frac{1}{2.303}\ln[\mathrm{OH}^-] \tag{8.6a}$$

因此,羟基活度变为

$$[\mathrm{OH}^-]=\exp[2.303(\mathrm{pH}-14)] \tag{8.6b}$$

联立式(8.6a)和式(8.6b)得到

$$\ln K_{\mathrm{Fe(OH)}_2}\approx 7\mathrm{pH}-96 \tag{8.6c}$$

能斯特方程再次给出了钢铁极化的理论电位:

$$E=E_{\mathrm{corr}}+(RT/zF)\ln K_{\mathrm{Fe(OH)}_2} \tag{8.6d}$$

理想情况下,阴极保护是在当 $E_{\mathrm{corr}}=0$ 时实现的。因此,式(8.6d)变为

$$E\approx(RT/zF)\ln K_{\mathrm{Fe(OH)}_2} \tag{8.6e}$$

将式(8.6c)代入式(8.6e),得到的电位是温度 T 和 pH 的函数

$$E\approx(RT/zF)\ln(7\mathrm{pH}-96) \tag{8.7}$$

对于 pH=7,在 $T=25\ ℃=298\ \mathrm{K}$ 下的铁或钢,由式(8.7)得到的结果与式(8.5)预测的结果相同。

阴极保护通常在酸性环境中进行,但至少在理论上是可行的。通常,在酸性溶液中对金属的保护是通过阳极氧化来完成的,前提为金属是活化—钝化的,并且显示出明显的钝化区域。因此,在这种情况下阳极保护技术将占优势。

关于式(8.7),如果 $T=35\ ℃=308\ \mathrm{K}$ 且 pH=7,则阴极电位略为负,即 $E\approx-0.62\mathrm{V}_{\mathrm{SHE}}=-0.94\mathrm{V}_{\mathrm{Cu/CuSO}_4}$。

3. β_a 判据

这是一个要求已知塔费尔阳极常数(斜率)的阴极保护金属的标准。降低腐蚀速率所需的过电位如图 8.4 所示。同样的结果也可以用式(3.25a)进行数学估算。

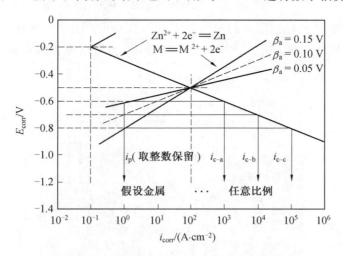

图 8.4　塔费尔阳极常数对阴极极化过电位的影响

对于固定的极化电流密度 i_p,唯一变化的量是塔费尔阳极斜率 β_a。在这种情况下,过电位变为

$$H = \beta_a \lg \frac{i_{corr}}{i_c} \qquad (8.8)$$

8.4 外加电流技术

外加电流技术是地下钢质管道阴极保护的一种简单而重要的形式,如图 8.5(a)所示。埋地管道连接到整流器(电源)的正极端,阳极连接到负极端。两个端子必须绝缘良好;否则,会出现漏电流(杂散电流),结构可能无法得到充分保护。图 8.5 所示阴极保护装置的重要性在于,电流从整流器流向惰性阳极或牺牲阳极(石墨),通过土壤(电解液)流向阴极。对于浸没在海水中的结构,阳极可以是镀铂的钛或高硅铸铁。整流器的目的是将交流电转换成均匀的直流电。

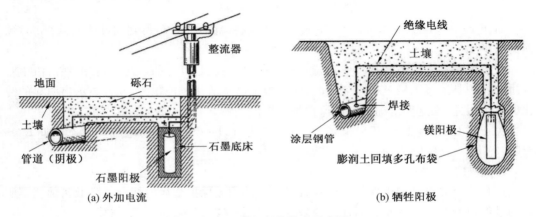

图 8.5 阴极保护技术示意图

其他阴极保护系统如图 8.6 和图 8.7 所示。图 8.6 说明了三电极技术,使用电压表测量工作电极(WE)和参比电极(RE)之间的电位差,使用电流表测量流向阳极辅助电极(AE)的电流。

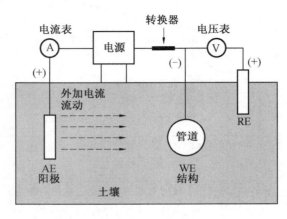

图 8.6 三电极技术

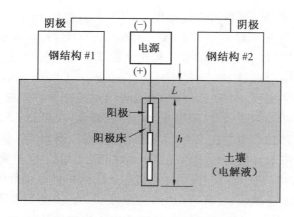

图 8.7　使用预埋阳极床的两个钢结构的阴极保护系统

使用镁或任何其他合适的阳极材料作为电流源的埋地结构的设计和安装方法要求布线系统使用良好的电阻材料绝缘;否则,一旦阳极接通,绝缘可能会被阳极反应产物破坏供应。此外,回填－土壤界面处必须存在水分,以便为流向活性阳极床提供均匀电流路径。

埋在土壤中的结构的电位测量是沿着管道正上方的土壤表面以不连续的间隔进行的。同样,对于浸没式结构,在管道附近放置一个潜水式 RE 并沿着管道移动。这些测量的结果是确定一个结构是否在设计电位下保持极化。

此外,被称为活性阳极床的阳极回填柱的长度不能任意选择,因为它与进入阳极床的电流密度有关。因此,回填电流密度简单定义为接地电流除以柱表面积

$$i_b = I/\pi Dh \tag{8.9}$$

式中　I——接地电流;

　　　D——回填柱的直径;

　　　h——回填柱的长度。

使用牺牲阳极设计阴极保护系统需要在开始保护方案之前获得适当的数据,图 8.5 (b)所示为阴极保护管道的一般情况。管道和其他钢结构可以使用铝、锌和镁牺牲阳极进行阴极保护,这些牺牲阳极可以焊接在结构上。这些埋置的牺牲阳极通常用高导电材料回填,如粒状焦炭或石墨薄片,以防止阳极消耗并在相对大的区域中分散电流。

总之,外加电流技术需要以下条件:

①在施加的电位和电流分别为 $E \ll E_{corr}$ 和 $I \ll I_{corr}$ 时,电源(整流器)将交流电转换为直流电。

②尽管 $I \ll I_{corr}$ 是必需的,但这个电流不应该太大;否则,析氢可能导致结构脆化。

石墨阳极是通过混合煅烧石油焦颗粒和煤焦油沥青黏合剂制成的。所需形状在 2 800 ℃下加热,以便将无定形碳转化为结晶碳(石墨),结晶碳不受氯化物溶液的影响。这些阳极通常用亚麻油或合成树脂浸渍,以减少孔隙和剥落。此外,阳极埋在土壤中,用焦粉回填,以使电导率均匀分布。石墨阳极周围的焦粉增加了表面积,分散了阳极反应,形成 CO_2 和 O_2 气体,这些气体通过土壤孔隙排出。

在测量阴极保护结构的电位时,美国腐蚀工程师协会(NACE)推荐电位 $E =$

−0.85 V与埋在土壤中的钢和铁的参比电极 Cu/CuSO₄,电位 $E=-0.81$ V与埋在土壤中的镁合金阳极和家用热水器的参比电极 Ag/AgCl。对于水下结构,极化电位通常在 -1.05 V$<E<-0.8$ V$_{Ag/AgCl}$ 范围内,如文献中所报道的,使用由外层为 Mg 的合金制成的双阳极 Al−Zn−Hg 合金。

关于牺牲阳极的阴极保护(SACP),该技术利用阴极结构和阳极之间的自然电位差作为防止结构腐蚀的驱动力。因此,阳极成为电子的来源,在很长一段时间内被牺牲。

这种技术相对于外加电流的优点在于,它不需要电源,因为该结构件和阳极通过布线系统或者通过将阳极安装在结构件上形成原电池来耦合。用于保护钢结构的常用牺牲阳极材料的相关数据见表6.1。事实上,牺牲阳极必须比结构件电负性大,并具有足够的耐腐蚀性;否则,阳极溶解会太快,设计寿命会大大缩短。因此,为了符合这些要求,通常使用 Al、Zn 和 Mg 合金。此外,阳极释放的电子必须转移到钢结构上,以支持结构上的阴极反应并保持阴极极化。

表 8.1 牺牲阳极材料和保护钢结构件操作参数

合金	海水中的电位 (相对于 Ag/AgCl)/V	钢电位/V	阳极容量 C_a/(A·h·kg^{-1})
Al−Zn−In	−0.95~1.10	0.15~0.3	1 300~2 650
Al−Zn−Hg	−1.00~1.05	0.20~0.25	2 600~2 850
Al−Zn−Sn	−1.00~1.05	0.20~0.25	925~2 600
Zn−Al−Cd	−1.05	0.20	780
Mg−Al−Zn	−1.50	0.70	1 230
Mg−Mn	−1.70	0.90	1 230
Zn	−0.95~1.03	0.15~0.23	750~780

8.5 杂散电流技术

以 Fontana 的案例说明用杂散电流技术保护埋在地下的钢制储罐附近的管道免受腐蚀。首先,图 8.8(a)所示为杂散电流(泄漏电流)的有害影响,杂散电流在阴极电路中有以下路径(虚线):电源→阳极→土壤管道→钢制储罐→电源。结果,钢制储罐附近的管道被腐蚀。其次,这个问题的解决方案在于将另一个阳极放置并连接到电路中,如图 8.8(b)所示。因此,电流从两个阳极流向钢制储罐和管道,两个结构都受到这种均匀杂散电流的阴极保护。

在上述阴极保护设计中,从阳极释放的电流由钢制储罐和管道以虚线所示的方向接收。在将钢制储罐和管道视为一个整体结构进行处理时,总阴极电位(E)可以相对于参比电极(RE)进行测量,不包括任何欧姆电位降 IR_x。这可以通过使用推荐的关断技术来实现,在关断技术中,整流器被切断以中断电流,并立即用高阻抗电压表消除 IR_x 和测量电位。因此,欧姆电位降立即消散,同时结构的极化以低速率衰减。关于图 8.8(a),杂散

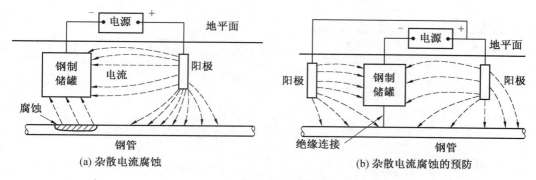

图 8.8 杂散电流技术

电流通过土壤流向钢制储罐和管道,杂散电流在受限区域离开管道时会发生腐蚀。这就是所示局部腐蚀的原因。杂散电偶腐蚀是埋地或水下结构的一种不寻常的金属腐蚀。

一般来说,杂散电流的来源是发电机,如电焊机、接地直流电源、阴极保护系统、电镀槽。在局部受损、系统设计和周围发电机产生漏电的情况下,一些结构比其他结构更容易受到腐蚀。然而,杂散电偶腐蚀的主要补救措施是尽可能消除电流泄漏源。否则,可能会出现不利的金属腐蚀甚至灾难性故障。

杂散电流流经设计电路以外的路径,这种电流的效果会使设计变得无效。事实上,杂散电偶腐蚀不同于自然腐蚀,因为它是由外部电流引起的。当环境因素引起的其他腐蚀机制与杂散电偶腐蚀时,腐蚀可能会加速。例如,杂散电偶腐蚀和电偶腐蚀在结构上都有阴极和阳极位置,但前者可能随时间变化,金属溶解是由电流引起的,而后者是独立于外部电流的连续电化学过程,并以恒定的速率进行。这些位置可能相距几米,并且腐蚀损坏发生在金属表面,因为该结构具有比特定内部流体更高的电导率。然而,如果杂散电流到达内部流体,管道内部可能会发生腐蚀损坏,未检测到的腐蚀可能会被忽略而使情况变得更糟,因此,可能会出现灾难性的问题。

此外,杂散电偶腐蚀在海船上很常见。例如,动力电池充电器会产生直流杂散电流,如果忽略或不采取适当的预防措施,杂散电流可能会无限期流动。这种类型的腐蚀可表现为封闭区域的点蚀、金属表面变色、钢部件生锈或电池变弱等。

如图 8.9 所示,通过测量土壤表面两点之间的电位差,可以确定离开或进入土壤中埋地管道的电流大小。这种类型的电位测量产生的电位差可以通过下式进行数学预测,这就需要已知埋置结构的深度。

$$\varphi = \frac{\rho_s I}{2\pi r} \ln\left(\frac{x^2 + z^2}{z^2}\right) \tag{8.10}$$

式中 ρ_s——土壤电阻率,$\Omega \cdot cm^{-1}$;

x——土壤表面两点之间的距离,cm;

z——管道正上方的深度,cm;

r——管道半径,cm。

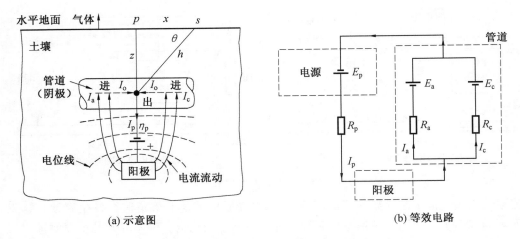

(a) 示意图　　　　　　　(b) 等效电路

图 8.9　埋地管道阴极保护的示意图及等效电路

E_p—保护电位；I_a—局部阳极电阻；E_a—阳极电位；I_c—局部阴极电阻；E_c—阴极电位；R_p—保护电阻；R_a—阳极电阻；R_c—阴极电阻

8.6　等效电路

图 8.9(b) 所示为埋地管道阴极保护的等效电路。管道和牺牲阳极(电化阳极或惰性阳极)都埋在电阻率均匀的土壤中。管道连接到外部电源(电池)的负极端子，阳极连接至正极端子。图 8.9(a) 中的箭头表示电流从阳极流向管道的方向。电子流也流向管道，以支持从管道到电源的局部阴极反应和保护电流 I_p 流动。土壤成为完成保护性电化学系统或阴极保护电路的电解液。

图 8.9 中等效电路的保护电流、保护电位和总电阻定义为

$$I_p = I_a + I_c \tag{8.11}$$

$$E_p = E_c - E_a \tag{8.12}$$

$$\sum R = R_a + R_c + R_s + R_x + R'_c \tag{8.13}$$

式中　R_s——土壤电阻；

　　　R'_c——涂层电阻；

　　　R_x——外部电阻。

如果 $(R_a + R_c) \gg (R_s + R_x)$，那么式(8.13)变为

$$\sum R = R_a + R_c + R'_c \tag{8.14}$$

欧姆定律预测了在阴极保护系统中施加阴极电流之前，涂层和裸钢管道的腐蚀电流。因此，在平衡状态下

$$I_{corr} = I_a - I_c = \frac{E_p}{\sum R} \tag{8.15}$$

$$I_{corr} = \frac{E_p}{R_a + R_c + R'_c} \quad (\text{有涂层钢}) \tag{8.16}$$

$$I_{corr} = \frac{E_p}{R_a + R_c} \quad \text{（裸钢）} \tag{8.17}$$

如果阳极保护电位和阴极保护电位相等，那么由欧姆定律得出 $E_a = E_c$

$$I_a R_a = I_c R_c \tag{8.18}$$

确定外加电流保护的大小：

$$I_a^* = I_{corr} - I_a \tag{8.19}$$

将式（8.11）和式（8.18）联立，求解 I_a 并将所得表达式代入式（8.19），得到

$$I_a^* = I_{corr} - I_p \left(\frac{R_c}{R_a + R_c} \right) \tag{8.20}$$

因此，当 I_a^* 和式（8.20）给出保护或应用电流时，阴极保护得以实现：

$$I_p = I_{corr} \left(\frac{R_c}{R_a + R_c} \right) \tag{8.21}$$

将式（8.16）和式（8.17）代入式（8.21）得到

$$I_p = \frac{E_p}{R_a + R_c + R_c'} \frac{R_a + R_c}{R_c} \quad \text{（有涂层钢）} \tag{8.22}$$

$$I_p = \frac{E_p}{R_c} \quad \text{（裸钢）} \tag{8.23}$$

点 P 的保护电流如图 8.3 所示。如果 $I_p = I_{corr}$，根据点 C 的电位，阴极（管道）和阳极发生极化，而阳极极化最终会导致管道腐蚀。因此，$I_p > I_{corr}$ 用于极化（保护）阴极并保持阳极非极化（活性）。

8.7 缝隙中的传质

地下钢质管道通常在很大程度上受到外部涂层的保护，这种涂层容易受到机械或化学损伤，形成漏涂（涂层缺陷）。漏涂点一般是半径为几毫米的针孔。如果涂层在漏涂点下方部分脱落，则母材在侵蚀性环境中会发生缝隙腐蚀。缝隙腐蚀的简单机理模型如图 1.11 所示。漏涂点下的缝隙腐蚀在低电导率土壤中的埋地管道上很常见。为了防止缝隙腐蚀，阴极电流必须流向管道表面。

这种腐蚀类型的摩尔通量主要是由于 Na^+、Cl^- 和 OH^- 以及土壤中溶解的分子氧的质量转移造成的。根据式（8.6）中的化学计量，OH^- 在水和氧的存在下形成，并与亚铁离子反应形成 $Fe(OH)_2$，作为缝隙腐蚀产物。然而，缝隙腐蚀可以通过控制电流泄漏和相关的局部电位使用阴极保护来避免。

如图 8.10 所示，质量传递现象和电流分布可以用漏涂点下方的理想环形缝隙来模拟。一些相关参数的顺序为 $r_h = 0.8$ mm，6 mm $< r_o <$ 80 mm 和 $\delta = 0.8$ m。

该模型已被 Chin 和 Sabde 成功地用于缝隙阴极保护，其数值分析基于稀溶液理论以及缝隙表面溶解氧、Na^+、Cl^- 和 OH^- 的还原反应。因此，能斯特－普朗克方程（4.2），可以推广为一个可微连续的标量扩散摩尔通量函数。

$$J_j = -D_j \nabla \cdot c_j - z_j \left(\frac{F}{RT} \right) D_j \nabla \cdot \varphi + c_j V_j \tag{8.24}$$

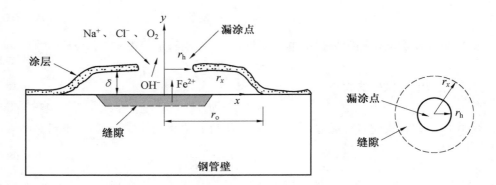

图 8.10　环形缝隙和漏涂点示意图

r_x—缝隙边缘到漏涂中心的半径；r_h—漏涂点半径；r_o—缝隙半径；δ—缝隙高度

式中　　j——1、2、3 和 4，分别指 Na^+、Cl^-、OH^-、O_2；

　　　　∇——拉普拉斯微分算子；

　　　　z_j——Na^+、Cl^-、OH^- 和 O_2 的价态；

　　　　c_j——Na^+、Cl^-、OH^- 和 O_2 的浓度；

　　　　D_j——Na^+、Cl^-、OH^- 和 O_2 的扩散率。

亚铁离子 Fe^{2+} 不包括在分析中，因为缝隙阴极保护是为了防止这类离子的形成。对于稳态条件下 $\partial c_j/\partial dt = 0$ 的耦合扩散和迁移摩尔通量，摩尔通量成为稳态条件下传质的连续性方程。

$$\nabla J_j = 0 \tag{8.25}$$

然后，式(8.24)变为

$$\nabla^2 c_j + z_j\left(\frac{F}{RT}\right)\nabla \cdot [c_j \cdot \nabla\varphi] = 0 \tag{8.26}$$

式中

$$\nabla^2 = \frac{\partial^2}{\partial r^2} + \frac{1}{r}\frac{\partial}{\partial r} + \frac{\partial^2}{\partial y^2} \tag{8.27}$$

将式(8.26)扩展到二维圆柱坐标得到了一个广义表达式，对于缝隙阴极保护的电化学过程中所涉及的特定物种，将该表达式一般化处理。

$$0 = \left(\frac{\partial c_j^2}{\partial r^2} + \frac{1}{r}\frac{\partial c_j}{\partial r} + \frac{\partial c_j^2}{\partial y^2}\right) + z_j\left(\frac{F}{RT}\right)\left(\frac{c_j}{r}\frac{\partial\varphi}{\partial r} + c_j\frac{\partial\varphi^2}{\partial r^2} + \frac{\partial c_j}{\partial r}\frac{\partial\varphi}{\partial r} + c_j\frac{\partial\varphi^2}{\partial y^2} + \frac{\partial c_j}{\partial y}\frac{\partial\varphi}{\partial y}\right) \tag{8.28}$$

电解液的电中性决定了 $\nabla\varphi = 0$，由式(8.24)和 $y = 0$ 得出

$$\sum z_j c_j = 0 \tag{8.29}$$

此外，OH^- 的浓度与 pH 的关系为

$$pH = 14 + \lg c_3 \tag{8.30}$$

此外，电解液电导率、离子迁移率和电流密度的表达式概括如下：

$$K_c = z_j F B_j c_j \tag{8.31}$$

$$B_j = \frac{D_j}{RT} \tag{8.32}$$

$$i = z_j F J_j \tag{8.33}$$

因此,式(8.28)~(8.33)是模拟图 8.10 所示缝隙阴极保护的有用表达式。另外,可以使用以下边界条件来模拟电位:

$$\frac{\partial \varphi}{\partial r} = 0, \quad \frac{\partial c_j}{\partial r} = 0 \quad (y \geqslant 0, r = 0)$$

$$\frac{\partial \varphi}{\partial y} = 0, \quad \frac{\partial c_j}{\partial y} = 0 \quad (y = \delta, r_h < r < r_o)$$

8.8 缝隙生长率

向内的缝隙增长率(dy/dt)可以用法拉第定律来预测,得到

$$\frac{dy}{dt} = \lambda I \tag{8.34}$$

$$\lambda = \frac{A_w}{z F \rho A_c} \tag{8.35}$$

式中 λ——速率常数,cm/(A·s);

I——电流,A;

z——价态;

F——96 500 A·s/mol;

ρ——钢的密度,g/cm³;

A_c——缝隙面积,cm², $A_c = \pi r^2$, r 为缝隙半径。

对式(8.34)进行积分得到

$$\int_{y_0}^{y_c} dy = \lambda I \int_0^t dt \tag{8.36}$$

$$y_c = y_0 + \lambda I t \tag{8.37}$$

式中 y_0——初始深度。

这意味着缝隙深度 y_c 随着电流和时间的增加而增加。

MacDonald 等和 Liu 等的前期工作表明,凹坑生长数据可以拟合为经验关系形式:

$$\frac{dy}{dt} = \beta t^n \tag{8.38}$$

$$y_c = y_0 + \frac{\beta}{1+n} t^{1+n} \tag{8.39}$$

式中,$0.40 \leqslant n \leqslant 0.70$,适用于不同腐蚀条件下的不同材料。

尽管为描述腐蚀问题及其解决方案开发了多种数学模型,但每种模型都有其自身的精确度,这取决于所选的变量和条件,以及确定描述特定腐蚀现象的相关参数的数值方法。文献中对描述特定问题的模型进行了综合评述,如缝隙阴极保护、点蚀增长率、电流和电位衰减。

8.9 设计公式

本节中给出的设计指南适用于陆上、海上、地下和混合结构的阴极保护。阴极保护的实际应用本质上是复杂的,因为优化设计需要电化学原理的理论知识,对工程决策进行正确判断的假想工程思维,以及艺术方法感。因此,阴极保护设计者必须考虑以下几点:

(1)结构的尺寸和寿命。

(2)环境多样性和经济影响。

(3)外加电流、牺牲阳极或混合系统。

(4)涂层材料和涂层腐烂导致电流流失。

(5)施加的电流、电位、电解液到阳极的电阻和布线电阻。

(6)仪器容量。

(7)经验。

为了阴极保护海上结构,使用表 8.2 所示的电流密度。表 8.3 所示为对涂层和阳极设计的有价值的公式。

表 8.2　在海水中钢表面所需的电流密度

介质	电流密度(i)/($\mu A \cdot cm^{-2}$)			
	未涂层钢		涂层钢	
	使极化	极化后	使极化	极化后
流动的海水	32～37	7～11	3～5	1～2
静止的海水	16～27	4～7	1～3	0.5～1
土壤区域	4～5	1～2	0.5～1	0.1～0.5

表 8.3　涂层和阳极寿命设计公式

参量	公式
所需总量表面积 (A_T)	$A_T = \sum \alpha' A_s \quad (A_s = \pi N d L)$

	涂层寿命	α'	
	L_c/a	初始值	最终值
	10	0.02	0.10
	20	0.02	0.30
	30	0.02	0.60
	40	0.02	0.90

阳极总质量(W)	$W = i A_T L_d / F_e F_u C_a = I L_d / F_e F_u C_a$
	$W = 3\pi I L_d / 7 C_a \quad (平均)$

续表 8.3

参量	公式
阳极寿命 (L_d)	$L_d = MF_e F_u C_a / I$ $L_d = 7MC_a / 3\pi I$ （平均）
阳极数量 (N)	$N = Ai / I$ $NM \geqslant W$

式中　α'——涂层分解因数；

$\quad\quad M$——单个阳极质量；

$\quad\quad F_e$——效率因数，$F_e = 0.85 \sim 0.95$，平均值为 0.90；

$\quad\quad F_u$——利用系数，$F_u = 0.75 \sim 0.85$，平均值为 0.80；

$\quad\quad i$——电流密度，A/cm^2；

$\quad\quad I$——电流，A

图 8.11 所示为特定区域以及海上结构件上阳极的合适位置。图 8.12 所示为一些固定底部近海结构的示意性图片。结构经过阴极保护后，涂层在使用过程中会变质。因此，只要调整总施加电流，以补偿涂层损坏，则阴极保护（CP）便得以维持。建议每年的 $\varepsilon = 2\%$ 的涂层损坏率适用于特定的阳极寿命（L_d）。因此，用于极化的施加电流和最终电流可以分别定义为

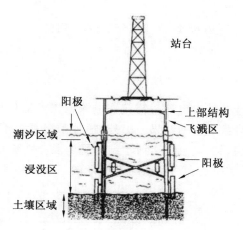

图 8.11　浸没结构示意图

$$I_p = \sum I_{zone} \tag{8.40}$$

$$I_f = (1 - \lambda_i - \lambda_c L_d)(A_i)_{zone} \tag{8.41}$$

式中　λ_i——装置损坏的分数；

$\quad\quad \lambda_c$——每年涂层损坏的分数；

$\quad\quad (A_i)_{zone}$——未涂层或涂层钢的每个区域的表面积；

$\quad\quad I_{zone}$——由表 8.2 或预测得到的电流。

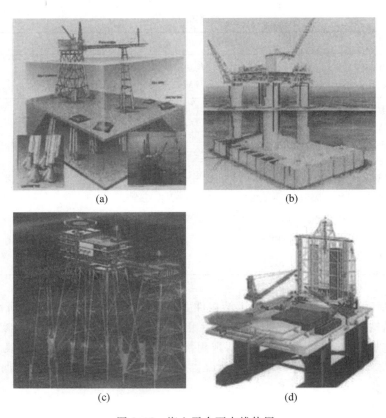

(a)　　　　　　　　(b)

(c)　　　　　　　　(d)

图 8.12　海上平台可在线使用

其平均电流为

$$I = \frac{I_p + I_f}{2} \tag{8.42}$$

这需要阳极电阻的设计。外加电流系统允许电流输出和监控仪表的变化。然而,与附近结构的相互作用可能导致有害的结果。另外,牺牲阳极系统不需要电源并且易于安装,但是需要大量阳极来保护结构。此外,海上结构受到混合系统的阴极保护。

下面的公式是由柯勒、杰拉德和海德斯巴赫编译的。表 8.4 所示为电解液对阳极的电阻方程。

表 8.4　地下阳极电阻公式

阳极	公式
单水平杆或管	$R_h = \rho_x / (2\pi L)[\ln(4L/d) - 1]$
单垂直杆或管	$R_v = \rho_x / (2\pi L)[\ln(8L/d) - 1]$
N 垂直平行杆	$R_v = \rho_x / (2\pi NL)\{[\ln(8L/d) - 1] + (2L/S)\ln(2N/\pi)\}$
嵌入式安装 盘子或圆环	$R_f = \pi \rho_x / (10\sqrt{A})$

续表 8.4

阳极	公式
式中 R_h，R_v，R_f——电阻，Ω；	
ρ_x——土壤电阻率，Ω·cm；	
L——阳极长度，cm；	
N——阳极数量；	
S——阳极间距，cm；	
d——杆直径，cm；	
$d=\sqrt{A_a/\pi}$——非圆柱形平均直径，cm；	
A_a——阳极横截面积，cm^2	

8.10　设计压力容器

本节将提供一些日常生活中使用的压力容器的腐蚀行为，并由此推导出在使用牺牲阳极对压力容器进行阴极保护期间产生的电流和电位的预测表达式。在许多类型的压力容器设计中，图 8.13 中示意性描述的家用电热水器是本节介绍的重点。市场上也有燃气热水器。根据美国机械工程师协会规范第四节和第八节，电热水器和加热器在 125 psi 或 150 psi 的工作压力下运行。压力容器通常是由碳钢制成的圆筒，圆筒内部通常涂有玻璃质二氧化硅化合物，称为搪瓷衬里（玻璃涂层），用于保护钢壁免受饮用水和可能溶解的矿物质的腐蚀作用，这反过来可以提高水的导电性。玻璃涂层的厚度约为 254 μm，作为主要的防腐保护层。在容器的制造过程中，玻璃涂层是通过在钢的内表面上喷涂一层均匀的硅酸盐浆料来完成的，随后，该层在大约 900 ℃下烧制。因此，玻璃涂层的高耐腐蚀性保护了钢构件。电热水器部件温度压力释放（TPR）阀是一种安全装置，当温度或压力达到不安全的值时会起保护作用。

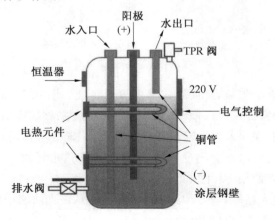

图 8.13　电热水器示意图

如图 8.13 所示,通过在垂直位置放置一根或两根镁或镁合金阳极棒,进一步保护钢制容器免受腐蚀。因此,这是减轻容器内部局部原电池反应的二次或补充腐蚀保护。根据电动势排序,镁是铁的阳极,因此,镁阳极在阴极保护期间被牺牲。这意味着电化学反应 $Mg \longrightarrow Mg^{2+} + 2e^-$ 产生的电子流是压力容器内电流的量度。电子流被引导到裸露的钢内部区域,如尖角和配件。此外,相对于参比电极 $Cu/CuSO_4$,镁铝锌和镁铝锌锰两种牺牲阳极合金的氧化电位范围分别为 1.4～1.5 V 和 1.6～1.7 V。

尽管通过玻璃涂层和牺牲阳极阴极保护压力容器,但玻璃涂层中的贯穿厚度裂纹(缺陷)对钢是有害的,因为它最终会在热水中腐蚀。事实上,由于水、氧气和不同金属材料(如黄铜(铜锌合金)电热元件、黄铜配件和排水管、入口和出口接头)中存在杂质,压力容器内部可能会发生电偶腐蚀。这意味着局部电化学电池可能较容易在相对较高的温度下进行,因此,由于高腐蚀速率,容器寿命缩短。例如,图 8.14 所示为牺牲阳极对腐蚀保护的有效性,该图描绘了完好的、部分牺牲的和耗尽的镁阳极棒。该图还给出了镁阳极棒的电偶腐蚀。事实上,每个阳极都有一根纵向穿过其中心的钢芯线。螺纹上部便于安装或更换。此外,耗尽镁阳极棒的腐蚀速率通常较低,因此,如果热水器工作效率较高,其使用寿命以年计且足够长。

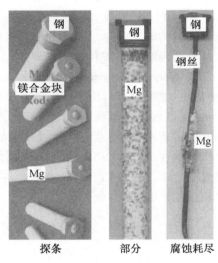

图 8.14　镁阳极棒

最终,阴极保护可能会失败,从而导致钢内表面腐蚀。图 8.15 所示为一个旧燃气热水器及其相关沉淀物的特殊情况。阳极的寿命取决于水温、玻璃涂层质量和水化学性质。因此,必须根据制造商的建议或经验对阳极进行检查,以避免容器内部发生腐蚀。一般来说,阳极安装后 5 年的时间内不会出现问题,但这取决于热水器的效率。如果热水器运行效率很高,那么阳极可以使用 10 年或更长时间。

本节以法拉第定律为基础,该定律指出,厚度减薄率是腐蚀速率的量度,而腐蚀速率又是结构损伤的直接表现。失重率方程如下:

$$\frac{W}{t} = \frac{iAA_w}{zF}$$

$$(8.43)$$

图 8.15　旧燃气热水器

用 $A\rho = AW/V = W/B$ 的结果除以式(8.43)，其中 A 为容器暴露面积，ρ 为金属密度。求解厚度 B 得到

$$B = \frac{iA_w t}{zF\rho} \tag{8.44}$$

对于圆柱形压力容器，式(8.44)中的厚度 B 必须满足平均环向应力(平均切向应力)方程：

$$\sigma = pD/2B \tag{8.45}$$

式中　p——内部压强，MPa；

　　　D——内径。

联立式(8.44)和式(8.45)得出

$$i = \frac{zF\rho pD}{2\sigma t A_w} \tag{8.46}$$

腐蚀速率变为

$$C_R = \frac{iA_w}{zF\rho} = \frac{pD}{2\sigma t} \tag{8.47}$$

对于涂层结构，应该假设或确定涂层效率，以便计算裸露表面和保护裸露表面免受腐蚀的相应电流。裸露面积和电流很容易通过下式确定：

$$A_s = A_0(1 - \lambda_s) \tag{8.48}$$

$$I = i_{corr} A_0(1 - \lambda_s) \tag{8.49}$$

式中　λ_s——保护表面积分数；

　　　A_0——总表面积。

此外，基于牺牲阳极的阴极保护需要一个电池电位作为驱动力，由牺牲阳极以特定速率释放电子提供自发保护电流。该电流的驱动力是牺牲阳极和阴极之间的电位差(过电位)；也就是说，$E = E_c + E_a$。事实上，产生的电化学系统是自然极化的原电池，其中阳极被氧化或牺牲以向阴极结构提供电子。一般来说，一种合金，而不是一种纯元素，具有已知的标准电位，并且是结构的阳极，通常用作牺牲阳极。

对于碳钢结构，NACE 推荐的保护电位 $E_c = -0.85\ \mathrm{V}_{Cu/CuSO_4}$ 相对铁是阳极，可用于确定电池电位和自由能变化。因此，$E_c = -0.85\ \mathrm{V}_{Cu/CuSO_4} + E_a$。表 2.2 中的 E_a 是一个归

约过程，因此，它的符号必须改变，它的大小也必须由 V_{SHE} 改变为 $V_{Cu/CuSO_4}$ 。

8.11　本章小结

从工程角度来看，阴极保护现在是一种很好理解的电化学技术。对于电化学机理的理论方面还需要进一步研究，以便开发新的数学模型，提供更准确的结果。然而，阴极保护是一种防止金属结构腐蚀的设计方法，如钢制储罐、埋地管道和海上系统。外加电流或牺牲阳极技术被广泛用于保护大型结构。设计防腐技术的选择取决于结构类型和环境的腐蚀性程度。这种技术需要直流输入来控制施加的电位和电流密度。

在 NACE 推荐的几种阴极保护标准中，最常见的标准是半电池电位，它预测铁在中性环境中的理论电位 $-0.59\ V_{SHE} = -0.90\ V_{Cu/CuSO_4}$ 。这个理论值接近电位 $-0.85\ V_{Cu/CuSO_4}$ 。另外，$E < E_{corr}$ 时过电位可能是有害的，因为氢的释放和原子氢扩散到结构中导致氢脆。

使用完善的阴极保护（CP）标准可以实现结构完整性，但是必须在离散的时间间隔内进行电位测量，以确保结构在设计电位下保持极化。一般来说，阴极保护标准基于外部电位和电流，但前者是需要严格控制的参数。绝对阴极保护基于电化学理论，因为当正向和逆向反应速率完全相同时，腐蚀速率为零。这意味着可靠的阴极保护系统需要在平衡电位下保持极化以使 $i_{corr} = 0$ 。

一个可靠的阴极保护设计在很大程度上取决于环境和阳极材料，而阳极材料以其阳极容量为特征。最常见的阳极是铝合金、镁合金和锌合金。

第9章 阳极保护

9.1 概　述

当涂层和阴极保护技术不适合保护结构免受腐蚀时，可以考虑使用阳极保护（AP）。AP 通常在腐蚀性环境中使用非常成功，如硫酸和温和溶液。AP 的主要要求是被保护的材料必须表现出活化—钝化行为，同时钝化电位范围必须足够宽，并且钝化电流与腐蚀电流相比必须足够低。因此，可以使用恒电位仪在极化图的钝化区域提供电位，但是必须进行电位监测；否则，电位偏差会使材料变得活跃，从而失去阳极保护。

在阳极保护中，被保护的结构是阳极，将其连接到电化学电路的正极端子，而负极由钢或石墨制成。相反，在阴极保护中，要保护的结构被制成阴极（正极）。

9.2　设计准则

阳极保护与阴极保护一样，是一种电化学技术，其中金属或结构件由临界电流密度极化，如图 9.1 所示。为了阳极保护结构件，如硫酸钢储罐、热交换器和运输容器，在激活状态下临界电流密度较高，但目标是在如图 9.1 所示的电位下迫使其从激活状态变为钝化状态。因此，保护参数为

$$E_{pa} < E_x < E_p \tag{9.1}$$

式中　E_{pa}——钝化电位；
　　　E_p——点蚀电位。

$$i_x = i_p < i_{corr} \tag{9.2}$$

式中　i_p——钝化电流密度；
　　　i_{corr}——腐蚀电流密度。

图 9.1(a)为示意性的 Pourbaix 图（电位—pH 图），标明了表征浸入电解液中的金属的电化学行为所需的电化学区域。该图与极化图相关（图 9.1(b)）。观察两个图中电位的对应关系。如第 3 章所示，Poiurbaix 图没有给出反应速率的指示，但是在图 9.1(a)中的向下箭头所示的 pH 下，极化曲线给出了反应速率。

因此，如果金属是活化—钝化的，并且由于动态氧化膜的形成，显示出足够大的钝化电位范围，如式（9.1）所示，则结构被阳极保护。这意味着电流密度取决于时间，因此，电源必须提供所需的电位 E_x 使得 $i_x < i_{corr}$。由于形成了厚度为几微米的不溶性氧化膜，因此阳极极化。阳极保护的有效性取决于特定环境中氧化膜的质量和施加的电位。例如，如果外加电位 $E_x \geqslant E_p$，那么膜会因发生点蚀而腐蚀，点蚀是局部电化学过程。反之，如果 $E_x \leqslant E_p$，金属则会发生一般和均匀的过程腐蚀。

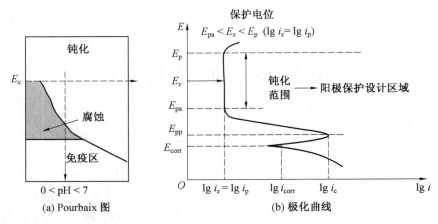

图 9.1　Pourbaix 示意图和显示在 E_x 处阳极保护钝化区域的活化－钝化极化曲线

钝化可以通过在阳极表面形成氧化膜（金属涂层）的反应离子的积累来完成。因此，由于金属涂层具有高电阻，从阳极流向电解液的电流减少。这可以用欧姆定律来定义：

$$E_x = I_x R_x \tag{9.3}$$

图 9.2 所示为用于储存酸性溶液的钢制储罐的 AP 设置示意图。通常，需要足够大的阴极来补偿大的结构表面积和高导电性电解液（酸）。这表明，如果欧姆电位降引起的电路电阻得到控制和保持，就可以实现阳极保护。这种现象称为欧姆效应。

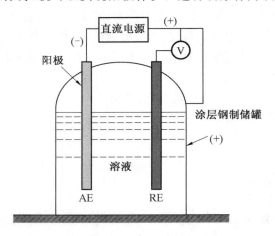

图 9.2　阳极保护系统示意图

由于阳极保护（AP）是一种电位控制技术，因此假设电位 E_x 是恒定的，其中电源是能够提供恒定电位的恒电位仪；否则，电位的显著变化会引起电流的变化，并且由于薄膜击穿，结构件会失去保护。

一个成功的阳极保护设计不仅需要一个可控的电位/电流，还需要高质量的钝化膜，该膜必须不溶于腐蚀性溶液。事实上，根据图 9.1 所示的钝化电流密度 i_p，阳极腐蚀速率必须非常低，这显然是由于钝化膜中的离子迁移率有限。

由于阳极保护技术仅限于表现出活化－钝化转变的材料，因此确定金属材料在含有污染物（如氯离子）的溶液中的极化行为对温度的敏感性是非常重要的。

图 9.3 所示为基于上述变量的可能极化趋势。例如,保护电位 E_x 是阳极保护和钝化电位范围的量度 $\Delta E = E_p - E_{pa}$,随着溶液中氯化物浓度和温度的增加,保护电位降低,保护电流密度增加。事实上,如果钝化电位范围不够大,对不锈钢等材料进行阳极保护就成为一项复杂的任务。此外,由于氯化物浓度和温度的影响,金属涂层电阻降低时,E_x 与 i_x 成反比。然而,需要高临界电流密度来引起钝化,并且需要低电流密度来维持钝化。

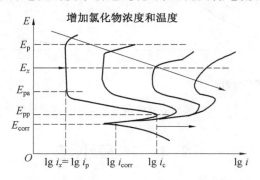

图 9.3　氯化物浓度和温度对钝化区和临界电流密度的不利影响

9.3　相关数据

本节将提供一些文献中的实验数据。实际情况下,阳极保护中使用的阴极材料见表 9.1。

表 9.1　阳极保护用阴极材料

电极	环境
甘汞	硫酸
硅铸铁	硫酸
银—氯化银	硫酸、硫酸盐蒸煮液
铜	硫酸羟胺
不锈钢	液体肥料(硝酸盐溶液)
镍钢板	化学镀镍溶液
哈氏合金	液体肥料、硫酸

图 9.4 所示为 316 不锈钢在硫酸溶液中的温度与电流密度的关系曲线。这些曲线是对在别处发现的实验数据进行非线性回归分析的结果。显然,钝化电流密度 i_p 和临界电流密度 i_c 都受到温度的强烈影响。具体来说,在高于 60 ℃ 的温度下,i_p 和 i_c 都会非常迅速地增加。可以认为图 9.4 所示的 316 不锈钢在硫酸溶液中的电流密度趋势是非常独特的。

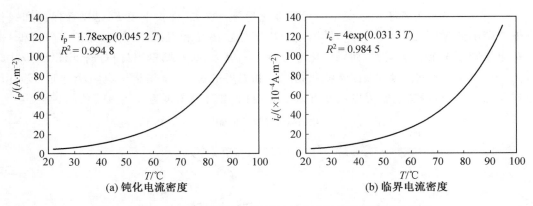

图 9.4 在 67% 的硫酸溶液中温度对 316 不锈钢电流密度的影响

9.4 本章小结

阳极保护(AP)是一种电位控制电化学技术,适用于防止金属在腐蚀性环境(如硫酸)中的腐蚀。在这项技术中,被保护的金属必须在相对较低的电流密度下表现出钝化性,从而使钝化电流密度 i_p 至少比腐蚀电流密度 i_{corr} 低一个数量级。在选择足够宽的钝化电位范围内的材料时必须谨慎。因此,保护电位为 $E_{pa} < E_x < E_p$。

此外,当涂层和阴极保护方法不能提供足够的防腐保护时,通常使用阳极保护(AP)。

第 10 章　高温腐蚀

10.1　概　述

金属和合金的高温腐蚀(HTC)是一种在气体环境中发生氧化形成氧化皮的过程。高温腐蚀受金属温度、气体成分、暴露时间和压力的影响,其特征可能是金属厚度减小(渗透)和氧化物厚度增长加快,这是氧化、硫化、碳化以及渗氮氧化速率的量度。高温腐蚀也称为高温氧化、失泽和结垢,并且腐蚀速率随着温度的升高而显著增加。

文献中的大多数实验数据都是基于单位表面积的增重。然而,增重和减薄或穿透是评估高温腐蚀的常用参数。例如,金属减薄量和氧化层厚度增量的测量非常重要,因为前者与结构强度有关。

氧化层的保护性主要取决于温度和腐蚀环境。在高温氧介质中,皮林-贝德沃斯定律可用于定量评价氧化层的防护性能。这些层也被称为氧化皮,但它们也可以被视为氧化物涂层。这些涂层可以保护设备部件表面免受热劣化。

10.2　氧化物的热力学

热力学上,气体环境中金属氧化的驱动力是生成的吉布斯自由能 ΔG,因此,氧化化学反应的发生取决于 ΔG 的大小。从数学上来看,ΔG 在恒定压力下可定义为

$$\Delta G^{\ominus} = -RT\ln K \tag{10.1}$$

$$\Delta G^{\ominus} = \Delta H^{\ominus} - T\Delta S^{\ominus} \tag{10.2}$$

式中　K——平衡常数;

$\Delta H^{\ominus}$——焓变,它是在恒定气压下吸收或释放的热量的量度;

$\Delta S^{\ominus}$——熵变,它是原子无序性的量度。

$\Delta H^{\ominus}$ 和 $\Delta S^{\ominus}$ 随温度的变化为

$$\Delta H^{\ominus}(T) = \Delta H^{\ominus}(T^{\ominus}) + \int_{T^{\ominus}}^{T} C_{p,m}(T)\,\mathrm{d}T \tag{10.3}$$

$$\Delta S^{\ominus}(T) = \Delta S^{\ominus}(T^{\ominus}) + \int_{T^{\ominus}}^{T} [C_{p,m}(T)/T]\,\mathrm{d}T \tag{10.4}$$

式中　$\Delta H^{\ominus}(T^{\ominus})$——在 $T^{\ominus}=298$ K 下的标准焓变,kJ/mol;

$\Delta S^{\ominus}(T^{\ominus})$——在 $T^{\ominus}=298$ K 下的标准熵变,kJ/(mol·K);

$C_{p,m}$——摩尔定压热容,kJ/(mol·K)。

此外,由式(10.2)得到的常数 $\Delta H^{\ominus}$ 和 $\Delta S^{\ominus}$ 的函数关系图为一条直线,其中 $T=0$ 时的截距为 $\Delta H^{\ominus}$,斜率为 $\Delta S=(\partial\Delta G/\partial T)_p < 0$。因此,得到金属-气体氧化系统的热力学

线性行为(图 10.1)。

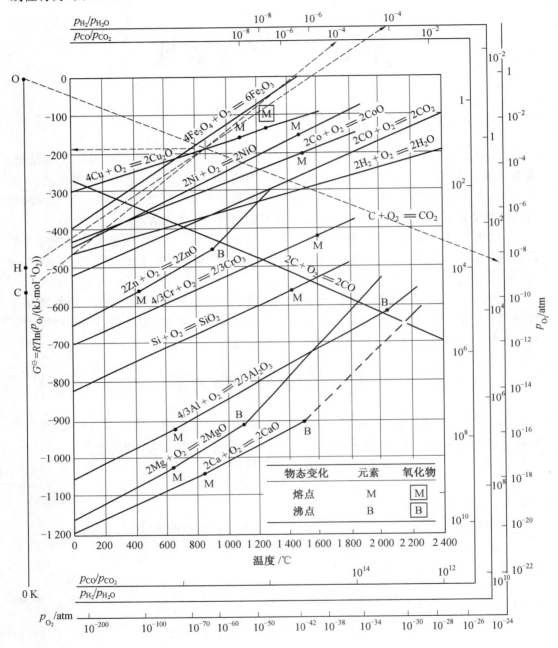

图 10.1　埃林厄姆标准能量变化图

本节将简要介绍在相对较高的温度下由氧气、二氧化碳和/或水蒸气引起的金属氧化。根据下面给出的广义反应,在平衡时,温度和气体分压发生变化时氧化物生成的标准吉布斯自由能为

$$\frac{2x}{y}M + O_2 \longrightarrow \frac{2}{y}M_xO_y \tag{10.5a}$$

式中，$\Delta G^{\ominus} = -RT\ln([M_xO_y]^{2x/y}/[M]^{2x/y}[O_2]) = RT\ln p_{O_2} \tag{10.5b}$

$$xM + yCO_2 \longrightarrow M_xO_y + CO \tag{10.6a}$$

式中，$\Delta G^{\ominus} = -RT\ln([M_xO_y]^{2x/y}[CO]^y/[M]^x[CO_2]^y) \tag{10.6b}$

$$\Delta G^{\ominus} = -yRT\ln(p_{CO}/p_{CO_2}) \tag{10.6c}$$

$$xM + yH_2O \longrightarrow M_xO_y + yH_2 \tag{10.7a}$$

式中，$\Delta G^{\ominus} = -RT\ln([M_xO_y][H_2]^y/[M]^x[H_2O]^y) \tag{10.7b}$

$$\Delta G^{\ominus} = -yRT\ln(p_{H_2}/p_{H_2O}) \tag{10.7c}$$

式中　　p——压力，kPa。

M_xO_y 是氧化皮的主要成分。p_{O_2}、p_{CO_2}、p_{CO}、p_{H_2} 和 p_{H_2O} 为分压。然而，如果 $\Delta G^{\ominus} < 0$，那么它是负偏离平衡的量度，反应从左到右进行。相反，如果 $\Delta G^{\ominus} > 0$，那么正偏离平衡意味着反应从右向左反方向发生。图 10.1 表示在氧分压、碳氧化物与二氧化碳压力比和氢与水压力比下，作为氧化物温度函数的标准生成吉布斯自由能。

图 10.2 所示为高温气体环境中氧化皮形成的结垢模型。模型中的顺序示意图表明，阶段 1 结垢的机理是原子氧在金属 M 表面的吸附。然后，阶段 2 在有利的位置上发生成核和生长，直到形成覆盖金属表面的薄氧化膜为止。如果薄膜没有宏观和微观缺陷，则它可以防止金属进一步氧化。当出现如阶段 3 所示的氧化皮生长时，金属发生氧化（M $\longrightarrow$ M^{2+} + 2e$^-$）释放电子，电子通过氧化膜与原子氧反应。在阶段 4，氧化皮变厚，生长应力导致缺陷，如孔隙、空洞和微裂纹。因此，氧化皮不再起保护作用，金属按照另一种机制氧化。

图 10.3 所示为暴露在高温富氧环境中的铁和钛合金上的氧化层。观察到多相氧化皮是以材料减薄为代价形成的，这与实际情况较吻合。例如，如图 10.3(a) 中所示，氧化亚铁在金属基底附近有大量缺陷，但在末端可能是完好的。此外，Fe_3O_4 氧化物也有包括倾斜裂纹的缺陷。

图 10.3 中的标度表明，那些氧化到一价以上的金属和合金可以形成一系列的氧化层。内层是金属含量最高的化合物，具有最低的价态，如图 10.3(a) 所示的 Fe 离子。这意味着阳离子空位和电子－空穴是 P 型 FeO 氧化物中的主要缺陷。外层如 Fe_2O_3 由于阴离子空位向内扩散，是富氧的，则可能是 N 型氧化物。

图 10.4(a) 所示为暴露在含硫复杂气体混合物中的铸造合金上厚度小于 1 μm 的氧化层。该氧化物具有复杂的结构，主要是 Al_2O_3 相，该层由于裂纹的形成而破裂，裂纹作为含硫结核生长的快速扩散点，如图 10.4(b) 和 (c) 所示。最终，因为这些结核在长时间暴露后会塌陷，该层失去保护性。最终的氧化物表面形态如图 10.4(d) 所示，代表主要由氧化铝组成的非保护性单相氧化皮 Al_2O_3。

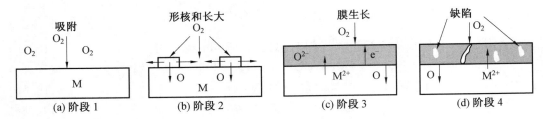

图 10.2 结垢模型

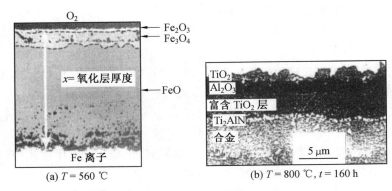

图 10.3 铁和钛合金上的氧化层

图 10.4 大部分氧化铝氧化皮破裂顺序的扫描电镜照片

10.3　氢化物中的点缺陷

　　本节简要介绍晶体中的点缺陷现象,如空位和间隙等。当晶体中产生更多点缺陷(也称缺陷)时,氧化物熵会发生变化而增加。平衡态的金属氧化物可能含有几乎相等数量的阳离子和阴离子空位。因此,产生最小自由能变化的点缺陷数(n)可以用阿伦尼乌斯定律来模拟

$$n = N\exp\left(-\frac{\Delta G}{2kT}\right) = N\exp\left(\frac{\Delta S}{2k} - \frac{\Delta H_f}{2kT}\right) \tag{10.8}$$

$$n/N \approx \exp\left(-\frac{\Delta H_f}{2kT}\right) \tag{10.9}$$

式中　N——原子数;

　　　ΔG——吉布斯自由能,J/mol;

　　　ΔS——熵变,J/(mol·K);

　　　ΔH_f——生成焓变化,eV,1 eV=1.602×10^{-19} J/mol;

　　　k——玻尔兹曼常数,$k=1.38\times10^{-23}$J/K=8.61×10^{-5} eV;

　　　T——绝对温度,K。

　　式(10.9)预测平衡缺陷分数 n/N 随着温度的增加而呈指数增加。由式(10.9)给出的缺陷分数分布,在图 10.5 中给出了焓变的几个值。注意,对于焓变 ΔH_f 的选定值,n/N 强烈依赖于 800 ℃以上的温度。

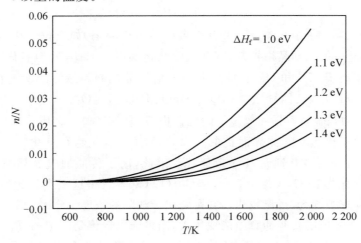

图 10.5　固态晶体中缺陷分数的理论分布

　　此外,点缺陷在高温下是可移动的缺陷,最终,它们的扩散速率可能遵循阿伦尼乌斯定律

$$R_x = R_0\exp\left(-\frac{\Delta H_d}{kT}\right) \tag{10.10}$$

式中　$\Delta H_d < \Delta H_f$;

　　　R_0——常数。

由于原子缺陷,如肖特基缺陷和弗仑克尔缺陷,以及离子迁移和扩散,离子化合物具有一定程度上的导电性,这与扩散是分不开的。例如,肖特基缺陷是维持离子电中性和化学计量离子结构所必需的阳离子和阴离子空位的组合。一般来说,离子(阳离子和阴离子)扩散到邻近的位置。

另外,弗仑克尔缺陷是间隙阳离子和阳离子空位的组合,电中性和化学计量也保持不变。因此,缺陷类型的组合为氧化物生长提供了离子扩散机制。但是由于氧化物的电学性质,无论是金属过量或金属亏损,化学计量都可能无法保持。

图 10.6 所示为包含点缺陷(如间隙阳离子、阳离子空位和电子－空穴)的连续 N 型和 P 型氧化物半导体的理想晶格结构。为了方便起见,将金属视为二价元素。在氧化物晶体结构中,电子－空穴是价带中的正移动电子载体。

图 10.6　氧化物半导体示意图

对图 10.6 的分析表明,N 型氧化物有金属过量和不足的情况。此外,间隙阳离子 M^{x+} 和电子在氧化物晶格中向氧化物－气体界面自由移动,发生以下反应:

$$y/2O_2 + 2e^- \longrightarrow yO^{2-} \tag{10.10a}$$

$$y/2O^{2-} + xM^{2+} \longrightarrow M_xO_y \tag{10.10b}$$

因此,非化学计量氧化物 M_xO_y 有它自己的晶格缺陷,如空位。在这个过程中,M^{2+} 和电子 e^- 都通过氧化物晶格扩散,直到氧化物足够厚。因此,N 型氧化物的形成和氧化是由于间隙阳离子 M^{2+} 和 O^{2-} 在相反方向上的扩散机制。最终,M_xO_y 在金属氧化物内部界面生长。ZnO 和其他氧化物 ZrO_2、MgO、BeO、Fe_2O_3、Al_2O_3、TiO_2 属于这一类。

P 型氧化物是金属亏损和氧过量的化合物,其中 M^{2+} 位于金属－氧化物界面,并通过阳离子空位向氧化物－气体界面扩散。因此,M_xO_y 氧化物在氧化物－气体界面形成。电子－空穴带正电荷,并通过其导带迁移。因此,离子传质通过金属空位扩散来实现。NiO 和其他氧化物 CoO、Cr_2O_3、FeO、Cu_2O、Cu_2S 属于这一类。此外,氧化物晶格中离子杂质的存在被称为"掺杂效应",它影响离子缺陷的浓度。

此外,由于生成的吉布斯自由能变化大,阳离子化合价是固定的,所以存在高 N 型化学计量比的氧化物,如 MgO、Al_2O_3 和 ZrO_2。对于常见的多价阳离子,TiO_{2-x}、$Fe_{1-x}O$ 和 $Ni_{1-x}O$ 中的非化学计量现象非常明显。例如,氧化亚铁是一种面心立方(FCC)结构,它可能含有高浓度的阳离子,由于阳离子和阴离子的数量不相等,所以它的非化学计量性就产生了,导致 $n_阴(Fe_xO) > n_阳(FeO)$。因此,Fe_xO 的形成是因为这种氧化物偏离了它理想的化学计量组成,即 FeO。在这种情况下,因为 $0.80 < x < 1$,阳离子空位浓度范围可以确定为 $(1-x)$。

关于 $n_阴(Fe_xO) > n_阳(FeO)$ 的情况,肖特基和弗仑克尔缺陷并不是氧化物形成的主要机制。相反,阳离子扩散和电子向氧化物表面的迁移是主要的机制。此外,一些铁离子(Fe^{3+})可以存在于氧化物结构中,并且可以与氧阴离子 O^{2-} 结合,产生一些阳离子空位。这意味着一部分亚铁离子 Fe^{2+} 氧化成三价铁离子 Fe^{3+},从而导致阳离子缺陷。

10.4　气体腐蚀动力学

　　金属和合金在高温环境中的应用具有重要的技术意义,因为氧化层的形成速度、机理和保护程度是需要评估的主题。考虑图 10.7 所示的氧化物形成模型,其中金属在高温下暴露在富氧环境中。

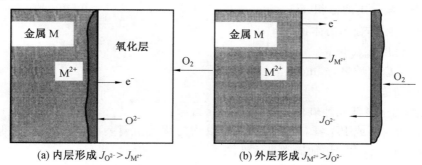

(a) 内层形成 $J_{O^{2-}} > J_{M^{2+}}$　　　　　(b) 外层形成 $J_{M^{2+}} > J_{O^{2-}}$

图 10.7　显示主要扩散摩尔通量的扩散控制机制氧化模型

由图 10.7 中的模型可以预测如下:

①氧化物形成的初始速率由金属/氧界面上的反应决定。因此,M_xO_y 形成薄层。

②一旦薄层形成,它就作为隔离或绝缘金属衬底的屏障。随后的氧化步骤由物质 M^{2+} 和 O^{2-} 的扩散来控制,并在这一薄层中得以充分体现。

③如果阴离子比阳离子扩散得更快,扩散摩尔通量为 $J_{O^{2-}} > J_{M^{2+}}$,那么形成氧化物内层,如图 10.6 所示。为了使阴离子扩散到金属中,晶格中必须有金属空位。随着氧化物生长的进行,氧化物的体积 $V_{M_xO_y} > V_M$ 会导致高应力集中,因此,氧化物层可能破裂,使金属衬底暴露于氧中以进一步氧化。钛属于这一类是因为 $J_{O^{2-}} > J_{Ti^{2+}}$。

④如果 M^{2+} 阳离子比 O^{2-} 阴离子扩散得快,那么,就会形成一个外部氧化层,并通过浓度梯度,如图 10.6(b) 所示。在这种情况下,应力集中减少或减轻。因此,氧化层附着在金属表面,保护金属免受进一步氧化。镍就属于这一类。

　　考虑图 10.6(b) 中二价金属阳离子 (M^{2+}) 和氧阴离子 (O^{2-}) 的氧化情况。如果离子半径关系为 $R_{O^{2-}} > R_{M^{2+}}$,并且阴离子 O^{2-} 以可忽略的速率扩散,则阳离子 M^{2+} 通过氧化物层扩散。因此,扩散控制过程决定扩散摩尔通量变为 $J_{O^{2-}} \approx 0$ 且 $J_{M^{2+}} > 0$,并且金属氧化反应继续进行,直到扩散速率减慢达到稳态条件。

　　此外,高温氧化的机理可能是由于扩散和迁移传质的双重作用,金属阳离子向外流动和氧阴离子向内流动的组合。这种双重传质作用有利于空位的凝结和防止空穴的形成,从而形成连续和无孔的氧化层。因此,通过氧化皮的传质过程是一个速率控制过程。最初,形成一层薄薄的保护膜,直到反应速率降低。因此,薄膜生长形成一个尺度,这可能归因于浓度和电位梯度。在宏观尺度中,以下针对不同的速率定律评估了与结垢形成有关的机制,这些定律不考虑 N 型或 P 型氧化物或硫化物或其组合的非化学计量,包括碳化物和氢效应。

10.4.1　PB 比率

金属氧化皮可以分为保护性和非保护性的,使用经典的皮林－贝德沃斯定律作为比率:

$$PB = \frac{V_o}{V_m} = \frac{[\rho^{-1} A_w]_o}{[z \rho^{-1} A_w]_m} \tag{10.11}$$

式中　V_o——氧化皮的体积,cm^3;

$\quad\quad V_m$——固体金属的体积,cm^3;

$\quad\quad \rho$——密度,g/cm^3;

$\quad\quad A_w$——摩尔质量,g/mol;

$\quad\quad z$——价态。

PB 比率用于表征几种氧化条件,具有以下规律:

①如果 PB<1 或 PB>2,由于体积不足以均匀覆盖金属表面,氧化皮是非保护性的和不连续的。因此,体重增加通常是线性的。

②如果 1≤PB≤2,氧化皮是具有保护性的(P),由于压缩应力大而具有黏附性和强度,由于熔化温度高而具有耐火性,且具有低导电性和无孔性。由于这些因素,扩散在固态下以低速率进行。一些氧化物可能不会产生压缩应力,使 PB 定律失效。

③如果 PB=1,那么氧化皮是理想的保护层。

表 10.1 所示为几种金属/氧化物的 PB 比率。观察到大多数金属的 PB>1。然而,对于一些 PB>1 的金属,其氧化皮在高温下可能发生塑性变形,导致孔隙愈合和裂纹填充过程。其他氧化皮,如 WO_3,在 $T \geqslant 800\ ℃$ 的条件下可能变得不稳定且易挥发。这表明保护性丧失了。

表 10.1　一些常见金属/氧化物的 PB 比率

金属	氧化物	PB	保护性
铝	Al_2O_3	1.28	P
钙	CaO	0.64	NP
镉	CdO	1.42	P
钴	Co_2O_3	2.40	NP
铜	Cu_2O	1.67	P
铬	Cr_2O_3	2.02	NP
铁	FeO	1.78	P
镁	MgO	0.81	NP
锰	MnO_2	2.37	NP
钼	MoO_3	3.27	NP

续表 10.1

金属	氧化物	PB	保护性
镍	NiO	1.70	P
铅	PbO	1.28	P
硅	SiO_2	2.15	NP
钽	Ta_2O_3	2.47	NP
钛	Ti_2O_3	1.76	P
钨	WO_3	1.87	P
铀	UO_2	1.97	P
锌	ZnO	1.58	P
锆	ZrO_2	1.57	P

10.4.2　氧化的数学原理及应用

氧化动力学的数学涉及扩散和迁移传质。根据菲克第一定律,摩尔通量与氧化物厚度增长速率 dx/dt 有关:

$$J = -D(dc/dx) \tag{10.12}$$

$$J = -C(dx/dt) \tag{10.13}$$

厚度增长率(也称为分散速度)为

$$dx/dt = (D/c_x) \cdot (\Delta c/x) \tag{10.14}$$

式中　D——扩散系数(扩散率),cm^2/s;

　　　c_x——扩散物质的浓度,mol/cm^3;

　　　x——氧化皮的厚度,cm 或 μm。

对式(10.14)进行积分处理得到氧化物厚度的抛物线方程:

$$X = \sqrt{K_x t} \tag{10.15}$$

$$K_x = 2D\Delta c/c_x \approx 2D \tag{10.16}$$

式中　K_x——抛物线速率常数,cm^2/s。

在高温氧化过程中,大多数变量都与温度有关。因此,假设扩散率和抛物线速率常数都服从阿伦尼乌斯关系是合理的:

$$D = D_0 \exp\frac{Q_d}{RT} \tag{10.17}$$

$$K_x = K_0 \exp\left(-\frac{Q_x}{RT}\right) \tag{10.18}$$

因此,氧化物厚度变为 $x = f(T)$。虽然许多金属和合金的氧化动力学表现出抛物线行为,然而,其他类型的行为也是可能的,并且式(10.12)被一般化并被概括为由下式给出的经验关系:

$$x = (K_x t)^n \tag{10.19}$$

式中　n——指数；

　　　K_x——气体环境中氧化皮厚度增长的速率常数。

事实上，在大多数情况下，x 在式（10.19）中代表外部厚度。现在，氧化物增厚率的广义方程采用以下形式：

$$\frac{dx}{dt} = n(K_x)^n t^{n-1} \tag{10.20}$$

此外，质量增加量是可用于表征氧化物动力学行为的另一个参数。使用密度和式（10.19）的定义得出高温下表面氧化过程中的质量增加量（M）和质量增长率（dM/dt）：

$$M = \rho A_s (K_x t)^n = \lambda t^n \tag{10.21}$$

$$\frac{dM}{dt} = n\lambda t^{n-1} \tag{10.22}$$

$$\lambda = \rho A_s (K_x)^n \tag{10.23}$$

式中　ρ——密度，g/cm^3；

　　　A_s——表面积，cm^2；

　　　λ——常数，g/s^n。

由于习惯上以质量/面积为单位来表示质量增加，因此式（10.21）被重新处理，使得增重及其比率变为

$$W = \frac{M}{A_s} - (K_w t)^n \tag{10.24}$$

$$\frac{dW}{dt} = nK_w^n t^{n-1} \tag{10.25}$$

$$K_w = \rho^{1/n} K_x \tag{10.26}$$

式中　K_w——质量增加的速率常数，$g/(cm^2 \cdot s^n)$。

上述方程以指数 n 为基础进行分析，得到最可观测的动力学行为。因此，n 的物理解释如下：

①如果 $n=-1$，则 PB<1 或 PB>2 的不连续、多孔和开裂的氧化皮出现线性行为。在这种情况下，氧化皮没有保护作用，氧气通过孔隙、缝隙和空位扩散。

②如果 $n=1/2$，无孔、黏附和保护性垢的抛物线行为是通过扩散机制形成的。因此，1≤PB≤2，并且氧化皮生长的机理与金属阳离子扩散通过氧化皮以在氧化物—气体界面和氧反应有关。

③如果 $n=1/3$，则无孔、黏附和保护性氧化皮会出现三次方行为。因此，1≤PB≤2。

一般来说，特定氧化皮的动力学行为可能不同于上述最易观察到的行为，因此，指数 n 可能取不同的值，这必须通过实验来确定。此外，在相对较低的温度下，薄层也是可能出现对数行为的。对于对数行为，增重可由下式定义：

$$W = K_a \lg(a_2 + a_3 t) \tag{10.27}$$

式中　K_a——速率常数，g/cm^{-2}；

　　　a_2——无量纲常数；

　　　a_3——常数，s^{-1}。

图 10.8 和图 10.9 所示分别为上述动力学行为实例及其相应的速率。

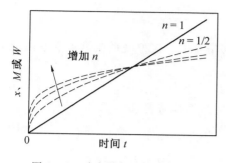

图 10.8 动力学行为示意图

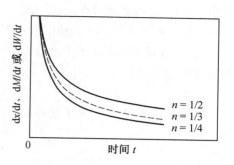

图 10.9 动力学速率示意图

10.5 离子电导性

本节中包含的离子或电导率是由于金属氧化物中物质 i 的离子运动。这些氧化物可能由一种或多种相组成氧化皮，而氧化皮又是需要分析的腐蚀产物，如需要分析其保护性、导电性、流动性、扩散性和物质 i 浓度。

对于离子或原子输运，沿 x 方向作用在扩散物质 i 上的力梯度可由下式定义

$$F'_i = -(z_i e)F'_i = -(z_i e)\frac{\mathrm{d}\varphi}{\mathrm{d}x} \quad （电位） \tag{10.28}$$

$$F_i = -\frac{1}{N_A}\frac{\mathrm{d}\mu_i}{\mathrm{d}x} \quad （化学势） \tag{10.29}$$

式中　$\mathrm{d}\varphi/\mathrm{d}x$——电位梯度，V/cm；

　　　$\mathrm{d}\mu_i/\mathrm{d}x$——化学势梯度，J/(mol·cm)。

这些表达式表明，离子力可能是由于 $\mathrm{d}\varphi/\mathrm{d}x$ 或 $\mathrm{d}u_i/\mathrm{d}x$。如果两种力都存在于氧化物形成过程中，并且大小相等，那么可以找到这些梯度之间的关系。因此，

$$\frac{\mathrm{d}\mu_i}{\mathrm{d}x} = (z_i e)N_A\frac{\mathrm{d}\varphi}{\mathrm{d}x} \tag{10.30}$$

但是，化学势梯度也可以用离子浓度梯度来定义：

$$\frac{\mathrm{d}\mu_i}{\mathrm{d}x} = \frac{RT}{c_i}\frac{\mathrm{d}c_i}{\mathrm{d}x} = \frac{kTN_A}{c_i}\frac{\mathrm{d}c_i}{\mathrm{d}x} \tag{10.31}$$

式中　z_i——物质 i 的价态。

　　　k——玻尔兹曼常数，$k = 1.38 \times 10^{-23}$ J/K $= 8.61 \times 10^{-5}$ eV；

　　　R——气体常数，$R = 8.314$ J/K $= 5.19 \times 10^{19}$ eV；

　　　N_A——阿伏伽德罗常数，$N_A = 6.022 \times 10^{23}$ mol^{-1}；

　　　q_e——电子电量 $= 1.602 \times 10^{-19}$ C（或 A·s 或 J/V）；

　　　T——绝对温度，K；

　　　c_i——原子浓度，原子/cm³。

对于离子运动，离子速度（分散速度）与作用在物质 i 上的力梯度和迁移率有关

$$B'_i = \frac{v_i}{F'_i} \quad 和 \quad B_i = \frac{v_i}{F_i} \tag{10.32}$$

式中　B'_i——电子迁移率，$\mathrm{cm^2/(V \cdot s)}$；

$\quad\quad B_i$——离子迁移率，$\mathrm{cm^2/(J \cdot s)}$。

此外，物质 i 的本征扩散系数 D_i 与离子迁移率有关。这种关系在第 4 章中被定义为能斯特－爱因斯坦方程

$$D_i = B_i k T \tag{10.33}$$

电子迁移率（B'_i）和离子迁移率（B_i）之间的关系很容易表示为

$$B'_i = (z_i q_e) B_i \tag{10.34}$$

其中

$$B'_i = \frac{(z_i q_e) D_i}{k T} \quad (\mathrm{cm^2/V \cdot s}) \tag{10.35}$$

$$B_i = \frac{D_i}{k T} \quad (\mathrm{cm^2/J \cdot s}) \tag{10.36}$$

此外，离子通量与离子速度和浓度有关，如将

$$J_i = c_i v_i \tag{10.37}$$

代入式（10.28）、式（10.32）、式（10.35）和式（10.37）中得到离子迁移通量，作为氧化物形成中所涉及的总通量的一部分。因此，

$$J_{i,m} = -\frac{(z_i q_e) c_i D_i}{k T} \frac{\mathrm{d}\varphi}{\mathrm{d}x} \tag{10.38}$$

然而，如果在氧化物形成过程中扩散和迁移是耦合的，那么扩散离子通量由第 4 章中引入的菲克第一定律给出，或者结合式（10.29）、式（10.31）、式（10.32）和式（10.37）得到该通量分量

$$J_{i,d} = -D_i \frac{\mathrm{d}c_i}{\mathrm{d}x} \tag{10.39}$$

因此，总通量为

$$J_x = J_{i,d} + J_{i,m} \tag{10.40}$$

$$J_x = -D_i \frac{\mathrm{d}c_i}{\mathrm{d}x} - \frac{(z_i e) c_i D_i}{k T} \frac{\mathrm{d}\varphi}{\mathrm{d}x} \tag{10.41}$$

将式（4.8）和式（10.38）联立，由于迁移而产生的电流密度为

$$i = -(z_i q_e) J_{i,m} \tag{10.42}$$

$$i = \frac{(z_i q_e)^2 c_i D_i}{k T} \frac{\mathrm{d}\varphi}{\mathrm{d}x} \tag{10.43}$$

根据欧姆定律，迁移引起的离子电导率为

$$\sigma_i = -\frac{i}{\mathrm{d}\varphi/\mathrm{d}x} \tag{10.44}$$

$$\sigma_i = \frac{(z_i q_e)^2 c_i D_i}{k T} > 0 \tag{10.45}$$

$$\sigma_i = (z_i q_e)^2 c_i B_i > 0 \tag{10.46}$$

从式（10.45）和式（10.46）中注意到，电导率主要取决于离子浓度，但 $\sigma_i = f(c_i, D_i, T)$ 和 $\sigma_i = f(c_i, B'_i)$，同时 σ_i 是相对于微观参数的宏观可测量值。假设电导率服从阿伦尼乌斯关系，则

$$\sigma_i = \sigma_0 \exp\left(-\frac{Q_a}{kT}\right) \tag{10.47}$$

式中 Q_a——激活能。

离子导电和扩散是不可分割的过程,因此扩散物质的电学性质和固有缺陷导致了导电性的产生。其对导电的主要贡献是由于在气体环境中金属的氧化过程中离子种类的存在。通常来说,如果分散速度 v_i 主要由阳离子携带,则离子电流密度为

$$i_i = (z_i q_e) v_i c_i \tag{10.48}$$

其中气体的浓度可以通过以下方式估计:

$$c_i = \frac{N_A S_0 \rho_{oxid}}{A_{w,M} + A_{w,O_2}} \tag{10.49}$$

式中 S_0——氧化公式中氧的化学计量数;

ρ_{oxid}——氧化物的孔道密度,g/cm^3。

总电导率是阳离子电导率(σ_c)、阴离子电导率 σ_a 和电子电导率 σ_e 或电子-空穴电导率 σ_h 的简单总和:

$$\sigma_t = \sigma_c + \sigma_a + \sigma_e + \sigma_h = \sum \sigma_i > 0 \tag{10.50}$$

电导率的符号可以用来定义每个离子种类 i 所携带的总电导率的分数。该分数称为转移数(t_i),定义如下:

$$t_i = \frac{\sigma_i}{\sigma_t} < 1 \tag{10.51}$$

$$\sum t_i = 1 \tag{10.52}$$

式(10.52)表明,对于电子导体和离子导体 $t_e \approx 1$(t_e 为电导率比率,它代表氧化物形成中所包含物质的分数)。无论氧化物的初始状态是什么,它都会不断演化,直到在平衡状态下达到特定的原子排列和厚度。

10.6 瓦格纳氧化理论

本节简述了金属和合金氧化过程中耦合扩散和迁移(也称为双极扩散)传质的瓦格纳理论。应用该理论由式(10.19)和 $n=1/2$ 得出高温氧化物的抛物线动力学行为。

首先,联立式(10.31)和式(10.41)得到 x 方向的总离子通量:

$$J_{x,i} = -\frac{\sigma_i}{(z_i e)^2}\left[\frac{d\mu_i}{dx} + (z_i e)\frac{d\varphi}{dx}\right] \tag{10.53}$$

式(10.53)代表了在化学势梯度 $d\mu_i/dx$ 和电位梯度 $d\varphi/dx$ 中,金属-氧反应体系中运动的粒子数量的条件。因此,这些梯度之间的关系说明了反应系统的离子通量中所体现的联系,在反应系统中,所有运动的物质都是带电粒子。因此,$d\mu_i/dx$ 和 $d\varphi/dx$ 都是离子通量 $J_{x,i}$ 的驱动力。所考虑的氧化系统由暴露在相对高温的气体环境中的纯金属组成。特别是纯金属和单一气相,如氧,定义了一个单变量系统,因为金属和气体反应形成单一相。

然而,如果材料是一种含有至少两种元素的合金,那么更活泼的元素首先氧化,其阳

离子与气相阴离子反应生成初始氧化物、硫化物、碳化物、氮化物等。合金中的其他元素随后可能反应形成其他表面化合物。因此，表面氧化皮可能是这些相的组合，这可以通过X射线衍射来识别，并通过扫描电子显微镜（SEM）来表示。

假设纯金属在氧化过程中，通过阳离子和阴离子的扩散以及电子的迁移形成单相氧化物。氧化物生长的理想原子传质要求带正电的阳离子和电子向外流动，带负电的阴离子向内流动。因此，$z_e = 1$ 时外向阳离子（$z_c J_c$）、内向阴离子（$z_a J_a$）和电子（$z_e J_e$）的离子通量平衡为

$$z_c J_c = z_a J_a + z_e J_e \tag{10.54}$$

这种关系直接来源于质量守恒，而质量守恒是传质的基础。其在离子通量平衡的处理中被简洁地表示出来。对于离子电中性，式（10.54）可以通过令 $J_a \approx 0$ 而进一步简化，并且通过式（10.53）和式（10.54）得到阳离子和电子的电位梯度。

$$\frac{d\varphi}{dx} = \frac{\sigma_e}{e(\sigma_c + \sigma_e)} \left[\frac{d\mu_e}{dx} - \frac{\sigma_c}{z_c \sigma_e} \frac{d\mu_c}{dx} \right] \tag{10.55}$$

$$\frac{d\varphi}{dx} = \left(\frac{t_e}{e} \right) \frac{d\mu_e}{dx} - \left(\frac{t_c}{z_c e} \right) \frac{d\mu_c}{dx} \tag{10.56}$$

将式（10.55）代入式（10.53）并令 $J_{x,i} = J_{x,c}$ 得到阳离子空位通量，其电导率更容易测量

$$J_{x,c} = -\frac{\sigma_c \sigma_e}{(z_c e)^2 (\sigma_c + \sigma_e)} \frac{d\mu}{dx} \tag{10.57}$$

$$J_{x,c} = -\frac{\sigma_c t_e}{(z_c e)^2} \frac{d\mu}{dx} \tag{10.58}$$

氧化皮上的化学势梯度描述为

$$\frac{d\mu}{dx} = \frac{d\mu_c}{dx} + z_c \frac{d\mu_e}{dx} \tag{10.59}$$

式中　$d\mu_c/dx$——阳离子的化学势梯度，$d\mu_c/dx < 0$；

$d\mu_e/dx$ ——电子的化学势梯度，$d\mu_e/dx < 0$。

由式（10.57）或式（10.58）给出的表达式表明：

①氧化皮传导离子和电子。

②中性物质的化学势梯度 $d\mu/dx$ 是氧化皮生长的驱动力。

③阳离子、阴离子和电子一起扩散以保持电荷中性。

④速率由最慢的扩散物质控制。

⑤如果 $\sigma_c = 0$ 或 $\sigma_e = 0$，那么 $J_{x,c} = 0$（消失）。

⑥如果 $\sigma_e \gg \sigma_c$ 且 $t_e \approx 1$，那么 $J_{x,c}$ 可能由电子穿过氧化皮的速度决定，氧化皮是电子导体。

⑦如果 $\sigma_c \gg \sigma_e$ 且 $t_c \approx 1$，则可以通过阳离子穿过氧化物垢（离子导体）的速率来确定 $J_{x,c}$。

对于一个简单的氧化反应（$M \rightleftharpoons M^{z+} + ze^-$），$\sigma_e \gg \sigma_c$ 且 $\sigma_e \approx 1$。因此，式（10.57）在整合后变为

$$J_{x,c} = -\frac{1}{x}\frac{\sigma}{(z_c e)^2}\int_{\mu_i}^{\mu_o}\mathrm{d}\mu \tag{10.60}$$

式中 μ_i——内部金属/氧化物化学势,J/mol;

μ_o——外部氧化气体化学势,J/mol。

此外,x 方向上的阳离子流穿过生长的氧化物层,阳离子通量 $J_{x,c}$ 变得取决于氧化物层的厚度生长速率 $\mathrm{d}x/\mathrm{d}t$。因此,$J_{x,c}$ 和 $\mathrm{d}x/\mathrm{d}t$(式 10.20)相关,如下所示:

$$J_{x,c} = c_c\frac{\mathrm{d}x}{\mathrm{d}t} \tag{10.61a}$$

$$J_{x,c} = nc_c K_x^n t^{n-1} \tag{10.61b}$$

式中 c_c——阳离子的浓度,mol/cm^3;

K_x——基本参数。

联立式(10.60)和式(10.61)得到

$$\frac{\mathrm{d}x}{\mathrm{d}t} = -\frac{1}{x}\left[\frac{\sigma_c}{(z_c e)^2 c_c}\int_{\mu_i}^{\mu_o}\mathrm{d}\mu\right] \tag{10.62}$$

对于氧压(p_{O_2})的变化,化学势梯度由吉布斯—迪昂方程给出:

$$\frac{\mathrm{d}\mu}{\mathrm{d}x} = -\frac{kT}{2}\mathrm{d}\ln\ p_{O_2} \tag{10.63}$$

将式(10.63)代入式(10.62)得到

$$\frac{\mathrm{d}x}{\mathrm{d}t} = \frac{1}{x}\left[\frac{kT\sigma_c}{2(z_c e)2c_c}\int\mathrm{d}\ln\ p_{O_2}\right] \tag{10.64}$$

但是,$\left[\dfrac{kT\sigma_c}{2(z_c e)2c_c}\displaystyle\int\mathrm{d}\ln\ p_{O_2}\right]$ 被定义为

$$K_r = \frac{kT\sigma_c}{2(z_c e)2c_c}\int_{P_i}^{P_o}\mathrm{d}\ln\ p_{O_2} \tag{10.65}$$

联立式(10.45)和式(10.65),且 $\sigma_i = \sigma_c$,得出

$$K_r = \frac{D_c}{2}\int_{p_i}^{p_o}\mathrm{d}\ln(p_{O_2}) = \frac{D_c}{2}\ln\frac{p_o}{p_i} \tag{10.66}$$

式中 p_i——氧内压;

p_o——氧外压。

并将式(10.66)代入式(10.64)中得到

$$\mathrm{d}x/\mathrm{d}t = K_r/x \tag{10.67}$$

对式(10.67)积分得到氧化物厚度的抛物线方程

$$x = \sqrt{K_x t} \tag{10.68}$$

式中 $K_x = 2K_r$。

10.7 本章小结

金属和合金在高温气体环境中的氧化形成了多孔的氧化皮,因此,材料增加了质量。在气体环境中经历高温氧化(HTO)的金属质量增加,而在水溶液中的金属质量减轻。因此,热气体中的 HTO 导致水溶液中的 HTO。对于前一种氧化过程,氧化皮充当电解液,

含氧气体是最常见的氧化环境,构成了电解液中的氧化过程。

氧化皮形成的特征是通过氧化动力学来表征的,如果氧化皮是多孔和非保护性的(PB<1),则氧化皮的质量增加作为加热时间的函数可能呈现线性行为,对于保护性和黏附性氧化皮(1≤PB≤2)则表现为抛物线或对数行为。菲克的扩散理论预测抛物线氧化的驱动力是扩散物质 i 的浓度梯度 dc_i/dx。理论扩散率是能斯特—爱因斯坦方程与离子迁移率相关的可测量的动力学参数。

尽管在氧化物半导体中,空位机制占主导地位,但扩散与电导率密切相关。这意味着阳离子和阴离子的扩散和迁移离子通量可由简化的能斯特—普朗克方程定义,该方程包括菲克稳态扩散方程或菲克第一扩散定律。如果氧化物的形成是通过这种双重机制发生的,即所谓的双极扩散,那么浓度梯度和电位梯度一起作为高温下这种离子过程的驱动力。然而,金属基底的热膨胀系数和氧化物的热膨胀系数可能不同,因此,可能发生氧化皮的剥落(分离),导致更多的金属氧化,进而产生危害。

下篇　新型石墨烯富锌涂层

　　本篇主要针对防腐涂层防护技术进行讨论。通常的海水腐蚀防护手段是采用多道涂层进行防护。底涂、中涂、面涂都有其各自不同的功能。上篇第8章讲到的阴极保护方法（牺牲阳极）在海洋腐蚀涂装工艺中经常被用到。在底涂工作中，经常使用锌粉作为牺牲阳极的阴极保护手段。针对底涂使用的各种添加剂，均围绕如何增加底涂的锌粉利用率展开大量工作。石墨烯作为涂层中最有潜质的底涂添加剂，增大了底涂锌粉的利用率，成为行业的关注焦点。将本课题组最新的研究成果进行整理归纳形成本篇。

第11章 富锌涂层

11.1 概　　述

富锌涂料(ZRP)是一种涂层材料,旨在改善结构件在海洋和盐碱环境中的抗腐蚀性能。本章研究选用两种不同比例的富锌涂料,分别为74%的ZRP和96%的ZRP。分析了不同类型ZRP在0.5 mol/L NaCl溶液中的性能。采用极化技术和电化学阻抗谱(EIS)研究了涂层样品的防腐性能。电化学测试结果表明,与74%的ZRP相比,96%的ZRP有较好的耐腐蚀性能。

热浸镀锌涂层在各个行业中已经应用了十多年。它不仅具有优良的防腐性能和耐久性,而且具有维护方便、经济效益高、材料环保等优点。但是,由于热浸镀锌涂层在大型结构上的应用受到限制,其已被ZRP替代。ZRP是用于保护钢材免受腐蚀的最有效的涂料之一。它们已经达到了与先进的涂层系统相结合的性能水平,在这种情况下,这些涂层系统可以被视为对几乎任何需要长期耐腐蚀性的环境的可行解决方案。Kalendova和Jagtap等研究了锌颗粒大小和形状对耐蚀涂层性能的影响。纪勋园研究了锌颗粒改性对耐腐蚀性能的影响。

19世纪90年代中期,为了提高有机涂层的可焊性,汽车工业提出了一种新的富锌涂层。在装配过程中,钢板在车身的某一结构上部分地连接在一起。这种搭接钢板很难用油漆或磷酸盐溶液处理,极易受到腐蚀。因此,为了防止腐蚀因素对该搭接区域的腐蚀,采用空腔喷蜡法对该区域进行密封处理。然而,这种方法导致了低生产率和高生产成本。因此有人提议用涂料预涂层钢板替代涂层金属的焊接,以克服这一问题。朱迪切等和阿哈迪等研究认为不同颜料体积浓度(PVC)下环氧底漆中锌的颗粒形状对临界颜料体积浓度(CPVC)的影响应小于1。然而,增加涂层中锌的浓度,会使薄膜的机械性能和渗透性能变弱。文献中明确指出,需要高浓度颜料以确保锌颜料和钢板之间良好的电接触,即通常获得65%及以上的锌体积分数(干膜质量分数大于90%)。

EIS是评价有机涂层防护性能和腐蚀防护机理的有力工具。根据测量结果,通过绘制波特模量,涂层的阻隔效应可以确定为其单位负斜率的给定直线(纯电容行为)。当溶液渗透穿过涂层,然后进行腐蚀安装时,阻抗模量偏离其直线。许多文献表明,当涂层的电阻率(低频阻抗)小于10^7 Ω·cm时,这种涂层没有保护作用。对于一个对电化学知识不太了解的涂料配方师来说,这种对电化学阻抗谱数据的解释可能会导致误解。在这种情况下,ZRP(在干膜上有大于90%的锌)具有优异的抗腐蚀性能。因此,上述限制低频阻抗仅适用于提供阻挡电阻的涂层。

EIS已被许多研究者用来研究ZRP的电化学性质。所得阻抗谱图是用等效电路模拟的,等效电路范围从基本的兰德斯型到高度复杂的传输线型电路,以说明涂层的孔隙率。通常 ZRP 表现出非常复杂的行为,有时用来检查是否达到渗漏。马尔凯比斯等的研究表明,应用 EIS 在环氧粉末涂料配方中加入质量分数 70%的锌(在干涂层上)不能达到防腐蚀所需的缝隙极限,因为锌在 70%以上的分散变得非常困难。甚至使用传输线等效电路也很好地模拟了复阻抗行为。大多数研究人员使用开路电压(OCP)测量或动电位极化测量来支持 EIS 数据。应用电化学工具来阐明锌含量对腐蚀机理和耐腐蚀性的影响仍然是不够的。

在本章研究中,使用电化学工具,如 EIS、开路电位测量和动电位极化测量等,对含有不同锌含量的商用环氧基锆进行研究;还研究了涂层对机械损伤的修复效率以及涂层厚度对这些涂层性能的影响;试图确定锌失去其牺牲特性的时间。

11.2　富锌涂层实验部分

11.2.1　样品准备

试样为纯铁(日本尼拉科公司),纯度为 99.5%,尺寸为 10 mm×20 mm×0.5 mm,用作金属基底。金属基底用砂纸打磨至♯1000。然后使用超声波浴用乙醇清洗磨损的金属基底,并在喷涂前干燥 15 min。按照制造商(日本原子涂料有限公司)的说明,将锌质量分数分别为 74%和 96%的商用氧化锆涂料涂覆到金属基材上,并在实验室的受控条件下于环境温度干燥 1~2 h。金属基底分别涂有 1 层、3 层和 5 层。涂漆区域的所有边缘和背面都用树脂密封,以避免在盐溶液中浸泡期间腐蚀金属基底的未保护区域。这些金属基材在测试前根据树脂供应商的要求对金属基底进行固化。电解液溶液使用的是 AR 级 NaCl(日本生产),并在蒸馏水中稀释至浓度达到 0.5 mol/L。

11.2.2　电极极化测量

使用 FRA5022 模型对涂层基底进行动电位极化测量。通过在正向和逆向施加 1.0 V 的电位来进行测量。0.5 mol/L NaCl 作为电解液介质,铂电极和 Ag/AgCl 分别作为对电极和参比电极。电化学测量在 20 mm² 的面积上进行。腐蚀电位(E_{corr})和腐蚀电流密度(i_{corr})由塔费尔图获得。腐蚀电位(E_{corr})或开路电位是金属与导电介质接触时要考虑的电位。腐蚀电位的值是通过腐蚀过程的半反应获得的。E_{corr} 是腐蚀系统的一个特征,与电化学设备无关。

11.2.3　EIS 测量

将电化学阻抗谱测量介质的介电特性作为频率函数。电化学阻抗谱也用于表征电化学系统。该方法测量系统在一定频率范围内的阻抗,从而阐明系统的频率响应,包括能量储存和转移行为。一般来说,电化学阻抗谱获得的数据以 Nyquist 图或波特图的形式显示。在本章研究中,使用恒电位仪(FRA5502)测量自由腐蚀电位 E_{corr} 和阻抗。通过施加 10 mV 的正弦电压,在开路电压下测量电化学阻抗,并且在 10 MHz~1 000 kHz 的频率范围内以每十年 10 步的频率记录光谱。所有的电化学测量都是在 0.5 mol/L 的 NaCl

溶液中在涂有不同厚度的金属基底上进行的。使用典型的三电极电池,涂覆的金属基底
(10 mm×20 mm×0.5 mm)作为工作电极,铂板作为反电极,Ag/AgCl 作为参比电极,
并将该装置放置在法拉第容器中。

11.3 富锌涂层结果和讨论

11.3.1 极化曲线结果

在 0.5 mol/L 氯化钠溶液中以 1.0 mV/s 的扫描速率在 25 ℃ 下对不同厚度的涂覆
金属基底进行极化。从图 11.1 中可以明显看出,所有涂层样品的腐蚀电位都比 96%
ZRP−5 情况下的标记值更为积极。结果表明,随着涂层厚度增加到 5 层,涂层的腐蚀电
流密度 i_{corr} 值逐渐减小,96%ZRP 的 i_{corr} 值最低。

关于锌含量,涂有 96%ZRP 的样品具有最负的 E_{corr} 值。例如,相对于 Ag/AgCl,
74%ZRP 显示出−0.45 V 的腐蚀电位,这表明 74%ZRP 对电化学腐蚀是惰性的,与相对
于 Ag/AgCl 具有−0.76 V E_{corr} 值的 96%ZRP 涂覆的样品相比,其具有良好的阻挡效果
而不是电偶保护。

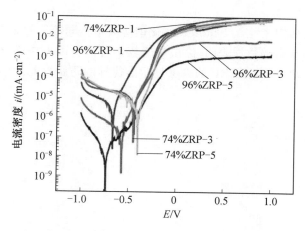

图 11.1 在 0.5 mol/L 氯化钠溶液中富锌涂层样品极化曲线

1,3,5—涂层层数

11.3.2 EIS 测量

电化学阻抗谱测量用于测定不同厚度富锌涂层钢在氯化钠溶液中的腐蚀降解。图
11.2 所示为涂有 74%ZRP 的样品的 Nyquist 图。当涂层厚度增加时,半圆的直径减小,
阻抗值分别降至 12.0 kΩ·cm²、6.0 kΩ·cm² 和 4 kΩ·cm²。对于涂有 96%ZRP 的样品
也可以观察到相同的变化趋势。96%ZRP−1 和 96%ZRP−3 的低频阻抗由 10 kΩ·cm²
的数量级下降到 0.35 kΩ·cm²。然而,对于涂有 96%ZRP 的样品,半圆的演化与涂有
74%ZRP 的样品相比有显著变化。这表明 96%ZRP 提供了更好的电流保护效率。

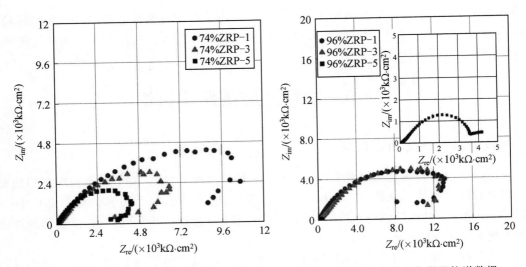

图 11.2 74％ZRP 和 96％ZRP 样品浸泡在 0.5 mol/L 氯化钠溶液中的电化学阻抗谱数据

11.4 本章小结

用电化学方法研究了在 0.5 mol/L 氯化钠溶液中不同数量的涂层的防腐效果。从电化学阻抗谱测量中获得的数据表明，涂层厚度较小且涂料配方中锌含量较低的涂层的防腐能力更差。相比之下，96％ZRP 的涂层显示出优异的防腐性能。

第 12 章　石墨烯富锌涂层

12.1　研究背景及意义

防腐涂料施工简单方便,耐腐蚀效果明显,对大型构件如船舶船身等的防腐蚀保护具有巨大的优势,是金属表层防护中最经济有效的手段。油性防腐涂料发展相对成熟,防腐效果显著,但是随着国家规划明确提出建设资源节约型和环境友好型社会的要求,油性涂料因具有易挥发性有机物对环境的不利影响而逐渐不能满足社会的需求。具备低挥发性的水性涂料应运而生,但防腐效果不及油性涂料,因此开发一种具有高效防腐性能、环保节约型涂料具有十分重要的意义。

石墨烯作为一种新型的碳质材料,其特有的结构使其表现出优越的物理、化学性能,逐渐成为材料科学等领域的研究前沿,也受到了防腐领域的广泛关注,具有广阔的应用前景。石墨烯在涂料中的分散稳定性越优异,该涂料的性能越出色,这表明了石墨烯在涂料中的应用仍有巨大的提升空间。故开展石墨烯改性的研究,改善其在基体中的分散性,提高涂料的性能,对促进石墨烯涂料产业的发展,具有十分重要的工程意义。

12.2　石墨烯概述

12.2.1　石墨烯

如图 12.1 所示,石墨烯是由碳六元环组成的二维(2D)周期蜂窝状点阵结构,它可以翘曲成零维(0D)的富勒烯(fullerene),卷成一维(1D)的碳纳米管(Carbon Nano-Tube,CNT)或者堆垛成三维(3D)的石墨(graphite),因此石墨烯是构成其他石墨材料的基本单元。

利用石墨烯加入电池电极材料中可以大大提高充电效率,并且提高电池容量,有效降低成本和对环境的影响;石墨烯的特性尤其适合于高频电路,甚至作为硅的替代品,用来生产未来的超级计算机;IBM 的一个研究小组首次披露了他们研制的石墨烯光电探测器,接下来人们要期待的就是基于石墨烯的太阳能电池和液晶显示屏;科学家还通过在二层石墨烯之间生成的强电子结合控制噪声等。

石墨烯还可以应用于晶体管、触摸屏、基因测序、生物传感器等领域,同时有望帮助物理学家在量子物理学研究领域取得新突破。科研人员发现细菌的细胞在石墨烯上无法生长,而人类细胞却不会受损。利用这一点,可以用石墨烯来做绷带、食品包装甚至抗菌 T恤;用石墨烯做的光电化学电池可以取代基于金属的有机发光二极管;石墨烯还可以取代灯具中的传统金属石墨电极,更易于回收;其还可以用来开发制造出纸片般薄的超轻型飞

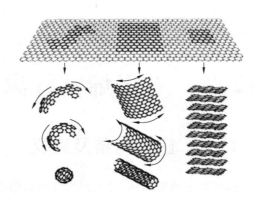

图 12.1 石墨烯、富勒烯、碳纳米管和石墨的结构

机材料和超坚韧的防弹衣。

12.2.2 石墨烯的制备

1. 机械剥离法

机械剥离法是利用物体与石墨烯之间的摩擦和相对运动,得到石墨烯薄层材料的方法。这种方法操作简单,得到的石墨烯通常保持着完整的晶体结构。

2. 化学气相沉积法

化学气相沉积法(CVD)是使用含碳有机气体为原料进行气相沉积制得石墨烯薄膜的方法。这是目前生产石墨烯薄膜最有效的方法。这种方法制备的石墨烯具有面积大和质量高的特点,但现阶段成本较高,工艺条件还需进一步完善。由于石墨烯薄膜很薄,因此大面积的石墨烯薄膜无法单独使用,必须附着在宏观器件中才有使用价值,如触摸屏、加热器件等。

3. SiC 外延法

SiC 外延法是指在超高真空的高温环境下,使硅原子升华脱离材料,剩下的 C 原子通过自组形式重构,从而得到基于 SiC 衬底的石墨烯。通过这种方法可以获得高质量的石墨烯,但对设备要求较高。

4. Hummers 法

通过 Hummers 法制备氧化石墨;将氧化石墨放入水中超声分散,形成均匀分散、质量浓度为 0.25~1 g/L 的氧化石墨烯(Graphene Oxide,GO)溶液,再向所述的氧化石墨烯溶液中滴加质量分数为 28% 的氨水;将还原剂溶于水中,形成质量浓度为 0.25~2 g/L 的水溶液;将配制的氧化石墨烯溶液和还原剂水溶液混合均匀,将所得混合溶液置于油浴条件下搅拌,反应完毕后,将混合物过滤洗涤、烘干后得到石墨烯。

5. 氧化还原法

氧化还原法是通过使用硫酸、硝酸等化学试剂及高锰酸钾、过氧化氢等氧化剂将天然石墨氧化,增大石墨层之间的间距,在石墨层与层之间插入氧化物,制得氧化石墨。然后将反应物进行水洗,并对洗净后的固体进行低温干燥,制得氧化石墨粉体。通过物理剥离、高温膨胀等方法对氧化石墨粉体进行剥离,制得氧化石墨烯。最后通过化学法将氧化石墨烯还原,得到还原氧化石墨烯(rGO)。这种方法操作简单,产量高,但是产品质量较低。氧化还原法使用硫酸、硝酸等强酸,存在较大的危险性,又须使用大量的水进行清洗,带来较大的环境污染。

6. 溶剂剥离法

溶剂剥离法的原理是把少量的石墨分散于溶剂中,形成低浓度的分散液,利用超声波的作用破坏石墨层间的范德瓦耳斯力,此时溶剂可以插入石墨层间,进行层层剥离,制备出石墨烯。此方法不会像氧化还原法那样破坏石墨烯的结构,可以制备高质量的石墨烯。缺点是产率很低。

7. 溶剂热法

溶剂热法是指在特制的密闭反应器(高压釜)中,采用有机溶剂作为反应介质,通过将反应体系加热至临界温度(或接近临界温度),使其在反应体系中自身产生高压而进行材料制备的一种有效方法。溶剂热法解决了规模化制备石墨烯的问题,同时也带来了电导率很低的负面影响。

8. 取向附生法

取向附生法是利用生长基质原子结构"种"出石墨烯,首先让碳原子在 1 150 ℃下渗入钌,然后冷却至 850 ℃后,之前吸收的大量碳原子就会浮到钌表面,最终镜片形状的单层的碳原子会长成一层完整的石墨烯。第一层覆盖后,第二层开始生长。底层的石墨烯会与钌产生强烈的相互作用,而第二层后就几乎与钌完全分离,只剩下弱电耦合。但采用这种方法生产的石墨烯薄片往往厚度不均匀,且石墨烯和基质之间的黏合会影响碳层的特性。

12.2.3 石墨烯的改性方法

1. 水热法

通过 Hummers 法制备得到氧化石墨,通过水热法实现了石墨烯的制备与二氧化钛的负载,得到产物可用于去除废水中污染物;薛婷婷等在 2017 年通过水热法成功合成了 CeO_2-rG 已还原的石墨烯。研究表明 CeO_2-rG 杂化光催化剂对氨氮降解和环境保护具有潜在的应用价值;用水热法制备了氧化镁/石墨烯的复合材料,得出结论为含 10% 石墨烯的复合材料中的 MgO 颗粒形状规则、粒径较小、结晶性好、结晶度高;王莹等采用加热改性剂方法制备的稀土改性氧化石墨烯的分散性良好。

2. 水解法

廖先杰等在 2017 年以氧化石墨烯和工业钛液为原料,采用直接水解法制备出了二氧化钛—石墨烯复合材料,并对其性能进行了测试分析研究,探索了优化制备工艺条件。

3. 共沉淀法

金鑫等在 2016 年通过共沉淀法制备了石墨烯—氧化镍杂化物,并复合了二氧化钛纳米管,得到了一种可很好协同阻燃的材料。石墨烯—氧化镍杂化物和二氧化钛纳米管的协同添加对环氧树脂纳米复合材料的热分解温度影响不大,却可以提高残炭量,且能够降低最大质量损失速率,表明纳米材料的添加能够提高环氧树脂材料的热稳定性。

12.3　石墨烯的涂料应用

石墨烯众多杰出的物理及化学特性使其在能源、电子器件、催化、涂料等领域得到广泛的应用。如 Luan 等以氟化石墨烯作为阳极制备的锂离子电池,在 1 000 次循环的高倍率(5 A/g)充放电下,其循环稳定性超过 91%。这种高能量功率锂离子电池可极大地促进新能源汽车动力电池行业的发展。石墨烯电化学储能材料还可作为电容器电极材料。以石墨烯复合材料作为电极的电容器在 0.5 A/g 的电流密度下实现了 472 F/g 的最高比电容,远高于常规电容器,有望成为下一代超级电容器电极材料。石墨烯还应用在有机污染物降解领域中,Shi 等将石墨烯与 Fe_3O_4 纳米粒子结合作为有机催化剂,可在短时间内快速降解有机染料亚甲基蓝,并且可多次回收重复降解,有效降解率仍保持在 62% 内,实现了对环境的绿色降解。

由于石墨烯具有二维片层结构和巨大的比表面积,以及优异的导电性能,较高的化学稳定性和疏水性,因此其在导电涂料、防腐涂料等功能性涂料领域得到密切关注及应用研究,具有非常广阔的应用前景(图 12.2)。

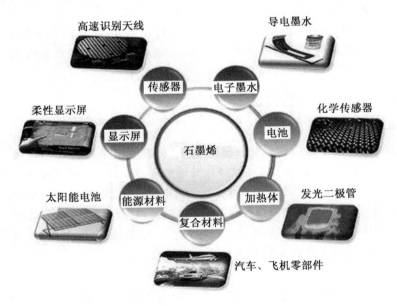

图 12.2　石墨烯的众多应用

12.3.1　导电涂料

导电涂料一般分为本征型导电涂料和增添型导电涂料,增添型导电涂料通常选择金属粉末作为导电物质,但是金属粉末密度大,活泼性高易腐蚀。而石墨烯质量极轻,导电性能良好,稳定性高,是替代金属粉末的最佳选择之一。Felix 等将制备得到的多层石墨纳米片作为碳/环氧喷涂涂料的导电纳米填料。当石墨烯添加量(质量分数,下同)为 40% 时,涂层电导率可达到 0.09 S/cm,而同样添加量的铝薄片涂层电导率仅为

4×10^{-12} S/cm,并且在耐冲击性能测试中,石墨烯涂层可承受钢球 100 cm 高度的下落冲击;纯环氧(EP)涂层仅能承受 25 cm 高度冲击。在石油储存设施中,静电电荷的产生积累会对安全生产造成严重威胁。导电涂料则可有效避免静电问题。Yang 等将石墨纳米片和氧化锑锡粉(ATO)加入涂料中,制备了一种新型导电及防腐蚀的复合环氧涂料,用于保护储油罐和输油管道。向 ATO/EP 涂料中引入石墨烯后,涂层表面电导率得到明显提高,当石墨烯添加量为 0.3%时,涂层表面电阻率降低至原来的 1/10,同时 ATO 的添加量仅需要 15.4%。而且纯环氧涂层在质量分数为 3.5%的 NaCl 溶液中浸泡 87 天后即失效,石墨烯优异的物理阻隔作用使得复合涂层在浸泡 144 天后仍表现出优异的防腐性能。针对石墨烯环氧涂层制备耗时耗能的问题,Moghaddam 等提出了一种制备石墨烯导电环氧涂料的简便方法。先制备高度分散的少层氧化石墨烯分散体,再加入环氧涂料中轻度磁力搅拌,待固化后在 225 ℃下将氧化石墨烯原位还原成石墨烯得到复合涂层。由于石墨烯可在环氧中形成有效的三维导电网络,如图 12.3 所示,该导电涂层在石墨烯添加量为 1.5%时可得到 0.5 S/m 的高电导率值。

直接接触电子导体　　　　固化热还原　　　　电子跃迁导电
　　　　　　　　　石墨烯－环氧涂料

水性环氧乳液　　　　石墨烯－环氧树脂在水中的分散

图 12.3　石墨烯环氧涂料导电机制示意图

12.3.2　导热涂料

金属材料通常具有很高的热导率,制成的金属薄膜被广泛应用于解决电子元件的散热问题,然而金属材料密度大、质量高等特点阻碍了部件小型化的发展,且在腐蚀环境中易被腐蚀,造成散热失效。为满足部件日益小型化,复杂工作环境的需求,新型高效导热且对部件具有保护性的涂层成为目前研究的重点。为提高导热涂层的性能则需要采用高热导率的功能填料,石墨烯碳原子之间蜂窝晶格排列方式以及单层片状结构使其具有优异的导热性能,其热导率高达 5 000 W/(m·K),而且石墨烯质量极轻、厚度小的特性可有效减小涂层的厚度并降低涂层的电阻,进一步提高部件的散热效率。Chen 等利用石墨烯涂层涂覆在防/除冰部件上,以提高部件的导热性来降低冰对直升机旋翼的影响。结果表明,防/除冰部件中产生的热量通过石墨烯涂层有效传递至表面,其最高温度与原部件相比提高了 3 ℃以上,从而加速了转子表面的冰融化,改善了防冰和除冰性能。Tong 等研究了石墨烯涂层涂覆在两相闭式热虹吸管(TPCT)中的作用。石墨烯的高导热以及快速透水性能加速了管中水的蒸发及循环过程。当石墨烯涂层厚度为 33 μm 时,TPCT 最大有效导热率提高了 80.7%且蒸发传热系数提高了 116.3%。Chen 等将还原氧化石墨烯(rGO)应用于玻璃荧光粉(PiG)中提高大功率 LED 的散热能力,图 12.4 所示为 PiG 和还原氧化石墨烯应用于玻璃荧光粉(PiG@rGO)的整体加热和冷却曲线。从 150 ℃到室温冷却过程中,rGO@PiG 相比于 PiG 冷却时间缩短了 40%,热导率测试结果显示,PiG 的热导率仅为 0.34 W/(m·K),而 rGO@PiG 热导率显著增加到 11.2 W/(m·K),良好的散热性将使大功率 LED 具有更低的工作温度,改善高功率下激发的稳定性。Prolongo 等对比研究了石墨烯及碳纳米管环氧涂料的自热效应。导电填料因通过电流形成焦耳效应而产生自热。由于石墨烯的热导率(约 5 000 W/(m·K))高于碳纳米管的热导率(约 3 000 W/(m·K)),对两种类型填料施加电压加热到相同温度后,发现石墨烯复合材料的热量分布区域相比于碳纳米管更为均匀。

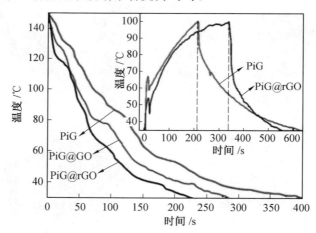

图 12.4　玻璃荧光粉(PiG)、PiG@GO 和 PiG@rGO 的冷却曲线

12.3.3　防腐涂料

防腐涂料是目前金属腐蚀防护领域中最常用的一种高效简便的方法。

石墨烯对腐蚀介质水分子、氧气、氯离子等具有较强的抗渗透性,可显著增强涂层物理阻隔性能,被认为是一种较为理想的防腐填料,在防腐领域的应用得到迅速发展。Li 等以水性聚氨酯(PU)作为基质,加入还原氧化石墨烯制备复合涂料。Liu 等将石墨烯加入到水性环氧涂料(E—44)中,研究了石墨烯对环氧涂料防腐性能的影响。石墨烯在涂料中对水分子表现出优异的阻隔性能,从而增强了涂料的耐腐蚀性。

石墨烯的良好分散是制备防腐性能优异涂料的关键因素之一。然而石墨烯在聚合物基质中易团聚的缺点使其不能完全发挥阻隔增强剂的作用,因而常常通过对石墨烯进行修饰改性,提高石墨烯的分散能力,继而改善涂料的防腐性能。

Chen 等将二硫化钼(MoS₂)纳米颗粒均匀负载在 GO 表面上制备了 MoS₂—rGO 复合材料以及 MoS₂—rGO/环氧复合涂层。Cui 等利用亲水性聚多巴胺(PDA)修饰 GO 来提高 GO 在乙醇中的分散性并将 GO—PDA 嵌入水性环氧基质中制备复合涂料 GO—PDA/EP。GO—PDA 在 EP 基体中的均匀掺入极大提高了涂层的致密性,因此抑制了腐蚀性介质的渗透,如图 12.5 所示。

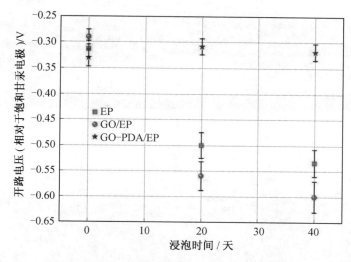

图 12.5 在 3.5%NaCl 溶液浸泡下,不同涂层/钢体系的 OCP 值的变化

石墨烯作为涂层的阻隔纳米填料有很大的优势,但是石墨烯的高稳定性使其呈一定化学惰性状态,其腐蚀电位比一般金属基底如铁基等偏高。有研究显示,一旦石墨烯涂层存在缺陷,石墨烯与金属基底接触会形成电耦合,且石墨烯的高导电性使得石墨烯充当腐蚀原电池的阴极,而金属基底充当腐蚀原电池的阳极,反而会促进基底的加速腐蚀。为避免腐蚀加速,充分应用石墨烯优异的屏蔽性能,可在石墨烯与基底之间嵌入绝缘材料,阻断二者之间的电流接触。

Ding 等利用呋喃环氧化物单体(FdE)通过 Diels—Alder 反应对石墨烯改性,制备了"钝化"石墨烯复合材料 FmG 以及复合环氧涂层,如图 12.6 所示,"0.5"代表添加量0.5%。

Sun 等对此提出了一种用绝缘材料包覆石墨烯,抑制石墨烯腐蚀促进活性的方法。另一种制备抑制石墨烯腐蚀促进活性的方法基于 3—氨丙基—三乙氧基硅烷(APTES)与 GO 的共价相互作用,将 APTES 接枝到 GO 表面合成了 rGO/APTES 复合材料。以rGO/APTES 为填料的涂层的保护性能得到大幅提高。

在石墨烯防腐涂料中,解决石墨烯促进基底加速腐蚀的另一种方法就是向涂料中添

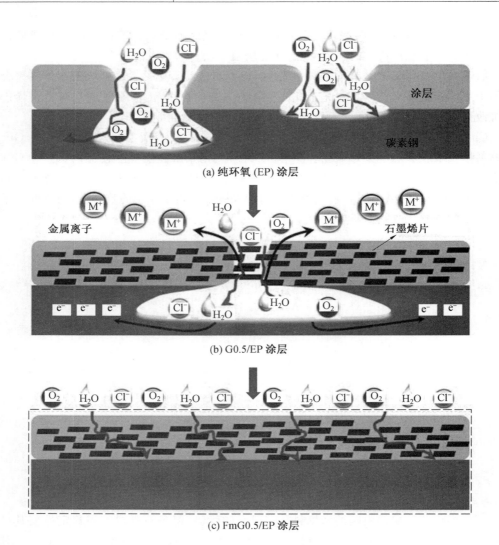

图 12.6　腐蚀机制示意图

加腐蚀电位比基底更低的填料，即锌粉颗粒等，即富锌防腐涂料。在富锌防腐涂料中，只有锌粉含量超过 80％时，锌粉之间才会达到紧密接触，而且仅有 20％～30％的锌粉起到阴极保护作用而被消耗，其余的则是作为电子传导的媒介。当部分锌粉被消耗变成氧化物时，电子传导路径受到阻断，其余锌粉则无法发挥阴极保护作用而导致涂料失效。此时，石墨烯的高导电性由劣势转变为巨大的优势，石墨烯则可替代部分锌粉作为导电桥梁，且石墨烯的片状结构使得在锌粉变成腐蚀产物时也不影响其余锌粉继续参与阳极反应。

　　Cheng 等研究了不同含量的锌粉以及石墨烯对水性无机硅酸钾涂料耐蚀性的影响。Cao 等研究了石墨烯增强锌基腐蚀防护的影响。对盐雾的试验分析表明，当涂层中锌粉质量分数较低（10％）时，锌粉无法实现牺牲阳极的作用，当质量分数提高到 40％～70％时，足量的锌粉与石墨烯可形成均匀的 Zn－GNP－Zn 导电网络，从而实现对基底的保护。另外,对涂层开路电压分析发现,与质量分数为40％锌粉含量相比,锌粉质量分数提高到70％,并未明显提高涂层的防护性能,这是由于过量的锌粉消耗产生的腐蚀产物造成涂层阻抗增加,降低了相邻锌粉之间的导电性。该研究证明了石墨烯增强富锌涂料的性能取决于锌粉的含量。

氧化石墨烯具有大量的含氧官能团,因而导电性较差,在富锌涂料中未能有效搭建导电通道,不能显著改善富锌涂料性能。故通过改性氧化石墨烯增加其导电性。Ramezanzadeh等通过苯胺的原位聚合将高结晶性和导电性的聚苯胺(PANI)纳米纤维沉积在GO表面制备GO－PANI复合材料。PANI的电导率为(70 ± 10) S/m,由于构建了共同的导电路径,复合材料的电导率提高到(530 ± 40) S/m,由该复合材料制备的富锌涂层在3.5％NaCl溶液中浸泡80天后,OCP测试结果显示仍处于阴极保护状态,纯富锌涂层在50天后便失去作用。并且在盐雾实验测试中,GO－PANI/富锌涂层在暴露2 000 h后仍未失效,说明改性后的石墨烯导电性的提高加强了锌粉间的电接触,增强了锌粉的消耗,延长了阴极保护时间,从而延长了涂层使用寿命。图12.7所示为富锌涂层导电机理。

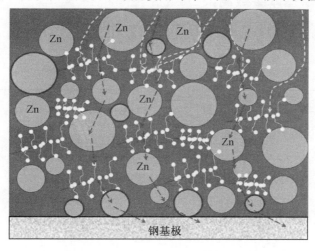

图12.7 GO－PANI在富锌涂层中的影响机制示意图

12.3.4 其他涂料

除了上述几种常用涂料外,石墨烯还被应用于其他功能性涂料。Luo等合成了基于阳离子还原的氧化石墨烯(rGO－ID＋),通过电沉积法将rGO－ID＋掺入环氧涂料中制备了抗菌活性型涂料。Chen等将改性后的功能化氧化石墨烯(FGO)加入到水性环氧树脂中制备了膨胀型阻燃涂层(IFR)。一旦暴露于火中,涂层发生膨胀,石墨烯与阻燃剂结合可形成致密的炭层密闭空间,阻止热量和氧气渗透到易燃区,为木材提高防火保护,图12.8所示为石墨膨胀产生的热阻原理。Zhang等将磺化还原后的低缺陷氧化石墨烯(S－rLGO)与水性胶乳混合制备了电磁干扰屏蔽(EMI)涂料。还原后的氧化石墨烯电导率的提高增强了电磁波的反射损耗。

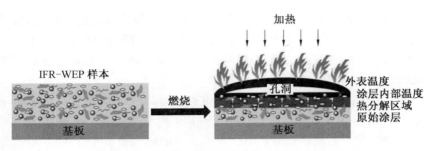

图 12.8　FGO 对膨胀型炭层形成的作用机制示意图

WEP—外表面环氧树脂涂层

12.4　石墨烯富锌环氧底涂层

12.4.1　涂层基本参数测试

1. 基本参数测试

(1)表 12.1 为涂层基本参数测试结果。

表 12.1　涂层基本参数

名称	固态颗粒沉降时间/h	表干时间/min	全干时间/h
0.2%G①	>1	30	24
0.5%G	>1	30	24
1%G	>1	25	24
1.5%G	>1	25	24
2%G	>1	25	24
70%Zn①(球状)	>1	20	24
70%Zn(片状)	<1	20	24

注:①0.2%G 代表试样中石墨烯质量分数为 0.2%,70%Zn 代表试样中锌质量分数为 70%,以此类推。

　　由测试结果可以看出,0.2%G、0.5%G、1%G、1.5%G、2%G、70%Zn(球状)的涂料沉降时间均在 1 h 以上,有较好的施工性,便于涂料进行刷涂、喷涂等施工,而 70%Zn 的片状锌粉,鼓泡现象较为明显,在本体系中沉降时间太短,真空处理 1 h 后,出现大量锌粉沉底的情况,使涂料品质不均一,故在后续试验中,均使用球状锌粉。

2. 漆膜厚度及密度测试

　　重防腐涂料底漆厚度要求为 60~80 μm,为保证涂膜厚度达到要求,对漆膜进行厚度表征。第一批盐雾测试试样厚度由五点测试法通过涂镀层测厚仪测得,见表 12.2。

表 12.2　第一批盐雾试验(石墨烯 A)测试厚度　　　　　　　　　　　μm

名称	五点测试法测漆膜厚度					平均厚度
70%Zn	74.1	75.8	72	71.3	72.1	73.06
0.5%G+30%Zn	70.1	67.1	75.6	77.3	65.8	71.18
1%G+30%Zn	80.5	67.8	69.4	67.8	63	69.7
1.5%G+30%Zn	71.9	65.2	64.8	59.7	68.2	65.96

　　第一批盐雾试验试样的厚度在(70±5) μm 的厚度区间内,均在重防腐涂料所要求的 60～80 μm 范围内,除 1.5%G 试样略薄外,其他三组厚度相近。

　　第二批盐雾试验试样除用五点测试法测试漆膜厚度外,还对漆膜的质量、漆膜的密度进行记录,见表 12.3。

表 12.3　第二批盐雾试验(石墨烯 B)厚度及密度

名称	厚度/μm	膜质量/g	膜密度/(g·cm^{-3})
70%Zn	63.18	3.8	5.74
0.5G%+30%Zn	65.02	1.82	2.67
1G%+30%Zn	61.94	1.84	2.83
1%G 微片(浆料)+30%Zn	65.62	1.72	2.48
1.5G%+30%Zn	63.16	2.12	3.2
2G%+30%Zn	62	2.15	3.31

　　第二批试样的厚度在(65±3) μm 厚度范围内,厚度相近,较为均一。

3. 漆膜硬度测试

对制好的试样进行硬度测定,所得结果如图 12.9 和表 12.4 所示。

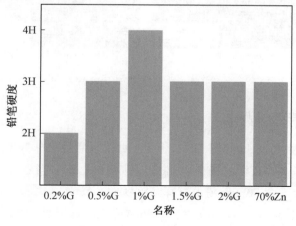

图 12.9　漆膜铅笔硬度

表 12.4　漆膜铅笔硬度

名称	0.2%G	0.5%G	1%G	1.5G%	2%G	70%Zn
铅笔硬度	2H	3H	4H	3H	3H	3H

通过石墨烯含量的变化,可以看出石墨烯添加量增多会使漆膜的硬度上升,在石墨烯添加量为 1%时,漆膜硬度最高,为 4H,当石墨烯添加量增大至 1.5%～2%时,漆膜的硬度下降。可以看出,当石墨烯的添加量低于 1%或高于 1%时,漆膜的硬度变化不大;当石墨烯添加量为 1%时,其在漆膜内部分散较好,故对漆膜整体力学性能提升较大;当石墨烯的添加量高于 1%时,其在漆膜内部发生团聚,引起缺陷,导致力学性能提升不明显。

4. 漆膜附着力测试

按照漆膜划格试验的相关标准规定进行漆膜的附着力测定。经过测试之后,六组样品的漆膜的附着力等级均为 0 级(如图 12.10 所示),附着力性能良好。

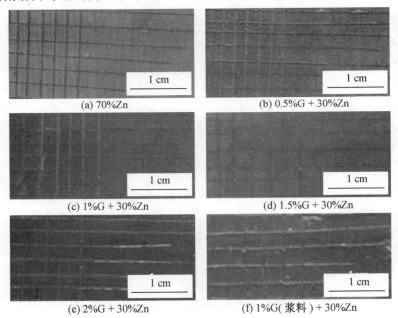

(a) 70%Zn　　　　　　　　　　(b) 0.5%G + 30%Zn

(c) 1%G + 30%Zn　　　　　　　(d) 1.5%G + 30%Zn

(e) 2%G + 30%Zn　　　　　　　(f) 1%G(浆料) + 30%Zn

图 12.10　漆膜附着力测试

12.4.2　交流阻抗测试

进行交流阻抗测试表征,如图 12.11 所示,测试结果表明石墨烯的加入能明显提高涂料的极化电阻大小,富锌试样的极化电阻为 18.5 kΩ·cm²,当石墨烯的添加量为 0.5%时,涂料极化电阻大于含 70%锌粉的试样,为 41 kΩ·cm²。当石墨烯的添加量为 1%时涂料中的极化电阻最大,最不易发生腐蚀,1%试样极化电阻大于 1.5%试样、2%试样,为 360 kΩ·cm²。1%石墨烯微片的极化电阻大于含 0.5%、1.5%、2%石墨烯粉体的试样,为 325 kΩ·cm²,也符合盐雾测试结果。

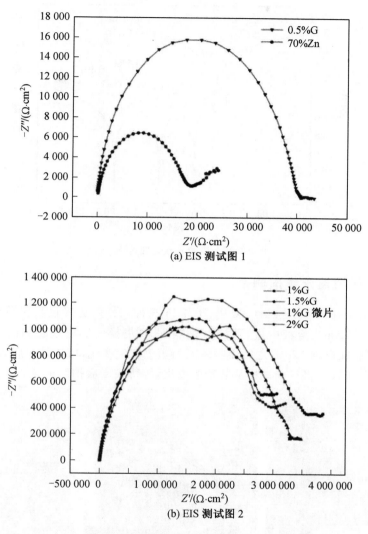

(a) EIS 测试图 1

(b) EIS 测试图 2

图 12.11　不同石墨烯含量的 Nyquist 图

12.4.3　塔费尔极化曲线测试

进行塔费尔极化曲线测试,如图 12.12 所示,测试结果表明石墨烯加入后,各组试样的腐蚀电流均减小。含 2% 石墨烯的涂料的腐蚀电流最小,为 3.16×10^{-5} μA,腐蚀电位为 -341 mV。其次为含 1% 石墨烯的涂料的腐蚀电流,为 6.31×10^{-5} μA,腐蚀电位为 -583 mV。对照组富锌试样的腐蚀电流为 1.58×10^{-2} μA,腐蚀电位为 -600 mV;含石墨烯微片(浆料)的试样的腐蚀电流为 5.75×10^{-4} μA,腐蚀电位为 -649 mV。其余各组试样的腐蚀电流小于富锌试样,说明石墨烯加入后,腐蚀难以发生。

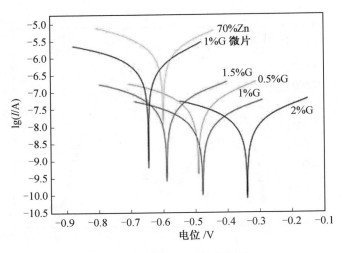

图 12.12 塔费尔极化曲线图

12.4.4 模拟海水浸泡测试

将制得的 1％G(10 μm)、1％G 微片、70％Zn 三种试样的边缘进行包覆处理后,放入质量分数为 3.5％NaCl 溶液中进行浸泡,每隔 48 h 更换一次溶液。如图 12.13 所示,(a)、(b)两图实验在浸泡 720 h 之后漆膜表面的颜色发生变化,应该是漆膜表面的锌粉发生反应生成锌白所致。将三个试样从装置中取出,等待表干后拍照记录。

| (a) 1％G | (b) 含 1％G（微片） | (c) 70％Zn |

图 12.13 模拟海水浸泡测试

浸泡 720 h 后,各试样表面均未出现锈蚀情况,其中图 12.14(a)、(b)两试样表面的颜色发生变化,表面出现微小的颗粒状固体,图 12.14(c)试样表面出现锌白。富锌试样的表面锌白明显多于前两者,在表面形成小的颗粒状固体分布于整个试样的表面。

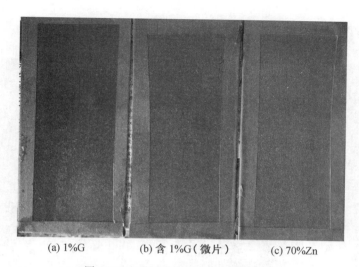

(a) 1%G   (b) 含 1%G（微片）   (c) 70%Zn

图 12.14　海水浸泡测试后试样表面

12.4.5　中性盐雾测试

第一批中性盐雾测试中，所使用石墨烯为 20 μm 片径石墨烯，制得的试样分别为 70%Zn 试样、0.5%G+30%Zn 试样、1%G+30%Zn 试样、1.5%G+30%Zn 试样，如图 12.15 所示。在制样完毕后，用胶带对试样边缘进行包覆，对涂层表面进行划伤处理后放入盐雾箱进行中性盐雾测试共 720 h。

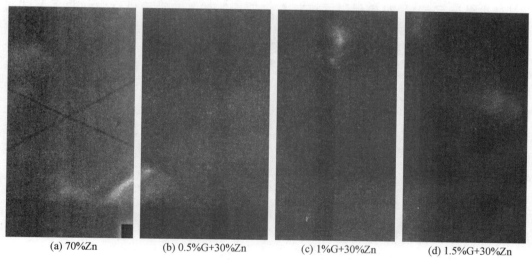

(a) 70%Zn   (b) 0.5%G+30%Zn   (c) 1%G+30%Zn   (d) 1.5%G+30%Zn

图 12.15　第一批试样盐雾测试（开始）

由第一批盐雾测试结果（图 12.16）看出，70%Zn 的试样表面出现大量"白锈"，即碱式碳酸锌，漆膜起泡和脱落现象较为严重，漆膜的机械性能变差，锈点较多。0.5%G 的试样出现锈蚀，漆膜表面的脱落和起泡现象少于 70%Zn 的试样。通过 0.5%G 到 1%G 的试样对比可以发现，腐蚀情况在减轻，并且漆膜表面的机械性能在变好。1.5%G 的试样腐蚀较前两者更严重，原因可能是石墨烯的量增多导致石墨烯发生团聚。由四个试样的对比可以看出,加入石墨烯后,涂料的防腐蚀性能和机械性能明显加强,并且石墨烯的添加量在 0.5％～1％时的防腐性能最好。

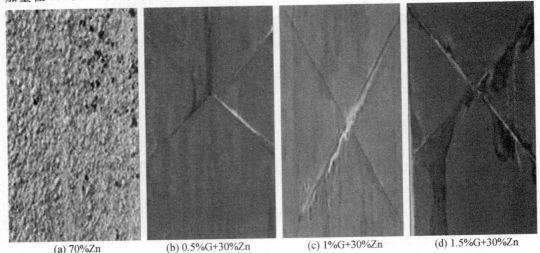

(a) 70%Zn (b) 0.5%G+30%Zn (c) 1%G+30%Zn (d) 1.5%G+30%Zn

图 12.16　第一批试样盐雾测试结束(720 h)

第二批中性盐雾测试中,所使用石墨烯为 10 μm 片径石墨烯,制得的试样分别为70％Zn 试样、0.5％G＋30％Zn 试样、1％G＋30％Zn 试样、1.5％G＋30％Zn 试样、2％G＋30％Zn试样、1％G 微片＋30％Zn 试样,如图 12.17 所示。在制样完毕后,用胶带对试样边缘进行包覆,对涂层表面进行划伤处理后放入盐雾箱进行中性盐雾测试共720 h。

由第二批盐雾测试结果看出,含有 70％锌粉的试样在划痕处产生"白锈",其余部分漆膜表面未见明显锈蚀,加入石墨烯的各试样划痕处均发生不同程度的锈蚀,其中,石墨烯添加量为 0.5％的试样腐蚀情况最为严重,其次为 2％G 的试样,两者的腐蚀均已出现在划痕之外(图 12.18(b)、(e)),1％G 和 1.5％G 的试样腐蚀情况最轻,腐蚀只在划痕处和划痕附近出现,其余部位均未出现漆膜腐蚀、起泡等失效现象。加入石墨烯微片的对比试样盐雾测试结果最好,腐蚀只出现在划痕处,并且其余部分漆膜表面质量良好,未出现腐蚀和起泡现象。

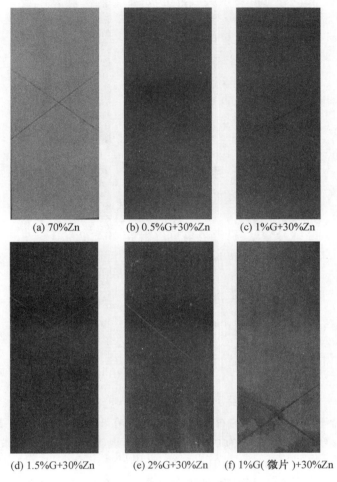

(a) 70%Zn   (b) 0.5%G+30%Zn   (c) 1%G+30%Zn

(d) 1.5%G+30%Zn   (e) 2%G+30%Zn   (f) 1%G(微片)+30%Zn

图 12.17 第二批盐雾测试开始

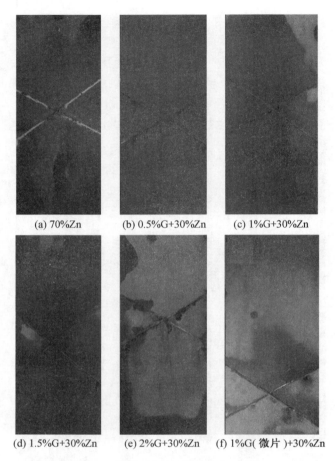

(a) 70%Zn　　(b) 0.5%G+30%Zn　　(c) 1%G+30%Zn

(d) 1.5%G+30%Zn　　(e) 2%G+30%Zn　　(f) 1%G(微片)+30%Zn

图 12.18　第二批盐雾测试结束(720 h)

综上所述,对于 20 μm 片径的石墨烯,其添加量在 1％时,盐雾测试结果最好,耐腐蚀性最好,未见明显锈蚀,当添加量为 0.5％时,漆膜出现腐蚀的现象,当添加量为 1.5％时锈蚀较前者严重。对于 10 μm 片径的石墨烯,其添加量在 1％～1.5％时耐盐雾测试结果较好,腐蚀只出现在划痕处及其附近,当石墨烯添加量为 0.5％和 2％时,试样的腐蚀出现在划痕处以及划痕之外。添加石墨烯微片浆料的试样盐雾测试表现优于添加 10 μm 片径石墨烯的试样,腐蚀只出现在划痕附近,其余表面良好。此外,通过对比可以看出,改进分散工艺后,富锌试样的耐腐蚀情况明显改善,耐盐雾测试时间提升约 100 h。

12.5　本章小结

(1)对富锌石墨烯漆膜进行了基本物理性能的测试,漆膜附着力测试结果为附着力 0级。对漆膜进行铅笔硬度测试,当石墨烯的添加量在 0.2％～1％时,漆膜的硬度随石墨烯的添加而增强,当石墨烯的添加量超过 1％后,漆膜的硬度降低,原因是石墨烯过多导致石墨烯团聚,漆膜中的填料直接结合不紧密,形成小的孔隙,使漆膜的力学性能下降。

(2)为测试富锌石墨烯漆膜的防腐性能,对漆膜进行了模拟海水浸泡测试以及中性盐雾测试。在 720 h 的中性盐雾测试中，20 μm 片径的石墨烯的涂料耐腐蚀性能优于含 10 μm片径的石墨烯涂料，20 μm 片径的石墨烯添加量为 1％时，中性盐雾测试达到了 720 h 不腐蚀，石墨烯的加入能替代部分锌粉，1％石墨烯的加入能够替代 40％的锌粉。含石墨烯的试样，试样表面颜色发生变化，表面出现微小的圆形颗粒，富锌试样表面析出大量圆形的小的颗粒状锌白，三组试样均未发生严重腐蚀。

（3）对试样进行了交流阻抗测试以及塔费尔极化曲线测试。交流阻抗测试结果显示添加量为 1％石墨烯（粉体）的富锌涂料的阻抗最大，并且加入石墨烯后，各试样的阻抗均变大。塔费尔极化曲线测试表明，添加量为 2％石墨烯的试样腐蚀电流最小。

第13章　稀土改性的石墨烯富锌涂层

为进一步提升石墨烯在涂料中的应用效果,在石墨烯表面改性后再以添加剂的方式将其加入富锌涂层中。本章针对以上工作展开试验和机制探讨,为石墨烯改性在涂层中的有效利用提供新的思路和工艺。

13.1　石墨烯的改性

石墨烯具有较强的 $\pi-\pi$ 键和范德瓦耳斯力,在应用过程中容易出现团聚等现象,降低性能表现。因此,目前普遍对石墨烯进行改性处理,降低其表面能,提高石墨烯的分散能力。石墨烯的改性方法主要有元素掺杂改性、有机物改性、金属及无机纳米粒子改性等。

13.1.1　元素掺杂改性

元素掺杂改性是指采用热处理等手段在石墨烯中掺入不同元素,在石墨烯上形成取代、空位缺陷,保证石墨烯二维结构不变的同时又赋予其新的表面特性。Jafari 等利用氧化硼粉末和乙醇蒸气,通过 CVD 方法成功地在铜箔上合成掺硼石墨烯。Duan 等以硝酸铵作为氮前驱体与氧化石墨烯混合,通过高温热处理得到了掺杂水平为 6.54%(原子数分数)的氮掺杂石墨烯。图 13.1 所示为氮掺杂石墨烯的 PMS 活化及酚氧化改性示意图。

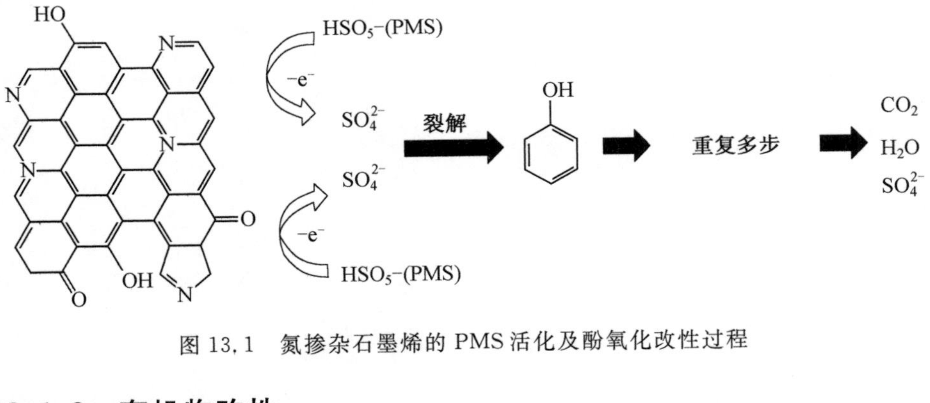

图 13.1　氮掺杂石墨烯的 PMS 活化及酚氧化改性过程

13.1.2　有机物改性

有机物改性一般通过石墨烯氧化物中的含氧基团与有机物反应进行改性或通过石墨烯的非共价键作用进行表面接枝改性。Kaleekkal 等利用 NaOH 和氯乙酸,通过超声处理,将氧化石墨烯中的羟基转变为羧基。Chen 等通过在氧化石墨烯表面上化学接枝具有不同链长的烷基胺来合成改性 GO（M—GO）。Xu 等采用使用 3—羟基—2—萘甲酸酰肼(HNH)，通过一步法还原和改性氧化石墨烯得到（HNH－rGO），如图 13.2 所示。HNH－rGO 层间空间从 0.751 nm 增加到 1.921 nm，团聚现象减轻。又通过熔融共混法合成 HNH－rGO /聚丙烯和石墨烯/聚丙烯复合材料。Xie 等使用自组装技术实现了对氧化石墨烯的非共价改性，合成了氧化石墨烯(GO)/壳聚糖(CS)/葡聚糖(Dex)复合材料(GO－CS/Dex)。

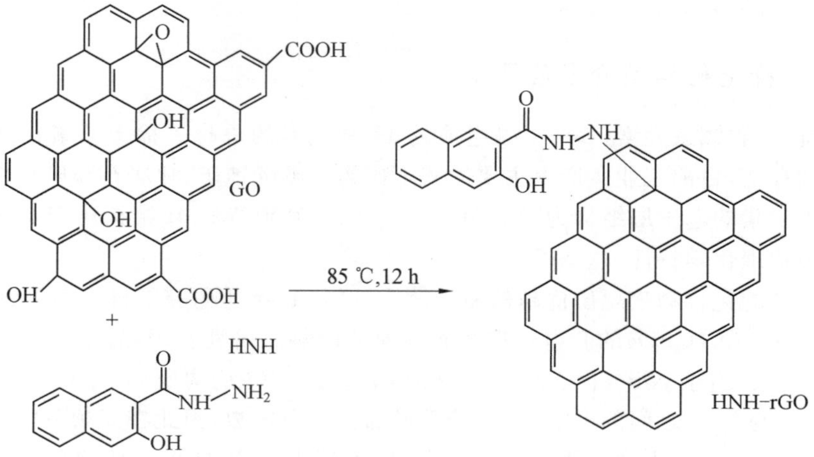

图 13.2　HNH 改性还原氧化石墨烯(HNH－rGO)的合成反应

13.1.3　金属及无机纳米粒子改性

　　金属及无机纳米粒子改性是以具有巨大比表面积的二维片状石墨烯作为基板，使金属纳米颗粒吸附或生长在上面，二者结合与相互作用产生的协同效应可发挥出出色的性能。Zhao 等通过简单的一步水热法将 Ni－Fe－P 纳米颗粒均匀地沉积在石墨纳米片(GNs)上。Tian 等先将氧化石墨烯和 Co_3O_4 通过水热法合成前驱体，再在 300 ℃下煅烧3 h 得到叠层多孔 Co_3O_4 和石墨烯纳米复合材料，如图 13.3 所示。该复合材料显著提高

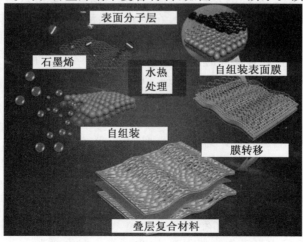

图 13.3　叠层多孔 Co_3O_4 和石墨烯纳米复合材料合成示意图

了乙醇气体传感器的灵敏度。Dezfuli 等利用自组装法将通过超声处理获得的二氧化铈纳米颗粒锚定在还原氧化石墨烯片上。CeO_2-rGO 复合材料表现出优异的电容性能,在 4 000 次循环伏安测试后,其比电容值增加并达到初始值的 105.6%。

13.2 稀土材料的研究现状

13.2.1 稀土材料简介及应用

稀土是钪、钇和镧系元素(La～Lu)组成的 17 种元素的总称。稀土元素在地壳中主要以矿物形式存在,目前工业生产上主要的稀土矿物有氟碳铈矿、独居石和风化壳淋积型稀土矿。稀土元素的电子层结构为 $[Xe]4f^{0\sim14}5d^{0\sim16}s^2$,其独特的 4f 结构决定其具有优异的磁、光、电等物理化学特性。

以稀土掺杂的化合物表现出优越的磁学性质。Routray 等研究了稀土离子钕(Nd^{3+})对纳米材料 $CoFe_2O_4$(CFO)的介电特性及磁性质的影响。研究发现当向其中掺入 Nd^{3+} 取代部分 Co 元素,由于 Nd^{3+} 半径大于 Co 和 Fe,造成 CFO 结构变形,导致 Fe^{3+} 变换位置,增强了 Fe^{3+} 与 Fe^{2+} 之间的电子作用,从而增加了介电常数,因此在高频下电波的损耗值较低,可在高频环境中得到应用。并且 Nd^{3+} 的外层电子由 4f 电子组成,该 4f 电子可产生磁矩,并且它们的磁偶极子取向在室温下保持无序状态,Nd^{3+} 本质上是顺磁性的,因此当掺入 CFO 时,不会对磁化产生贡献,可削弱磁滞回线,从而减小矫顽力(H_c),有利于磁记录设备中的保护。而且钕的磁特性还可作为硬磁材料,永磁性能迅速提高。$Nd_2Fe_{14}B$ 是现代永磁体中效率最高、磁能积(BH)最大的硬磁体。六方铁氧体最大磁能积 BH_{max} 为 3 MGOe(24 kJ/m³),而 $Nd_2Fe_{14}B$ 磁体的 BH_{max} 显著增加到 56 MGOe(446 kJ/m³),在喇叭、硬盘、工业电机等产品中广泛应用。

稀土离子的 4f 电子能级跃迁特性可成为光致发光材料,具有很强的光线发射能力,且不同的稀土离子可获得不同的发射光颜色。Shi 等制备了多层六瓣花形氧化石墨烯与稀土 Tb^{3+} 的复合杂化材料 GO-L-Tb。在荧光光谱测试中可发现 Tb^{3+} 的 4f 轨道中电子由 $^5D_4$ 跃迁到 ^5F_J,从而发出绿色的荧光。而在紫外线照射下,肉眼即可观察到明亮的绿色光,表明该复合材料具有良好的光学性能,非常适合实际应用,而且其特殊的花形形态还可用于微型荧光防伪材料。Xie 等发现 Tb^{3+}(或 Eu^{3+})掺杂氧硫化物纳米晶体可用来检测稀土元素。

稀土材料在催化方面也有广泛应用。Pudukudy 等制备了超细 CeO_2-TiO_2 纳米复合材料,如图 13.4 所示。研究发现,当受光照时 CeO_2 价带中的光生空穴可将 H_2O 和 OH^- 氧化为羟基自由基,并且产生的电子转移到 TiO_2 价带中将吸附的氧气还原为超氧阴离子自由基,这两种强氧化性物质可参与四环素(TC)氧化降解,增强光催化性能。结果显示,当 CeO_2 掺入量为 4%(质量分数)时,复合材料在可见光照射 80 min 的时间内,TC 去除效率最高,约为 99%;此外在 240 min 可见光照射下,TC 的矿化效率达到 88.2%。稀土材料除了本身可作为催化剂外,也可作为催化剂改性剂,提高催化性能和稳定性。Liu 等利用稀土铈、钇等改性铂系催化剂,在氧气解吸测试中发现改性催化剂表面的活性氧含量明显增多,这是由于铈离子的价态变化以及氧化钇的掺入加快了氧的迁移率。Xu 等制备了一系列稀土(La、Ce、Sm 和 Pr)掺杂的 Ni 基催化剂材料,并将其直接用作 CO_2 的催化剂,进行甲烷化。

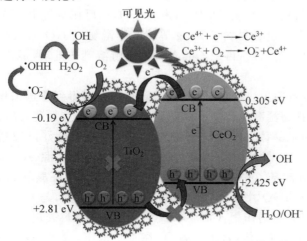

图 13.4 氧化铈和氧化钛光催化反应机理示意图

13.2.2 稀土在涂料中的应用

大多数金属或合金具有较强的化学活性而易被腐蚀,因此常利用保护性涂层如有机涂层、化学镀、合金覆盖层等进行防护。有研究证实,稀土化合物通常对许多金属和合金表现出强烈的抗腐蚀作用。Liu 等以氢氧化镧为纳米结构材料,制备了含稀土超疏水涂层,研究发现其水接触角高达 157°,有效地减小了与腐蚀介质的接触面积而且具有出色的耐腐蚀性。此外,稀土还被作为缓蚀剂替代具有强致癌性的铬酸盐类化合物。Anthony 等研究证实了镧、铈、钕、钇四种稀土羧酸盐均可作为低碳钢的腐蚀抑制剂。研究表明稀土缓蚀剂在一定程度上均起到了阳极反应抑制的作用,可显著降低腐蚀电流密度。Xu 等则将稀土氧化物作为激光熔覆粉末涂层的改性剂。研究发现添加稀土氧化物不仅可以通过细化晶粒来改善涂层的机械性能,还可以提高耐腐蚀性能,同时证实了氧化铈改性涂层比氧化镧改性涂层性能更优异。Živkovi 等研究了氧化铈和氧化锆纳米颗粒掺杂到环氧涂层对涂层耐腐蚀的影响。测试结果表明含有氧化铈及氧化锆或单独含有氧化铈的环氧涂层相对于纯环氧涂层都表现出了更好的耐蚀性和附着力。

13.3 氧化铈/石墨烯复合材料的研究现状

13.3.1 氧化铈/石墨烯的制备

氧化铈(CeO_2),分子量为 172,密度为 $7.8\ g/cm^3$,熔点为 2 400 ℃,沸点为 3 500 ℃,不溶于水,常以黄色粉末存在。在稀土元素中,铈是含量最高的元素,地壳元素丰度排名第 25 位,占 0.006 8%(与铜接近),而在氟碳铈矿中铈的组分接近 50%。铈的提取工艺成熟,价格低廉。氧化铈化学性质稳定、具有优异的氧化还原特性、耐腐蚀性等。基于石墨烯的优良特性,氧化铈与石墨烯的复合材料在催化、防腐等领域已得到大量应用。

制备纳米氧化铈复合材料的方法有固相烧结法、溶胶－凝胶法、液相法等。如Baranik 等先制备氢氧化铈/石墨烯的前驱体混合物,然后在空气中 450 ℃下加热 20 min烧结得到氧化铈/石墨烯复合材料。Yang 等将叔丁醇铈与 GO 加入有机溶剂中进行溶胶－凝胶处理获得凝胶粉末后,再用乙醇对凝胶进行溶剂热处理,最终得到 CeO₂－rGO复合材料。

而液相法因其设备简单、操作方便和能耗低的特点而得到普遍采用。水热法是指以水溶液为反应介质,在高温高压环境下,离子反应和水解反应加速,经过一系列的氧化还原反应生成相应的纳米晶体。水热法制备的试样一般分散性好,形貌大小可控,结晶性高,无须再高温烧结。Srivastava 等以硝酸铈为铈源,氨水为碱源,rGO 为载体,在 180 ℃下进行水热处理 24 h 制备了 CeO₂－rGO 纳米复合材料。表征显示 CeO₂ 呈六边形,平均粒径为 14 nm,分散在 rGO 片层上。循环伏安曲线结果表明,与 CeO₂ 纳米颗粒相比,由于 CeO₂ 与 rGO 之间的协同作用,CeO₂－rGO 纳米复合材料表现出更高的电催化活性。Kumar 等以氯化铈为铈前驱体,氨水为碱源,在 150 ℃下,通过一步水热法反应 12 h 在rGO 上生长 CeO₂。TEM 显示 CeO₂ 为球形颗粒,粒径约为 17.8 nm,主要由 (200) 晶面组成,因而表现出优异的光催化活性,在阳光下照射 10 min 可降解 90% 的亚甲基蓝(MB)染料。Zhang 等采用水热法制备氧化铈/石墨烯复合材料,如图 13.5 所示,发现可通过调节溶液中乙二醇(EG)与去离子水的体积比,控制 CeO₂ 纳米颗粒的形貌和暴露面。溶液为去离子水时,CeO₂ 形状为不规则的八面体,平均粒径为 20 nm,暴露面为 {111} 晶面。当向去离子水中添加 EG,至 EG 与 H₂O 的体积比为 1:3 时,CeO₂ 形状显示为不规则的截角八面体形态,尺寸降低到 15 nm,主要晶面为 {111};当 EG 与 H₂O 的体积比调整为 1:1 时,CeO₂ 颗粒为 10 nm 大小的纳米立方体,暴露面变为 {100} 面;当 EG 与 H₂O的体积比增加到 3:1,则 CeO₂ 会再次变为不规则的截角八面体,但尺寸减小为 5 nm,并

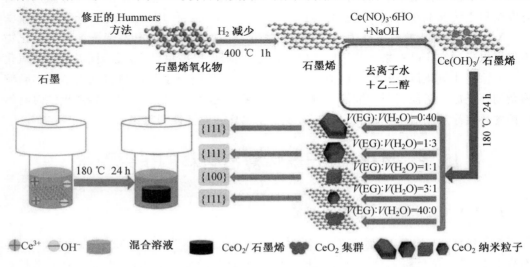

图 13.5　氧化铈/石墨烯复合材料合成的示意图

且暴露面又转变为{111}晶面；当 EG 与 H_2O 的体积比进一步增加到 40∶0，即溶液中只有 EG，CeO_2 纳米出现团聚状态。密度泛函理论计算表明了乙二醇浓度与氧化铈晶面的吸附能相互作用，影响了晶面的生长速度，从而控制颗粒的形状与暴露面。研究发现 CeO_2{100}/石墨烯纳米复合材料对 NO_2 具有出色的响应，在气体传感器中可提高 NO_2 检测的灵敏度。

13.3.2 氧化铈/石墨烯在涂料中的应用

氧化铈/石墨烯复合材料在涂料中表现出良好的抗磨损性能，如 Bai 等以 Si 为基底在氧化石墨烯膜上原位生长均匀的二氧化铈颗粒，获得了 CeO_2-GO 复合膜涂层。氧化铈颗粒较低的表面能及其坚固性使其作为隔板，可为配合表面提供剪切力，使得表面易于滑动。另外，层状 GO 会产生微小运动，从而减小了摩擦磨损，具有卓越的摩擦学性能。其摩擦系数只有 Si 基底的 1/3，并且在 2 N 的施加载荷下，抗磨寿命延长至 8 h，是 GO 膜的 7 倍以上。

氧化铈/石墨烯复合材料在涂料中也表现出优异的耐候、抗腐蚀性能等。Amrollahi 等将氧化铈与氧化石墨烯结合制备了一种环氧涂层多功能型添加剂（GOCe）。测试结果表明添加 GOCe 不仅提高了环氧涂料的耐腐蚀性，而且氧化铈作为中性半导体还可有效地阻隔紫外线，清除光降解产生的自由基，提高了环氧涂料在风化条件下的耐候性。在加速风化条件下，纯环氧涂层的交联密度显著下降而复合涂层的交联密度变化值很小。Li 等通过双功能配体对氨基苯甲酸（PABA）连接石墨烯和直径 3～5 μm 的氧化铈纳米片得到 Gr（物理剥离制备的石墨烯片）$-P-CeO_2$，并作为阻挡层加入到水性丙烯酸涂料中。在涂料中，Gr 及 CeO_2 的片状结构表现出阻隔性能；此外，CeO_2 还可释放 Ce^{3+} 来抑制腐蚀，二者协同作用可明显改善涂层的耐腐蚀性能。Ramezanzadeh 等制备了聚苯胺纳米纤维（PAni）和 CeO_2 共同接枝的氧化石墨烯复合材料 $GO-PAni-CeO_2$，加入到环氧涂层中研究对低碳钢的腐蚀防护性能。EIS 和盐雾试验结果表明，$GO-PAni-CeO_2$ 的大比表面积可以提高涂层的阻隔性能，而且通过在 GO 片上的 $PAni-CeO_2$ 颗粒可抑制腐蚀活性，降低阴极反应速率，增强涂层防腐性能，如图 13.6 所示。

随着石墨烯的制备成功产业化、石墨烯的质量和稳定性得到保证，有效满足了涂料大量应用的需求，进一步加大了石墨烯在防腐中的应用。

但是，石墨烯因其自身物理特性而导致在基体中易团聚等缺点成为制备性能优异的石墨烯防腐涂料的关键影响因素之一。这也限制了石墨烯在工业上的大规模应用。而研究发现，对石墨烯进行改性，可大幅提高石墨烯在基体中的分散性。因此，研究人员利用有机物、无机或金属纳米颗粒等对石墨烯进行改性制备石墨烯复合材料，成功应用于涂料中，且取得了不错的改性效果。然而，通过大量文献分析发现，制备石墨烯复合材料所使用的石墨烯极大部分为氧化石墨烯，在随后的反应中再将其还原成石墨烯。虽然氧化石墨烯分散性好，易于修饰，改性效果良好，但是氧化石墨烯制备过程复杂，产率低；在复合材料制备过程中额外需要的氧化还原步骤增加了时间成本。而且石墨烯复合材料的制备尚处于实验室小规模制备阶段，工艺条件复杂，制备环境严苛，产率低，难以满足涂料大批量生产及使用量巨大的实际需要，因此对石墨烯的预处理工艺，以及石墨烯复合材料的制

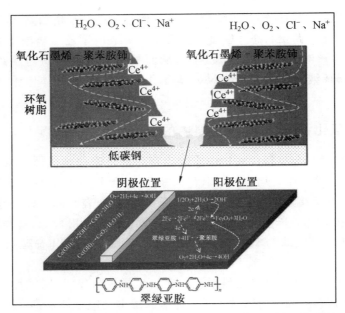

图 13.6　GO—PAni—CeO$_2$ 纳米片在环氧基质中的屏障和抑制作用的示意图

备工艺仍有待改进。

13.4　实验材料和测试方法

13.4.1　主要原料及化学试剂

本章研究中所用的实验原料及规格见表 13.1。

表 13.1　实验所用主要化学药品及规格

试剂名称	纯度
石墨纳米片(GNP)	工业纯
六水合硝酸铈	工业纯
聚乙烯吡咯烷酮(PVP)	分析纯
十二烷基硫酸钠(SDS)	分析纯
去离子水	—
浓硝酸	65%
乙醇	95%

13.4.2　主要实验仪器设备

本章研究中所用的主要仪器及型号见表 13.2。

表 13.2 所用主要仪器设备

试验设备名称	型号
分析天平	BSM220.4
电子天平	JM－A20002
超声清洗机	SB－1200DT
磁力搅拌机	85－2
水热反应釜	聚四氟乙烯内衬
电热鼓风干燥箱	101A－2
真空干燥箱	DZF－6050
精密电动搅拌机	JJ－1
内切式匀浆机	XHF－D
涂镀层测厚仪	EC－770
中性盐雾测试箱	LX－120A
光学数码显微镜	DSX510
四探针测试仪	RTS－8 型

13.4.3　材料表征测试方法

本章内容采用德国 ZEISS 公司的 MERLIN compact 场发射扫描电子显微镜对粉体进行形貌分析。采用日本电子株式会社的 JEM－2100 型透射电子显微镜(TEM)对样品的微观形貌及结构进行表征分析。取少量待测样品放入样品管中,并倒入 3 mL 95％的乙醇溶液,在超声波清洗机中超声振荡 10 min 后,得到悬浊液。取 1～2 滴悬浊液滴在微栅铜网上,待自然晾干后送入样品室抽真空加高压至 200 kV 后进行测试。

采用辽宁丹东方圆仪器有限公司的 DX－2700 型 X 射线衍射分析仪(XRD)对样品进行物相和结构分析。在测试装置中倒入样品,并用玻璃载片将粉末压平后送入样品室。X 射线衍射分析仪选择 Cu K$_\alpha$ 射线,X 射线波长为 1.54 Å(1 Å＝0.1 nm),测试电压为 30 kV,测试电流为 20 mA,扫描速度为 4(°)/min,测试步长为 0.02°,扫描角度从 10°到 90°。

采用英国 Renishaw 公司的 inVia 型拉曼光谱分析仪对样品进行分析。在载玻片上倒入少量样品,并用玻璃载片压平后放置在载物台上,调整物镜倍数由低到高确定待测试区域。拉曼光谱分析仪的光源为 He－Ne 体系,激光波长为 532 nm,激光功率设置为 20 kW/cm^2,选区范围设置为 5 μm。

采用美国 ThermoFischer 公司的 ESCALAB 250Xi 型 X 射线光电子能谱仪(XPS)对样品进行价态分析。激发源采用 Al K$_\alpha$ 射线,工作电压设置为 14.6 kV,灯丝电流为 13.5 mA,并进行了 20 次循环的信号累加。测试通能为 20 eV,步长为 0.1 eV。

13.4.4 涂层基本物理性能测试

涂层厚度直接影响其对基底的耐腐蚀防护性能。且在后续其他物理性能和耐腐蚀性能测试中需保证统一的厚度。按照国家标准《色漆和清漆 漆膜厚度的测定》(GB/T 13452.2—2008)对涂层厚度进行测定。采用深圳宇问加壹传感系统公司的 EC－770 型涂镀层测厚仪测定涂层厚度。先将涂料涂刷在经过处理且表面干净的马口铁板上,放置在室温下自然晾干至涂料完全固化。然后将样板放置在平整的玻璃板上,对涂层测厚仪进行调零校准后,在涂层表面选取 5 个不同点测量厚度,并取其平均值。

涂层硬度越高,其抵抗外力作用效果越好,基底可得到较好的保护,是涂层重要的物理性能指标之一。按照相应国家标准对涂层硬度进行测定。选用最快速简便的手动法测定涂层厚度。将待测样板面向上放置在水平台面上,如图 13.7 所示,手握铅笔呈 45°角,以笔芯不折断为度,在涂层表面以 1 cm/s 的速度均匀向前推压 1 cm,刮划 5 次。对于硬度标号相近的两支铅笔,找出涂层擦伤两道及以上和未满两道的铅笔,将未满两道的铅笔硬度标号作为涂层的铅笔硬度。

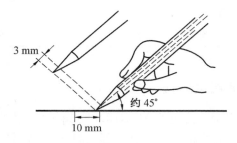

图 13.7 涂层硬度测试手动法示意图

涂层附着力来源于涂料与金属基底之间相互作用的黏附力及涂料本身的内聚力,而涂料发挥作用的基本条件是涂层能够牢固地黏附在金属基底上,因此,涂层附着力是评价涂层性能的重要指标之一。按照相应国家标准规定对涂层附着力进行测定。将样板放置在平直台面上,采用单刃切割刀具垂直于样板表面均匀施力划透至基底表面,再与原先切割线呈 90°角相交继续上述操作,各划 6 道,每道间隔 1 mm,以形成网格图形。然后用压敏胶带与一组切割线平行方向在网格上方压平后,拿住一端,如图 13.8 所示,以 60°角度平稳地撕离胶带,在光学数码显微镜下观察涂层表面结果,并按照标准进行评级。

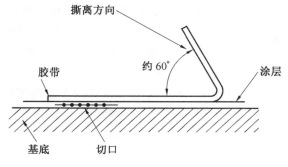

图 13.8 撕离胶带示意图

实际生产中,虽然直接测试样品在使用环境中的腐蚀情况可真实准确反映样品耐腐蚀性能,但耗时久,效益低。因此一般选择在模拟加速腐蚀环境中测试样品腐蚀情况的方法,如耐中性盐雾实验等,可快速有效评价样品耐腐蚀性能。按照国家标准《色漆和清漆 耐中性盐雾性能的测定》(GB/T 1771—2007)测定样品耐腐蚀性能。将试样待测面交叉画线后,试样与垂直方向呈 30°角倾斜放置于盐雾试验箱中。实验腐蚀溶液为 7% NaCl 溶液,试验室温度为(35±2)℃,压力桶温度为(47±2)℃,pH 为 6.5~7.2,喷雾量为1~2 mL/(80 cm² · h),持续不间断喷雾。在规定的试验周期观察试样起泡、锈迹以及划痕处腐蚀蔓延情况并拍照。

使用 CHI760E 电化学工作站,饱和甘汞电极为参比电极,铂电极为辅助电极,试样为工作电极,试样的测试面积为 0.785 cm²,测试溶液为 3.5% NaCl 溶液,电位振幅为 20 mV,频率范围为 $10^{-2} \sim 10^{5}$ Hz,试样在开路电压下处于稳定状态后开始测试。

13.5 稀土改性石墨纳米片

制备稀土石墨烯复合材料的方法有固相烧结法、超声法、水热法等,而水热法具有结晶性高、形貌可控、颗粒分散性好的优势,且设备简单、操作方便,因此本章研究选择一步水热法,以硝酸铈为铈源,直接在石墨纳米片上生长稀土铈颗粒,制备复合粉体。

本章使用的石墨纳米片为实验室自制。主要制备方法是在 8 atm 的罐体中,由三个分布呈 120°的喷嘴输送物料,喷嘴出口速度约为 400 m/s,形成高速高压剪切气流,膨胀石墨在高速高压下紊乱碰撞剪切得到石墨纳米片。经过物理剥离法制备得到的石墨纳米片导电性良好,缺陷较少。选用的石墨纳米片片层厚度约为 3 nm,片径 D50 约在 6 μm 之间,比表面积约为 146 m²/g,碳质量挥发分数为 99%。

经过物理剥离法制备的石墨纳米片表面无缺陷及含氧官能团,状态稳定,不与离子反应,无法提供生长位点导致稀土化合物不能沉积在石墨纳米片上,因此需要对石墨纳米片进行表面预处理,产生缺陷吸引稀土离子沉积。Hummers 等以高锰酸钾、浓硫酸作为强氧化剂,硝酸钠作为酸源,先在低温阶段搅拌约 2 h 初步氧化石墨片,在中温阶段继续搅拌 2 h 对石墨片深度氧化,最后在高温阶段加入去离子水反应 0.5 h 得到氧化石墨烯,该方法因氧化效果好而成为目前制备氧化石墨烯最普遍的方法。Kovtyukhova 等利用浓硫酸、过硫酸钾、五氧化二磷在低温下反应 6 h 先对石墨预氧化处理,再用 Hummers 法制备氧化石墨烯。虽然额外增加了预氧化处理过程,但是提高了石墨的氧化程度和层间距。Marcano 等在 Hummers 法基础上,去除硝酸钠直接加大浓硫酸用量并引入磷酸制备氧化石墨,提高了氧化石墨转化率,且其结构完整性更好。

经分析可发现,目前,氧化石墨烯的制备大部分以 Hummers 法为原型,在此方法上进行改进,虽然得到的氧化石墨烯氧化程度高,反应效果好,但是制备过程烦琐复杂,需要经历三个低中高温阶段的持续搅拌,工艺条件控制严格,产率低。而且石墨片经强氧化处理后其 sp² 键网络结构遭到破坏,使其成为电绝缘体,因此在反应过程中还需对氧化石墨烯进行还原,恢复电导率,导致延长了反应时间。

而采用浓硝酸处理石墨片,只需在常温环境下机械搅拌数小时后洗涤干燥即可完成酸化过程。酸化处理的石墨片氧化程度比氧化石墨烯低,结构完整性保持较好,保留了石墨片的导电性,见表 13.3,未酸化前石墨纳米片的电导率为 393 S/cm,酸化后电导率为 181 S/cm,仍具有良好的电导率,因此无须额外的还原步骤,可缩短反应时间。

表 13.3　各样品电阻率比对

样品类别	电导率/(S·cm^{-1})
石墨纳米片	393
酸化石墨片	181
CeO$_2$－GNs	22.4

故采用浓硝酸酸化对石墨纳米片进行预处理进而在表面产生缺陷。该方法简单方便,其工艺流程如图 13.9 所示,首先将石墨纳米片浸泡在 65% 浓硝酸溶液中,在常温下机械搅拌 24 h,用去离子水将强酸性石墨纳米片清洗至中性,烘干后待用,完成对石墨纳米片的酸化预处理工艺。

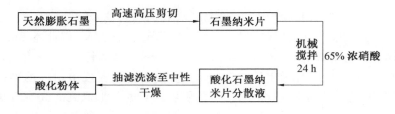

图 13.9　酸化预处理流程图

图 13.10 是使用物理剥离法制备的石墨纳米片的 SEM 图、TEM 图和电子衍射图。从图 13.10(a)、(b)可以看出石墨纳米片呈片状形式,存在片层间堆叠现象,石墨纳米片表面较为光滑平整,卷曲现象较少,这有利于稀土氧化物颗粒在其上面沉积。同时在每片石墨纳米片上都能观察到一些褶皱。

在图 13.10(c)中可以更清楚地观察到石墨纳米片的堆叠现象,同时这些褶皱表现得更明显。褶皱可增加石墨纳米片的比表面积,提高稀土颗粒的负载量,此外石墨纳米片表面凸起的褶皱可以阻止石墨纳米片之间的团聚,这些特性有利于增强石墨纳米片在涂层中的分散作用,提高防腐涂层的阻隔性能。如图 13.10(d)所示,石墨纳米片的选取衍射斑点呈现了较为典型的六重对称性,对应于石墨的六方晶格结构,表明石墨纳米片为单晶结构。

图 13.11 是酸化石墨纳米片的低倍和高倍 SEM 图。如图 13.11 所示,与未酸化石墨纳米片相比,酸化后的石墨纳米片的边缘出现较多翘曲,褶皱更为严重。为进一步分析酸化前后的石墨纳米片的缺陷情况,使用拉曼光谱进行分析。

拉曼光谱可用于分析材料的缺陷等,特别是表征石墨和石墨烯材料的有序或无序晶体结构。图 13.12 是石墨纳米片酸化前后的拉曼光谱图。如图 13.12 所示,在石墨纳米片酸化前后的拉曼光谱图中可以看到,在 1 347 cm^{-1}、1 576 cm^{-1}、2 717 cm^{-1} 处存在三个明显的衍射峰,它们分别对应于石墨烯的 D、G 和 2D 峰。D 峰是石墨烯芳香环中 sp^2

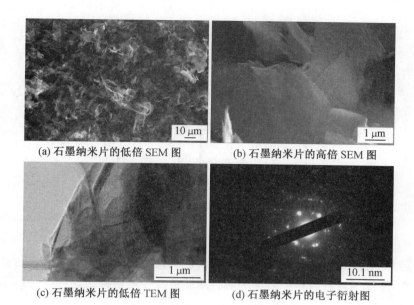

(a) 石墨纳米片的低倍 SEM 图   (b) 石墨纳米片的高倍 SEM 图

(c) 石墨纳米片的低倍 TEM 图   (d) 石墨纳米片的电子衍射图

图 13.10   石墨纳米片的图像

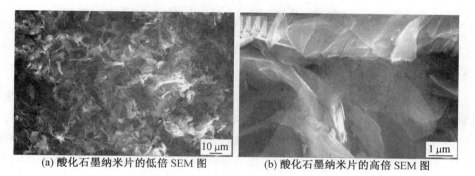

(a) 酸化石墨纳米片的低倍 SEM 图   (b) 酸化石墨纳米片的高倍 SEM 图

图 13.11   酸化石墨纳米片的低倍和高倍 SEM 图

碳原子面外的对称伸缩振动引起的无序振动峰,只有在出现缺陷时该峰才存在,可以表征石墨烯结构中的缺陷。G 峰是 sp^2 碳原子面内的拉伸振动峰,是由 E2g 光学声子模式下的一阶散射引起的,2D 峰是次级 D 峰,它在单层或几层石墨烯片中具有最大的强度,G峰和 2D 峰是石墨烯的主要特征峰。从图 13.12 可看出,石墨片的 G 峰是一个尖锐的单峰,2D 峰的峰宽较大,且 2D 峰的峰强明显弱于 G 峰,而在纯石墨烯中,2D 峰的强度是 G峰的四倍,说明石墨片具有非常明显的石墨特征,表明经过物理剥离法制备的石墨纳米片中石墨烯堆叠层数仍然较多。此外,石墨片还存在 D 峰,说明石墨纳米片存在一些缺陷,这是由于组成石墨的石墨烯单元边缘不稳定,易产生缺陷。

在拉曼光谱中,D 峰与 G 峰的强度比(I_D/I_G)可用于表征石墨烯的缺陷密度。对于石墨来说石墨纳米片的 I_D/I_G 值为 0.583,而酸化后石墨纳米片的 I_D/I_G 值为 0.713,表明石墨片经过酸化预处理后,成功接枝了含氧官能团,在石墨片上产生较多缺陷导致石墨片的无序度,从而提高了石墨片的缺陷密度,增强了石墨片的反应活性,有利于下一步反应进行。而且酸化石墨片的特征峰与石墨片非常相似,说明酸化后的石墨片还保留有石

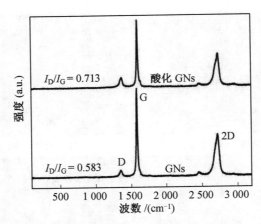

图 13.12　石墨纳米片酸化前后的拉曼光谱图

墨的特征,意味着酸化处理的石墨片氧化程度比氧化石墨烯低,故具有良好的导电性以及结构完整性,不影响富锌涂料中石墨烯的物理屏蔽及导电搭桥功能,也证明了酸化预处理方法简单有效。

13.6　铈改性石墨纳米片的制备与表征

13.6.1　复合粉体制备工艺

如前所述采用水热法制备复合粉体具有一定的优势,因此采用水热法制备氧化铈/石墨纳米片复合粉体。但是水热反应受温度、时间、反应物浓度、溶液 pH 影响较大。因此为保证氧化铈成功负载在石墨片上,需确定合理的水热试验参数范围。对于水热法的温度,只有温度高于溶液的临界温度时,溶液蒸发在容器中形成自生压才能形成高温高压环境,因此水热温度设定下限为 150 ℃,上限温度考虑到实验容器和机器的额定温度,设为 190 ℃,时间间隔设为 20 ℃。大量文献报道了水热合成氧化铈/rGO 的时间普遍为 24 h,而其中大部分时间消耗在氧化石墨烯的还原过程。使用的石墨片不需要经过还原步骤,因此,水热时间可大幅缩短,由于容器达到水热温度需要一定时间,故水热时间下限设为 2 h,上限为 6 h,为观察时间对颗粒生长的影响,另设水热时间 24 h。以石墨片质量浓度 0.5 g/L 为基本参照,确定铈源和表面活性剂的影响。表面活性剂可显著提高石墨烯在溶液中的分散性,提升反应效果。有文献报道,当分散剂与石墨烯的质量浓度比为 1∶5 时,石墨烯分散效果较好,分散剂质量浓度设为 0.2 g/L。Khan 等对比了铈源与石墨烯质量浓度比分别为 4∶1 和 12∶1 下石墨烯生长氧化铈的负载量。TEM 结果显示当质量浓度比为 4∶1 时,氧化铈在石墨烯上分布较为密集,质量浓度比为 12∶1 时,密集程度增加。为防止氧化铈颗粒团聚,影响复合材料的性能,将铈源与石墨片质量浓度比最低设为 1∶1,为研究质量浓度对颗粒的影响,质量浓度比最高设为 10∶1。

图 13.13 是复合粉体制备工艺流程图。取 $Ce(NO_3)_3 \cdot 6H_2O$ 0.5～10 g/L、十二烷基硫酸钠（SDS）/聚乙烯吡咯烷酮（PVP）0.2 g/L、酸化石墨纳米片 0.5 g/L 配置成

75 mL溶液,在常温下磁力搅拌 0.5 h,得到均匀溶液,再超声波振荡 0.5 h 后,将溶液倒入聚四氟乙烯内衬的反应釜中,在温度为 150~190 ℃的烘箱环境中保温 2~24 h,取出溶液后抽滤水洗,最后在 60 ℃的烘箱中烘干得到改性复合粉体。

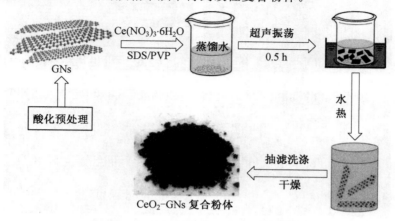

图 13.13　复合粉体制备工艺流程图

在水热法中,水热时间、水热温度和反应物配比都会对生成物的形貌、尺寸以及结晶性等产生重要的影响。因此,为成功改性石墨纳米片,同时也为探究三种因素对稀土改性的影响,采用正交实验方法。首先,探究水热时间的影响。以前期实验参数作为基础,温度区间为 150~190 ℃,Ce^{3+} 质量浓度为 1 g/L,石墨纳米片质量浓度为 0.5 g/L,PVP 作为分散剂,将反应时间分别设置为 2、4、6、24 h,实验方案见表 13.4。

表 13.4　不同水热温度实验方案

组别	水热时间/h	水热温度/℃	Ce^{3+} 质量浓度/(g·L^{-1})	组别	水热时间/h	水热温度/℃	Ce^{3+} 质量浓度/(g·L^{-1})
1—1	2	150	1	1—5	2	170	1
1—2	4	150	1	1—6	4	170	1
1—3	6	150	1	1—7	6	170	1
1—4	24	150	1	1—8	24	170	1
1—9	2	190	1				
1—10	4	190	1				
1—11	6	190	1				
1—12	24	190	1				

对复合粉体的形貌进行 SEM 分析。图 13.14~13.16 为在 150~190 ℃温度区间中,不同水热时间复合粉体的 SEM 图。如图 13.14 所示,当水热温度为 150℃时,即使随着水热时间的增加,石墨纳米片上均未观察到负载有氧化铈颗粒,说明水热温度可能影响氧化铈颗粒的产生,也有可能是铈离子质量浓度的影响。

当水热温度为 170 ℃和 190 ℃时,如图 13.15(a)和 13.16(a)所示,水热时间为 2 h

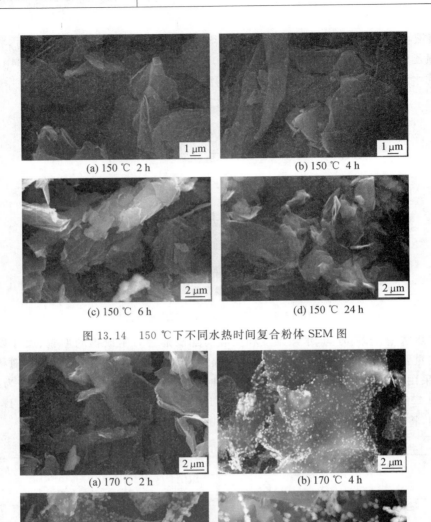

图 13.14 150 ℃下不同水热时间复合粉体 SEM 图

(a) 150 ℃ 2 h (b) 150 ℃ 4 h

(c) 150 ℃ 6 h (d) 150 ℃ 24 h

图 13.15 170 ℃下不同水热时间复合粉体 SEM 图

(a) 170 ℃ 2 h (b) 170 ℃ 4 h

(c) 170 ℃ 6 h (d) 170 ℃ 24 h

时,只有极少数石墨纳米片上出现 CeO_2 颗粒,分布极其不均匀。而随着水热时间增加到 4 h 和 6 h,如图 13.15(b)、(c)和图 13.16(b)、(c)所示,CeO_2 颗粒呈棋盘式均匀分布在各个石墨纳米片上,平均粒径约为 0.15 μm;水热时间进一步增加到 24 h 时,如图 13.15 (d)和图 13.16(d)所示,石墨纳米片上负载的 CeO_2 颗粒发生团聚,平均粒径增大至约为 0.25 μm,导致在石墨纳米片上分布较为稀疏。这表明,水热时间影响 CeO_2 颗粒在石墨纳米片上的分布情况,水热时间为 2 h 时,铈离子在石墨纳米片上的沉积时间过短,未能形成大范围的分布,而随着水热时间达到 4 h 以上,铈离子具有充足的时间进行反应生成

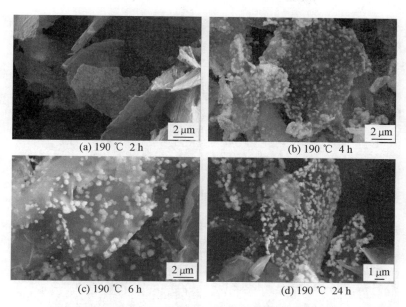

图 13.16　190 ℃下不同水热时间复合粉体 SEM 图

氧化铈颗粒并均匀分布在石墨纳米片上。在 4~6 h 短时间内,颗粒未明显增大,当水热时间继续延长到 24 h 时,氧化铈颗粒进一步团聚而导致粒径增大。

　　接下来探究铈离子质量浓度对改性效果的影响,同时也对水热温度的影响做进一步的分析。根据对水热时间的讨论结果,为节约时间成本,确定水热时间为 4 h,温度区间为 150~190 ℃,石墨纳米片质量浓度为 0.5 g/L,PVP 作为分散剂,设置不同的 Ce^{3+} 质量浓度分别为 0.5、1、2、10 g/L,实验方案见表 13.5。

表 13.5　不同水热温度实验方案

组别	水热时间 /h	水热温度 /℃	Ce^{3+} 质量浓度 /(g·L^{-1})	组别	水热时间 /h	水热温度 /℃	Ce^{3+} 质量浓度 /(g·L^{-1})
1—13	4	150	0.5	1—17	4	170	0.5
1—14	4	150	1	1—18	4	170	1
1—15	4	150	1	1—19	4	170	2
1—16	4	150	10	1—20	4	170	10
1—21	4	190	0.5				
1—22	4	190	1				
1—23	4	190	2				
1—24	4	190	10				

　　图 13.17~13.19 所示为在 150~190 ℃、4 h 下不同铈离子质量浓度得到的复合粉体 SEM 图。如图 13.17 所示,当水热温度为 150 ℃,铈离子质量浓度从 0.5 g/L 增大到 10 g/L 时,石墨纳米片仍然无颗粒沉积在上面。

因此可推断当水热温度为 150 ℃时,铈离子质量浓度不影响稀土颗粒在石墨纳米片上的沉积。推测可能是温度较低的原因导致。因此,提高温度到 170~190 ℃,其结果如图 13.18~13.19 所示。

(a) 150 ℃ 0.5 g/L   (b) 150 ℃ 1 g/L

(c) 150 ℃ 2 g/L   (d) 150 ℃ 10 g/L

图 13.17　150 ℃、4 h 下不同铈离子质量浓度得到的复合粉体 SEM 图

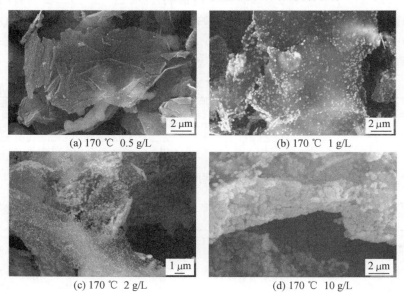

(a) 170 ℃ 0.5 g/L   (b) 170 ℃ 1 g/L

(c) 170 ℃ 2 g/L   (d) 170 ℃ 10 g/L

图 13.18　170 ℃、4 h 下不同铈离子质量浓度得到的复合粉体 SEM 图

如图 13.18(a)、图 13.19(a)所示,当铈离子质量浓度为 0.5 g/L 时,氧化铈颗粒仅在一片石墨纳米片上沉积;当铈离子质量浓度达到 1 g/L 以上时,如图 13.18(b)、图 13.19 (b)所示,CeO_2 颗粒在石墨纳米片上均匀分布;随着铈离子质量浓度逐渐增加,如图 13.18(c)、图 13.19(c)所示,CeO_2 颗粒在石墨纳米片上的分布密集程度也逐渐增加,颗粒

(a) 190 ℃ 0.5 g/L   (b) 190 ℃ 1 g/L

(c) 190 ℃ 2 g/L   (d) 190 ℃ 10 g/L

图 13.19　190 ℃、4 h 下不同铈离子浓度得到的复合粉体 SEM 图

的粒径也有所增大。当铈离子质量浓度达到 10 g/L 时,如图 13.18(d)、图 13.19(d)所示,石墨纳米片上几乎全被 CeO_2 颗粒覆盖,且平均粒径约为 0.5 μm(图 13.19(b)),表明铈离子质量浓度对 CeO_2 颗粒的粒径大小有较大的影响,铈离子质量浓度过低以至于无法在石墨纳米片上形成均匀分布。随着铈离子质量浓度逐渐提高,CeO_2 颗粒逐渐增多,且粒径逐渐变大,这是因为体系中高质量浓度的铈离子可为在石墨纳米片上沉积生成小颗粒提供充足的铈源,然后各颗粒间不断团聚形成大颗粒,因此粒径不断变大,最后完全覆盖了石墨纳米片表面,粒径停止变大。

图 13.20 为不同水热时间下氧化铈颗粒平均粒径图及不同 Ce^{3+} 质量浓度下氧化铈颗粒平均粒径图。根据上述水热时间和水热温度对氧化铈颗粒负载影响的分析,可以断定水热温度影响 CeO_2 颗粒在石墨纳米片上的沉积。水热温度较低时(～150 ℃),温度驱动力不够,致使 CeO_2 颗粒在石墨纳米片上沉积困难;当水热温度较高时(170～190 ℃),体系具有足够的能量使石墨纳米片上均匀负载 CeO_2 颗粒。如图 13.20 所示,水热温度对氧化铈颗粒尺寸的影响较小。

因此,在制备复合粉体过程中,水热温度、水热时间、Ce^{3+} 质量浓度都会对氧化铈颗粒的负载产生影响。水热温度过低、水热时间过短、Ce^{3+} 质量浓度过低都会导致 CeO_2 颗粒在石墨纳米片上沉积困难。水热温度几乎对 CeO_2 颗粒的粒径不产生影响,水热时间对 CeO_2 颗粒的粒径的影响不明显,短时间内粒径差别不大,时间越长,CeO_2 颗粒团聚越严重,粒径才增大,但受限于铈源。Ce^{3+} 质量浓度直接影响 CeO_2 颗粒的粒径,随着质量浓度提高,CeO_2 颗粒在石墨纳米片上逐渐团聚,粒径也逐渐增大,直至 CeO_2 颗粒覆盖了石墨纳米片的表面,才停止增大。

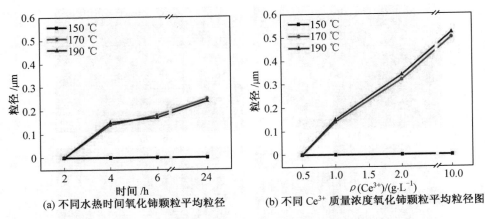

(a) 不同水热时间氧化铈颗粒平均粒径　　　　(b) 不同 Ce³⁺ 质量浓度氧化铈颗粒平均粒径图

图 13.20　时间和离子质量浓度对氧化铈颗粒平均粒径的影响

13.6.2　复合粉体的制备材料对比

表面活性剂根据在水中的电离状态可分为离子型和非离子型。酸化后的石墨纳米片因有含氧官能团而在水溶液中呈负电性,对于离子表面活性剂,都是利用静电排斥作用分散石墨片。阳离子型表面活性剂在水中电离出阳离子,当添加量较少时,阳离子直接与带负电的石墨片发生静电吸引作用而使石墨片发生团聚沉降,而增大用量时,分子链之间会产生叠加,部分带正电的亲水基团会伸向水介质中,从而提高石墨片的分散性。相反,阴离子表面活性剂在水中电离出阴离子,一方面,分散剂的亲油基团与石墨纳米片表面的疏水部分相结合;另一方面,带负电的亲水基团伸展在水溶液中,由于静电排斥作用,石墨片便在水溶液中得到充分的分散。选择广泛应用的烷基阴离子表面活性剂十二烷基硫酸钠(SDS)和非离子型表面活性剂聚乙烯吡咯烷酮(PVP)提高石墨纳米片的水溶液分散性,并考察二者对改性效果的影响。

图 13.21 是分别加入 SDS 和 PVP 得到复合粉体 SEM 图。如图 13.19 所示,CeO_2 颗粒均匀分布在石墨纳米片上,从其高倍 SEM 图(b)、(d)可以观察到 CeO_2 颗粒呈立方萤石结构,平均粒径约为 $0.15~\mu m$,说明加入两种表面活性剂都能促进石墨纳米片在溶液的分散,均能达到较为理想的改性效果。而且 CeO_2 颗粒的形貌结构都一致,说明两种表面活性剂对氧化铈的形貌无影响。但从图 13.21(a)中可发现,在石墨纳米片间存在大颗粒沉淀,由 XRD 和 XPS 结果分析可知,该大颗粒沉淀是氧化铈沉淀,而在其他图中并未发现沉淀物。PVP 属于非离子型表面活性剂,在溶液中不发生电离,故不受溶液离子及其浓度影响,且在高温环境中稳定性良好。所以在复合粉体的制备工艺中选择 PVP 作为石墨纳米片的表面活性剂。结合水热反应的实验参数分析,复合粉体制备的最佳工艺如下:水热时间和温度应为 4 h 和 170 ℃,铈离子质量浓度为 1 g/L,PVP 作为表面活性剂。

(a) 加入 SDS 的低倍 SEM 图 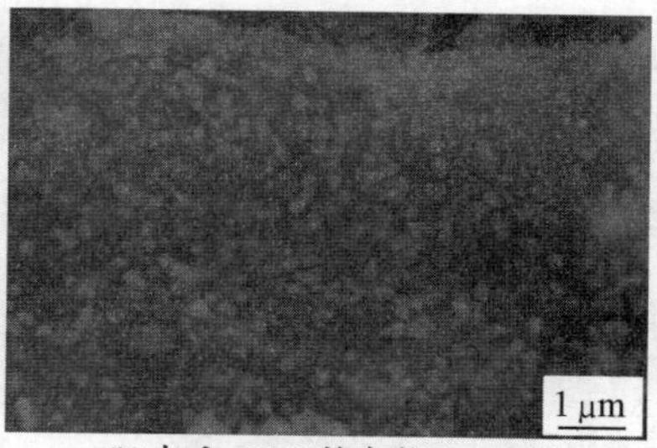   (b) 加入 SDS 的高倍 SEM 图

(c) 加入 PVP 的低倍 SEM 图 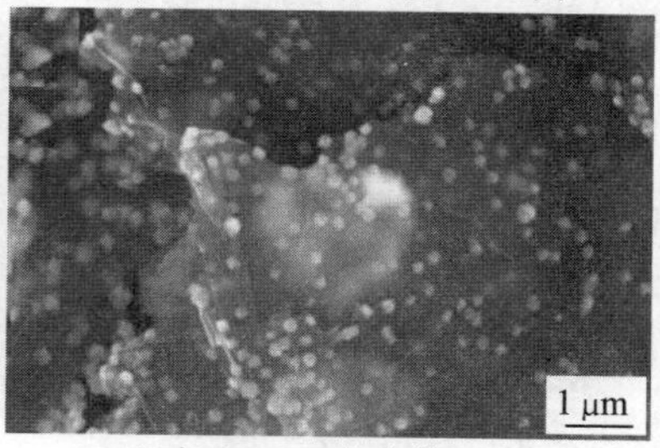   (d) 加入 PVP 的高倍 SEM 图

图 13.21 复合粉体低倍及高倍 SEM 图

13.6.3 CeO_2—GNs 的表征

图 13.22 是 CeO_2—GNs 的 SEM 图、高倍 SEM 图、TEM 图、CeO_2 颗粒粒径分布图。从图 13.22(a)可以看出几乎全部石墨纳米片均负载有 CeO_2 颗粒,说明酸化预处理效果良好,每片石墨纳米片都产生了缺陷而吸附铈离子沉积,而且石墨纳米片团聚程度低。从图 13.22(b)中更明显地观察到 CeO_2 颗粒在石墨纳米片上呈棋盘式分布,只在石墨纳米片边缘处 CeO_2 颗粒密集程度较高。石墨纳米片呈现微透明状,意味着氧化铈在石墨纳米片的负载产生空间位阻效应,使石墨纳米片相互隔开从而造成石墨片堆叠层数减少。图 13.22(c)中可观察到石墨纳米片层类似薄纱状,说明石墨片仅由几层石墨烯堆叠而成,表面光滑平整,近乎无褶皱。说明 CeO_2 颗粒在石墨纳米片的负载可帮助剥离石墨纳米片,促进石墨纳米片的分散。图 13.22(d)显示 CeO_2 颗粒的平均粒径约为 0.14 μm,且 CeO_2 颗粒多晶状态是由更小的 CeO_2 颗粒团聚而成的,该团聚是由二氧化铈纳米颗粒的高表面能引起的。这种团聚在金属氧化物纳米颗粒中是较常见的。

通过 XRD 图谱分析复合粉体的组成成分和结构信息。图 13.23 是 CeO_2—GNs、纯 CeO_2 及 GNs 的 XRD 图。可观察到石墨纳米片在 $2\theta=26.48°$ 处具有极其明显的衍射峰,通过对比 XRD 标准 PDF 卡片,可以确定对应于石墨的(002)晶面,并且这是传统的石墨堆积峰,表明本实验中通过物理剥离法制备的石墨纳米片是由一定量的石墨烯堆积而成的,具有一定的厚度。在 $2\theta=28.5°$、$33.1°$、$47.5°$、$56.3°$、$59°$、$69.3°$、$76.6°$、$79°$、$88.3°$ 的衍射峰分别对应于 CeO_2 的(111)、(200)、(220)、(311)、(222)、(400)、(331)、(420)、(422)晶面的特征峰,纯 CeO_2 和复合粉体具有十分相似的 XRD 图谱,二者衍射峰十分吻合,说明通过一步水热法成功生成了 CeO_2 氧化物,并且该氧化物结构为立方萤石结构(JCPDS 81—0792)。

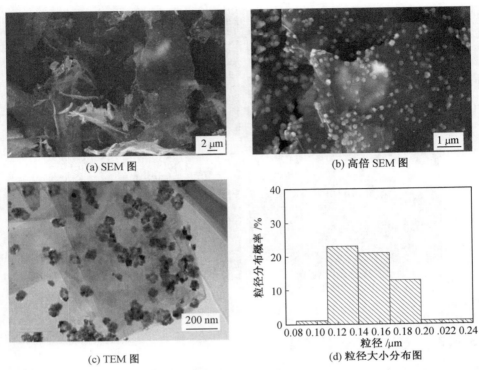

(a) SEM 图　　　　　　　　　　(b) 高倍 SEM 图

(c) TEM 图　　　　　　(d) 粒径大小分布图

图 13.22　CeO_2－GNs 的 SEM 图、高倍 SEM 图、TEM 图、粒径大小分布图

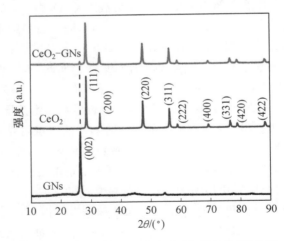

图 13.23　CeO_2－GNs、纯 CeO_2 及 GNs 的 XRD 图

　　图 13.24 是 CeO_2－GNs 的高倍 SEM 图、TEM 图、HR－TEM 图和 SAED 电子衍射图。如图 13.24(a)所示，CeO_2 颗粒的形貌为八面体棱锥，结晶性较好，表面光滑平整，无杂质附着，棱角分明，但颗粒粘连现象较为普遍。图 13.24(b)进一步证实了 CeO_2 颗粒的团聚现象，由粒径约为 25 nm 的小颗粒堆积而成，在堆叠区域边缘处可明显观察到八面体棱锥的顶角比较尖锐，边线锋利。采用 HR－TEM 研究的 CeO_2 结构如图 13.24(c)所示，二氧化铈的晶面大部分方向一致，晶面间距为 0.32 nm，对应于二氧化铈的(111)晶

面,而存在一小部分与(111)不同方向的晶面,其间距为 0.27 nm,对应于(200)晶面。对图 13.24(d)中的电子衍射花样进行标定,可以鉴别出八面体二氧化铈为面心立方结构,如图 13.25(a) 所示。在 CeO_2 的晶胞模型中,(111)面是原子密排面,低于其他晶面的表面能,具有相对于其他面稳定的结构和性质,这些原子密排面组成一个八面体棱锥,如图 13.25 (c) 所示,具有最稳定的结构,因此生成的 CeO_2 颗粒形貌主要是八面体棱锥,暴露面大部分为(111)面。但是,如图 13.25 (d) 所示,二氧化铈顶角处存在明显的宏观缺陷,根据文献研究表明,该处可能存在三价铈离子,即 Ce_2O_3,Ce_2O_3 部分电子衍射花样与图 13.25(d)相似,且(200)晶面是极性面,表面能高,比(111)面不稳定,氧空位易在此面形成,可推断通过水热法生成的稀土氧化物是由氧化铈的混合物组成的。

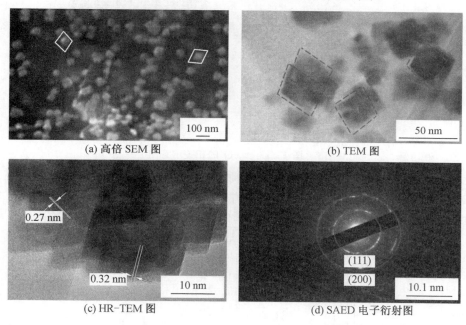

(a) 高倍 SEM 图

(b) TEM 图

(c) HR-TEM 图

(d) SAED 电子衍射图

图 13.24　CeO_2-GNs 的高倍 SEM 图、TEM 图、HR-TEM 图和 SAED 电子衍射图

图 13.26 所示为 CeO_2-GNs 和 GNs 的拉曼光谱分析图,插图为纯 CeO_2 的拉曼光谱图。从图 13.26 中可以清楚地看出,GNs 的 I_D/I_G 值为 0.713,而 CeO_2-GNs 的 I_D/I_G 值为 0.652,I_D/I_G 值的减少意味着改性石墨片无序度降低,缺陷密度下降,说明铈离子可能选择在石墨纳米片的缺陷位置沉积,修复了石墨纳米片缺陷,这体现了铈离子具有自修复的特性。此外,相比于 GNs,CeO_2-GNs 的 2D 峰的强度有所增加,说明石墨纳米片的堆叠层数有所减少,表明 CeO_2 可对石墨片进行插层,进一步剥离石墨片,减少堆叠层数,同时 CeO_2 在石墨片上的负载造成空间位阻效应,抑制了石墨片的团聚,提高石墨片的分散能力。该结果与 CeO_2-GNs 的 TEM 图一致。图 13.26 的插图显示了纯 CeO_2 的拉曼光谱,在 463 cm^{-1} 处出现一个强烈的特征峰,对应于二氧化铈晶格中 Ce—O8 的对称拉伸振动,为 F2g 模式。F2g 振动模式对晶格中由掺杂、晶粒尺寸和热诱导的非化学计量效应引起的无序非常敏感。当二氧化铈中存在氧空位及 Ce^{3+} 的引入会导致晶格局部对称性发生变形,导致 Ce—O 键长度和整体晶格参数发生变化,二氧化铈的 F2g 振动峰值

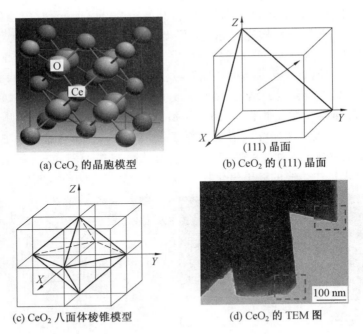

(a) CeO₂ 的晶胞模型　　　　　　(b) CeO₂ 的 (111) 晶面

(c) CeO₂ 八面体棱锥模型　　　　(d) CeO₂ 的 TEM 图

图 13.25　CeO₂ 的相关示意图

将发生移动,因此通过分析拉曼光谱的移动,可对二氧化铈中的氧空位进行表征。从图 13.26 中可发现,CeO_2-GNs 的 F2g 峰值位于 460 cm^{-1} 处,与 463 cm^{-1} 相比,有 3 cm^{-1} 的拉曼下移,说明通过一步水热法制备得到的二氧化铈具有氧空位,即 CeO_{2-x}。

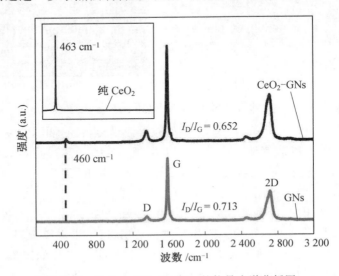

图 13.26　CeO_2-GNs 和 GNs 的拉曼光谱分析图

存在氧空位的二氧化铈 CeO_{2-x} 中的非化学计量数 x 可通过拉曼光谱中 F2g 的偏移量来计算。

振动频率与晶格常数及晶格体积三者之间的关系式如下:

$$\Delta\omega = -3\gamma \cdot \omega \cdot (\Delta a/a_0) = -3\gamma \cdot (\Delta V/V_0) \qquad (13.1)$$

式中　　ω——F2g 振动频率；

　　　　$\Delta\omega$——F2g 振动频率的偏移量；

　　　　γ——F2g 模式下的 Gruneisen 常数为 1.24（假设与温度无关）；

　　　　Δa——晶格常数的变化量；

　　　　a_0——晶格常数参考值；

　　　　ΔV——晶格体积的变化量；

　　　　V_0——晶格体积的参考值。

当生成一个氧空位的时候，两个 Ce^{3+}（1.143 Å）会替换掉两个 Ce^{4+}（0.90 Å），造成晶格膨胀，而氧空位的半径为 1.164 Å，O^{2-} 的半径为 1.380 Å，因此 Ce^{3+} 和 Ce^{4+} 之间半径不同引起的晶格膨胀可由氧空位和氧离子之间的半径差值部分抵消。

因此非化学计量 x 与 $\Delta V/V_0$ 大体呈线性：

$$x = -10(\Delta a/a_0) = -3.3(\Delta V/V_0) \qquad (13.2)$$

故 x 的值为

$$x = 2.66(\Delta\omega/\omega) \qquad (13.3)$$

由图 13.26 可知，GNs—CeO_2 的 F2g 峰值为 460 cm^{-1}，相比于纯 CeO_2 的 263 cm^{-1}，其峰值下降了 3 cm^{-1}，即 $\Delta\omega=3$。由式（13.3）可计算得到 x 为 0.016 8。因此，通过水热法制备得到的二氧化铈的化学式为 $CeO_{1.9832}$。

图 13.27(a) 是改性复合粉体 GNs—CeO_2 的 XPS 全谱图，从图中可以清楚地观察到只存在 Ce、O、C 三种元素的特征信号峰，表明该复合粉体无其他杂质掺杂。图 13.27(b) 是 Ce 3d 窄谱图，在 898.605 eV、916.797 eV 处分别对应于 Ce^{4+} $3d_{3/2}$ 和 Ce^{4+} $3d_{5/2}$ 的特征峰，而在 901.252 eV、882.663 eV 处分别对应于 Ce^{3+} $3d_{3/2}$ 和 Ce^{3+} $3d_{5/2}$ 的特征峰，表明了 Ce 以 Ce^{3+} 和 Ce^{4+} 的混合价态存在。图 13.27(c) 在 284.356 eV 处具有最强烈的特征信号峰，属于 C—C 键。在对 C 1s 谱图分峰后，如图 13.27(c) 所示，在 285.351 eV、286.661 eV、289.038 eV 处存在特征信号峰，分别对应于 C—OH、C=O、—COOH 三种含氧官能团，表明石墨纳米片经过酸化预处理后，成功引入了含氧官能团，提高了石墨纳米片的反应活性，促进反应进行。如图 13.27(d) 所示，在 529 eV、532.163 eV 处观察到两处强峰，分别对应于二氧化铈中的晶格氧和氧空位，当时 Ce^{4+} 还原成 Ce^{3+}，氧原子离开晶格，造成位置空缺，出现了氧空位，氧空位的存在进一步证明了生成的氧化铈存在混合价态，与拉曼结果相吻合。

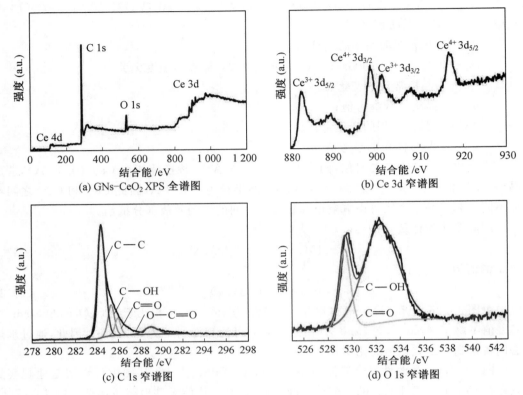

图 13.27　相关谱图

13.7　二氧化铈表面能的模拟研究

将基于 DFT 的第一性原理计算对二氧化铈表面性质进行模拟,计算二氧化铈(111)晶面和(100)晶面的表面能,推测其主要暴露晶面的生长机理。

13.7.1　计算方法和模型设置

选用美国 Accelrys 公司开发的软件 Materials Studio 中的 CASTEP 模块对二氧化铈的几何结构优化、特定表面性质进行模拟计算。电子的交换关联能采用 GGA 的 PW91泛函形式进行描述。选择 4f、5s、5p、5d、5s 作为 Ce 的价电子,2s、2p 作为 O 的价电子,采用平面波基组对铈和氧的价电子进行描述。基于铈的 4f 轨道电子的强关联效应,引入Hubbard 参数 U 进行修正,U 值设置为 5 eV。布里渊区积分的 K 点采用 Monkhorst－Pack 方法自动生成,参数设置为 Medium。结构优化过程中截断能设置为 370 eV,能量的收敛标准值设置为 10^{-5} eV,原子力的收敛标准值设置为 0.05 eV/Å。

对于晶面的表面能 Esurf 可根据下式求得:

$$Esurf = (Eslab - NEbulk)/2A \qquad (13.4)$$

式中　Eslab——模拟模型的能量值;

Ebulk——氧化铈原胞的能量值;

N——slab 模型所含有的原胞数目;

A——slab 模型的面积。

模拟选择二氧化铈晶胞作为基本计算模型,其结构如图 13.28 所示,二氧化铈为立方萤石结构,空间群为 Fm3m,铈原子按照面心立方点阵进行排列,Ce^{4+} 被周围 8 个 O^{2-} 包围,O^{2-} 与 4 个 Ce^{4+} 进行配位。在对二氧化铈表面模拟之前需要对其原胞即体相进行初始结构的优化。

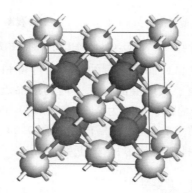

图 13.28 二氧化铈晶胞结构图(深色为氧原子,浅色为铈原子)

优化后的二氧化铈晶格常数和 Ce—O 键的键长分别为 5.464 Å 和 2.36 Å,与实验测得的晶格常数 5.411 Å 及 2.34 Å 非常接近,并与文献计算值相一致,其中由于计算方法的原因,LDA 计算方法得到的数值一般比 GGA 计算方法的低。说明本书所用计算方法和模型较为可靠,计算数据较为准确。

13.7.2 二氧化铈晶面模拟与分析

在自然界中,氧化铈存在三种低米勒指数的晶面,分别为(111)、(110)、(100)晶面。本章研究主要针对水热制备得到的氧化铈,其对主要存在的(111)晶面和(100)晶面进行模拟,计算其特定表面的表面能,推测其主要暴露晶面的生长机理。采用在 Z 轴方向上的周期性重复的 slab 模型来模拟(111)晶面和(100)晶面,并在其顶部建立 10 Å 的真空层,防止相邻表面层原子的相互作用。

1. CeO_2(111)面模拟

对二氧化铈晶胞用(111)晶面进行切割,最外层表面模型以氧原子为暴露面,模拟晶胞以连续的 O—Ce—O 原子层结构作为 slab 模型,选取 9 个原子层,Skorodumova 等分别计算了 9 层和 18 层 slab 模型的表面能,结果显示二者之间的差值仅为 0.002 J/m^2,说明 9 层的 slab 模型足以描述(111)面的表面性质。对 slab 模型中的下方 6 层原子固定,上方 3 层原子进行弛豫,模拟结构优化,并计算 CeO_2(111)晶面的体系能量。其(111)面的 slab 模型如图 13.29 所示,由图 13.29(a)侧视图可看出该模型最外层表面是由 4 个氧原子组成的原子层。在图 13.29(b)俯视图中可看到位于次外层的铈原子,其分别与最外层 3 个氧原子和下两层的氧原子形成配位。

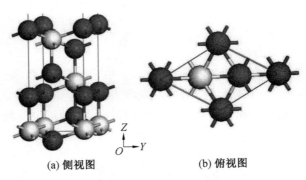

(a) 侧视图   (b) 俯视图

图 13.29 CeO_2(111)面优化前的结构图

如图 13.30 所示，CeO_2(111)面优化后的结构保持得相当完整，表层 Ce—O 键的键长略有变化。表层弛豫后，位于次外层的铈原子向内层靠近，导致 Ce_3—O_3 的键长缩短为 2.358 Å，与最外层氧原子的键长伸长为 2.376 Å，与 O_6 的键长缩短为 2.32 Å，偏移量为 0.04 Å，这与 Yang 等计算(111)面优化后的偏移量 0.03 Å 的结果相近。铈原子向内层的偏移使得 CeO_2(111)面排列更紧密，结构更稳定。

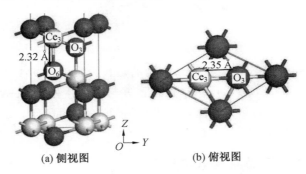

(a) 侧视图   (b) 俯视图

图 13.30 CeO_2(111)面优化后的结构图

2. CeO_2(100)面模拟

为比较两者晶面的表面能，同样选择 3 个铈原子、6 个氧原子作为 slab 模型，最外层表面模型以氧原子为暴露面，对 slab 模型中的下方 3 层原子固定，上方 3 层原子进行弛豫，采用同样的计算方法模拟结构优化，并计算 CeO_2(100)晶面的体系能量。为较好显示其(100)面的 slab 模型，选择 2×2 晶胞，如图 13.31 所示，由图 13.31(a)侧视图可看出该模型内部铈原子与 4 个氧原子形成配位。在 13.31(b)俯视图中可看到，铈原子与氧原子的排列呈格子状。

CeO_2(100)面优化后的结构未有明显的重构现象(图 13.32)。表层弛豫后，Ce_2—O_4 和 Ce_2—O_2 的键长减小为 2.35 Å，而 Ce_2—O_5 和 Ce_2—O_6 的键长增大为 2.38 Å，与 Yang 等计算(100)面优化后的表层膨胀量 0.17 Å 的结果相近。CeO_2(100)面优化后，次外层的铈原子向外伸展，最外层氧原子向内收缩。这可能会造成(100)面表面结构不稳定。

氧化铈低指数面弛豫后的表面能值见表 13.6，结果显示本书的计算值与文献值相一致。氧化铈(111)面和(100)面的表面能分别为 0.74 J/m² 和 3.7 J/m²，(100)面的表面能比(111)面高近 500%。易知，表面能越低，该表面越稳定。因此(111)面在晶胞中最稳

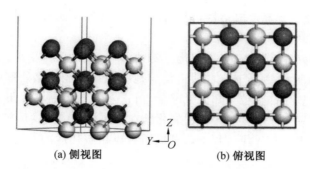

(a) 侧视图   (b) 俯视图

图 13.31   CeO₂(100)面(2×2)优化前的结构图

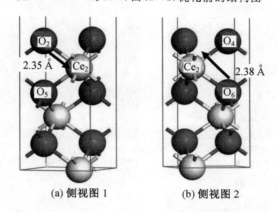

(a) 侧视图 1   (b) 侧视图 2

图 13.32   CeO₂(100)面(1×1)优化后的结构图

定,所以在自然界中,二氧化铈存在最多的晶面为(111)面。

表 13.6   氧化铈低指数面弛豫后的表面能值

$\gamma/(J \cdot m^{-2})$	
CeO₂－111	CeO₂－100
0.74	3.7
0.68	3.2
1.12	4.2
0.7	5.1

    此外,根据表面能计算结果可以推测水热过程中晶面的生长情况。在晶面生长过程中,(100)面的表面能较高,使得其生长速度明显高于(111)面,导致(100)面逐渐消失,而(111)面则因生长速度慢得以暴露出来,成为氧化铈的主要暴露面。

13.8   铈的氧化物沉积及形成机理

    碳纳米材料如石墨烯、碳纳米管都是以苯六元环为基本结构单元,碳原子之间以 sp² 杂化轨道连接成键,化学稳定性高,表面呈惰性,反应活性低,金属离子很难与之反应而沉积在碳材料上。因此为提高反应活性,目前普遍对碳材料表面进行强氧化处理使其产生缺陷,引入含氧基团。

图 13.33 所示为硝酸铈分别与未酸化石墨纳米片、酸化后石墨纳米片反应得到的粉体的 SEM 图。如图所示,氧化铈颗粒没有均匀地沉积在未经酸化处理的石墨纳米片上,分布杂乱无章,而且氧化铈颗粒大部分呈球状,由众多的细小颗粒聚集而成,颗粒尺寸大小不一,与周围颗粒聚集成团簇状。说明氧化铈在反应过程中自发形核生长,而未酸化石墨烯仅作为混合物,未参与反应过程中。氧化铈颗粒在酸化后的石墨纳米片上则分布均匀,大小统一。

(a) 与未酸化石墨纳米片反应得到的粉体低倍 SEM　　(b) 与未酸化的石墨纳米片反应得到的粉体高倍 SEM

(c) 与酸化后石墨纳米片反应得到的粉体低倍 SEM　　(d) 与酸化后的石墨纳米片反应得到的粉体高倍 SEM

图 13.33　硝酸铈分别与未酸化及酸化后石墨纳米片反应得到的粉体的低倍和高倍 SEM

这是由于在本实验中,石墨纳米片已经过酸化处理,由拉曼、XPS 等表征证实了石墨片被酸蚀刻产生表面缺陷,接枝了含氧官能团。酸化石墨片上缺陷处带有的含氧官能团在水中电离产生负电荷,通过静电相互作用和稀土元素对氧族等元素的强亲和力作用,溶液中的三价铈离子优先吸附并沉积在缺陷处,并与含氧官能团结合成配合物,随后反应脱水形成氧化铈颗粒,修复石墨纳米片的缺陷。

在水热体系中,实验反应物仅有六水合硝酸铈,酸化石墨纳米片、去离子水、聚乙烯吡咯烷酮,溶液呈中性,PVP 在水中不发生电离且在高温下状态稳定,无添加沉淀剂,故铈元素在反应开始时只能以三价铈离子状态存在。水热过程中,由于铈离子易被氧化的特性,三价铈离子被体系中的氧气氧化生成四价铈离子(式(13.5))。此外,根据表 13.7,Ce^{4+} 的络合物形成常数为 13.28,Ce^{3+} 的络合物形成常数为 4.6,络合物形成常数越大,表示形成的络合物越稳定。由于水热体系反应活性提高,故四价铈离子又先与水中的 OH^- 结合生成氢氧化铈沉淀 $Ce(OH)_4$ 覆盖在缺陷处。当溶液中氧气消耗殆尽,Ce^{4+} 不再产生时,Ce^{3+} 随后开始与 OH^- 结合产生沉淀生成 $Ce(OH)_3$,两种前驱体在高温高压条件下分解脱水,分别含有氧空位/Ce^{3+} 的 CeO_{2-x} 和 CeO_2 晶体沉积在石墨片缺陷处,修复了石墨纳米片的表面缺陷,表明了稀土元素具有自修复特性。因此得到的复合粉体中铈为 Ce^{4+}/Ce^{3+} 混合价态,其中 Ce^{4+} 占绝大部分。反应后溶液呈酸性,证实了上述反应过程。水热反应过程中的系列反应式如下:

$$2Ce^{3+}+1/2O_2+H_2O \longrightarrow 2Ce^{4+}+2OH^- \tag{13.5}$$

$$Ce^{4+}+4OH^- \longrightarrow Ce(OH)_4 \downarrow \tag{13.6}$$

$$Ce^{3+}+3OH^- \longrightarrow Ce(OH)_3 \downarrow \tag{13.7}$$

$$Ce(OH)_4 \longrightarrow CeO_2+2H_2O \tag{13.8}$$

$$2Ce(OH)_3 \longrightarrow Ce_2O_3+3H_2O \tag{13.9}$$

表 13.7　金属离子与无机配位体络合物的累积形成常数

配位体	金属离子	$\lg K_1$	$\lg \beta_2$	$\lg \beta_3$
OH^-	Ce^{3+}	4.6	—	—
	Ce^{4+}	13.28	26.46	—

对复合粉体中铈的混合价态应用 $Ce-H_2O$ 体系的电位-pH 图来分析。图 13.34 所示为标准状态下 $Ce-H_2O$ 体系的电位-pH 图。图中实线④⑥⑦⑧⑨及虚线①②③表示存在化学反应,当溶液 pH 大于 8 时,Ce^{3+} 可由反应线⑦形成 $Ce(OH)_3$ 沉淀,$Ce(OH)_2^{2+}$ 形成 $Ce(OH)_3$ 沉淀。而 Ce^{4+} 在 pH 小于 8 时,以 $Ce(OH)_3$ 沉淀和 $Ce(OH)_2^{2+}$ 形式存在。Ce^{3+} 可在一定电位下通过电化学反应生成 $Ce(OH)_2^{2+}$,其反应式如下:

$$Ce^{3+}+2H_2O \longrightarrow Ce(OH)_2^{2+}+2H^++e^- \tag{13.10}$$

根据能斯特方程计算该反应的电极电位:

$$E_{298}^{\ominus}=1.731-0.118\ 2pH+0.059\ 21\lg[Ce(OH)_2^{2+}/Ce^{3+}] \tag{13.11}$$

由式(13.11)可知,当 pH 较高时,式(13.9)可在较低电位下发生。由式(13.5)可知,当溶液中 Ce^{3+} 氧化成 Ce^{4+},同时也产生了 OH^-,使该区域 pH 升高,使得在石墨片上沉积的氧化铈的价态为四价,而当溶液中 Ce^{4+} 不再产生时,剩余的 Ce^{3+} 就开始形成沉淀,最终氧化物的价态存在三价。

13.9　石墨烯稀土改性分析

采用水热法在石墨纳米片上成功均匀负载稀土氧化物颗粒,制备复合粉体。采用 XPS、SEM、拉曼光谱仪、TEM、XRD、红外光谱仪等分析测试 $CeO_{2-x}-GNs$ 复合粉体的物相结构、元素价态、微观形貌等,以及基于密度泛函理论(DFT)的第一性原理计算,对二氧化铈晶面表面能进行模拟计算。

(1)物理法制备得到的石墨纳米片表面平整,边缘处存在褶皱。石墨纳米片经酸化预处理后,石墨缺陷密度有所提高。

(2)水热温度升高、时间延长以及提高铈离子反应质量浓度都能促进 CeO_2 颗粒在石

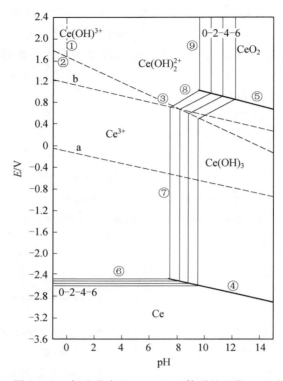

图 13.34　标准状态下 Ce－H_2O 体系的电位－pH 图

墨纳米片的负载,提高改性效果。CeO_2 颗粒的粒径大小对水热温度和时间不敏感,主要受铈离子反应质量浓度的影响,质量浓度越高,粒径越大,当铈离子质量浓度为 10 g/L 时,团聚粒径的粒径最大可约为 0.5 μm。因此,复合粉体制备的最佳工艺如下:水热时间和温度应为 4 h 和 170 ℃,铈离子质量浓度为 1 g/L,PVP 作为表面活性剂,质量浓度为 0.2 g/L。

（3）复合粉体中大部分 CeO_2 为面心立方结构,形貌为八面体棱锥,暴露面大部分为 (111)面,少部分 Ce 以 Ce^{3+} 价态存在,同时还存在氧空位。经计算,通过水热法制备得到的二氧化铈的化学式为 $CeO_{1.9831}$。

（4）二氧化铈的(111)面和(100)面的表面能分别为 0.74 J/m^2 和 3.7 J/m^2。在水热中,具有高表面能的(100)面生长速度快,(111)面生长速度慢,导致(100)面逐渐消失,而 (111)面则暴露出来,成为二氧化铈的主要暴露面。

（5）铈离子优先选择在石墨纳米片的缺陷处沉积、形核和生长,并修复了石墨纳米片上的缺陷,表明了稀土铈具有自修复的特性。水热产生的铈氧化物的价态受溶液中氧气影响,三价铈离子易被氧气氧化得到四价铈,氧气耗尽时,三价铈离子少量留存下来。

13.10　稀土改性石墨纳米片防腐涂料特性

本章采用实验室配方,选择水性环氧树脂作为涂层基质,锌粉和改性复合粉体作为功能性填料,制备富锌防腐涂料。通过基本物理性能测试、电化学测试、耐盐雾实验等探究涂料的防腐特性,并探讨其防腐机理。

表 13.8 所示为质量分数为 1% 的改性粉体和质量分数为 40% 的锌粉的涂料配方。涂料制备工艺流程如图 13.35 所示,首先对 B 组分,取 11 g 水性环氧树脂乳液和质量分数为 40% 的球状锌粉混合在一起,机械搅拌 0.5 h,再利用内切式匀浆机均质搅拌 10 min,获得均质溶液。然后加入 B 组分,依次加入 2 g 固化剂和质量分数为 0~2% 的 CeO_2-GNs 复合粉体/GNs 以及少量的去离子水和其他助剂,持续机械搅拌 0.5 h 后,放入真空干燥箱中 3 min 以去除溶液中的气泡。取出后倒在干净无锈迹的铁板上,用刮刀均匀涂刷,最后在室温下静置三天固化。复合涂层根据复合粉体添加量的多少分别命名为 CG0/EP、CG0.2/EP 等。为了对比改性效果,同时制备了在锌质量分数 40% 的富锌涂层中加入质量分数 1% 的石墨纳米片,标记为 G1/EP。

表 13.8 质量分数为 1% 的粉体和质量分数为 40% 的锌粉的涂料配方

组分	名称	质量/g
A 组分	BC901	2
	去离子水	10
	GA100	0.01
	740W	0.02
	CT-136	0.01
	3062	0.01
	Bentone LT	0.03
	滑石粉	0.7
	重晶石	0.4
	氧化铁红	0.7
	PA700	0.02
	FA179	0.02
	GNs/CeO_2-GNs	0.2
B 组分	锌粉	8
	BC5550	11

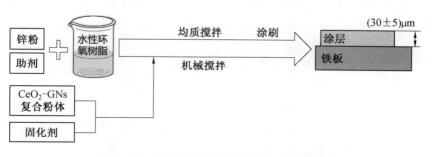

图 13.35 水性环氧富锌涂料制备工艺流程图

石墨烯在涂料中分散良好是石墨烯防腐涂料的防腐性能提升的关键因素。因此在涂料制备过程中，复合粉体与水性环氧树脂乳液或固化剂混合先后顺序的选择是十分重要的制备工艺流程。图 13.36 所示为 GNs 分别与环氧树脂、固化剂混合后静置 0 h、2 h 的照片。在环氧树脂、固化剂中分别加入等量的 GNs，机械搅拌 0.5 h 后，在室温下静置，在静置 2 h 后，GNs 在环氧树脂乳液中出现严重沉降（图中画线处），而在固化剂中分散良好。这是由于固化剂为水性环氧胺类固化剂，溶液中含有氨基，GNs 易与氨基结合，提升了 GNs 在固化剂中的分散能力。这种分散状态可保证石墨粉体继续加入环氧乳液中搅拌以及在后续涂料静置干燥过程中仍保持较好的分散状态，从而获得良好的防腐性能。所以涂料制备工序中将石墨粉体与固化剂混合后再加入到环氧乳液中。

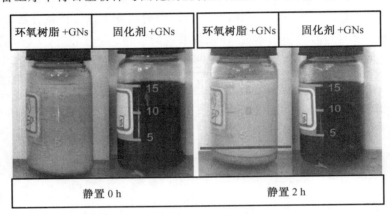

图 13.36 GNs 分别与环氧树脂、固化剂混合后静置 0 h、2 h 照片

13.11 稀土改性石墨纳米片/富锌涂层性能的表征

13.11.1 涂层基本物理性能

1. 涂层厚度

涂层固化后利用涂层测厚仪测试涂层厚度，为保证数据准确，采用五点测试法，最后取平均值，测试结果见表 13.9。

表 13.9 各涂层厚度 μm

涂层类别	厚度					平均厚度
CG0/EP	31	41	45	32	30	35
CG0.2/EP	22	25	29	32	34	28.4
CG0.5/EP	25	24	21	25	24	25
CG1/EP	28	27	35	30	32	30.4
G1/EP	34	25	23	30	27	27.8

2. 涂层硬度

各涂层的硬度见表 13.10，锌粉添加量为 40％的 CG0/EP 的硬度值为 2H，当向富锌涂料中加入改性粉体或石墨粉体后，其硬度值略有提高，达到 3H。而随着复合粉体添加量的提高，涂层硬度值并没有增加或减小，说明复合粉体的添加量对涂层硬度没有显著的影响。

表 13.10　各涂层硬度

涂层类别	硬度
CG0/EP	2H
CG0.2/EP	3H
CG0.5/EP	3H
CG1/EP	3H
G1/EP	3H

3. 涂层附着力

图 13.37 所示为各涂层附着力测试后的光学显微照片，划格试验后，CG0/EP 沿着切割边缘存在大碎片脱落的现象(图 13.37(a))，而在复合涂层中，仅在切口交叉处及切口边缘部分有涂层脱落，且脱落面积较小，低于 5％(图 13.37(b)、(c)、(d))。根据观察结果，对涂层附着力进行评级，见表 13.11，等级数字越低，则附着力越高。结果显示富锌涂层附着力最低，为 3 级。含石墨粉体的复合涂层的附着力则为 1 级。这是由于涂层中的石墨烯可填补涂层孔隙，提高涂层与基底的接触面积，改善了涂层附着力。此外，改性粉体添加量为 0.5％的涂层附着力最高，即 0 级，粉体的改性使石墨纳米片在涂层中具有良好分散，而且氧化铈通过在钢表面和聚合物涂层之间进行机械和化学键合，可以大大改善界面黏合力，提高了涂层的附着力。

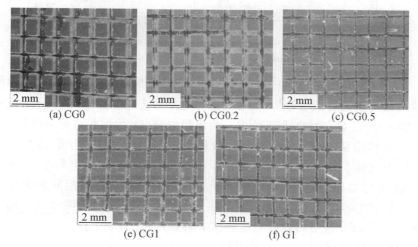

(a) CG0　　(b) CG0.2　　(c) CG0.5

(e) CG1　　(f) G1

图 13.37　各涂层附着力测试后的光学显微照片

表 13.11　各涂层附着力等级

涂层类别	附着力等级
CG0/EP	3 级
CG0.2/EP	1 级
CG0.5/EP	0 级
CG1/EP	1 级
G1/EP	1 级

13.11.2　涂层电化学表征

图 13.38 所示为各涂层在质量分数为 3.5％NaCl 溶液中浸泡 2 天后的 Nyquist 图和模拟电路图。从图 13.38(a)中可发现 CG0/EP 在低频区出现了一条斜率为 45°的直线，对应于代表扩散效应的 Warburg 阻抗。这说明溶液中的电解液在涂层中达到饱和状态，已渗透到涂层与金属间的界面处，造成铁的腐蚀。而复合涂层的 Nyquist 图则只出现一个容抗弧，在低频区域出现了类似扩散阻抗特征，根据等效电路拟合结果与实测数据较好重合，说明该特征属于容抗弧的一部分，表明复合涂层仍处于浸泡初期状态。

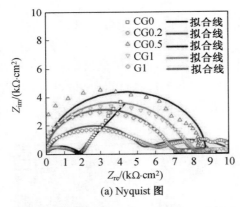
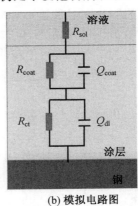

(a) Nyquist 图　　　　　　　(b) 模拟电路图

图 13.38　各涂层在质量分数为 3.5％NaCl 溶液中浸泡 2 天后的 Nyquist 图和模拟电路图

对涂层的阻抗谱进行拟合分析，其等效模拟电路如图 13.38(b)所示，R_{sol} 质量分数为 3.5％NaCl 溶液电阻，Q_{coat} 为涂层电容，R_{coat} 为涂层电阻，Q_{dl} 为锌粉表面双电层电容，R_{ct} 为锌粉反应电荷转移电阻，拟合后的各元件数值见表 13.12。复合涂层的电容值 Q_{coat} 与 CG0/EP 涂层相比低了几个数量级，这是由于石墨纳米片是良好的电导体，加入涂料中可降低其电容值，涂层电容值越小，对腐蚀离子的渗透便具有更好的阻隔保护作用，其中，CG0.5/EP 涂层的电容值最小，为 1.212×10^{-9} $\Omega^{-1}/(cm^2 \cdot s^n)$，说明该涂层的屏蔽作用最强。而且 CG0.5/EP 涂层的锌粉电荷转移电阻 R_{ct} 值仅为 591 $\Omega \cdot cm^2$，意味着该涂层中的锌粉腐蚀阻力降低，促进了锌粉的消耗。

表 13.12　各涂层等效电路中的元件拟合数值

涂层	R_{sol} /($\Omega \cdot cm^2$)	Q_{coat} /($\Omega^{-1} \cdot cm^{-2} \cdot s^{-n}$)	R_{coat} /($\Omega \cdot cm^2$)	Q_{dl} /($\Omega^{-1} \cdot cm^{-2} \cdot s^{-n}$)	R_{ct} /($\Omega \cdot cm^2$)
CG0	0.038	1.5×10^{-3}	5 191	9.64×10^{-9}	1 670
CG0.2	0.014	1.01×10^{-4}	5 528	3.67×10^{-8}	4 999
CG0.5	0.022	1.212×10^{-9}	8 752	1.345×10^{-5}	591
CG1	0.010	2.685×10^{-9}	7 624	2.4×10^{-4}	1 989
G1	0.027	2.772×10^{-9}	6 595	2.01×10^{-4}	2 503

图 13.39 所示为各涂层在质量分数为 3.5% NaCl 溶液中浸泡 2 天后的极化曲线。CG0/EP 的腐蚀电位位于 -0.711 V,而加入了石墨片粉体或改性粉体的涂层的电位都向更负电位移动。铁电极的氧化电位(相对于 SCE)为 -0.76 V,即 CG0/EP 的电位高于铁的电位,复合涂层的电位低于铁的电位,意味着 CG0/EP 不能提供阴极保护,锌粉仅能作为涂层中的填充剂,而复合涂层中的锌粉则可发挥牺牲阳极保护阴极的作用。

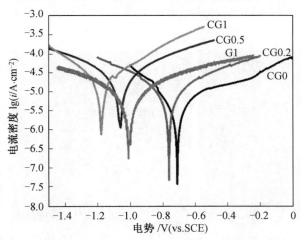

图 13.39　各涂层在质量分数为 3.5% NaCl 溶液中浸泡 2 天后的极化曲线

表 13.13 所示为各涂层在质量分数为 3.5% NaCl 溶液中浸泡 2 天后的极化曲线的电化学参数。由表 13.13 可知,CG0/EP 的腐蚀电流密度为 3.95 $\mu A/cm^2$,加入石墨片及改性石墨片后,涂层的腐蚀电流密度大幅度上升,且添加改性粉体的涂层的腐蚀电流密度普遍比未改性石墨片涂层大,其中 CG0.5/EP 的腐蚀电流密度最大为 37.15 $\mu A/cm^2$。这说明稀土改性后的石墨片在涂层中的分散性提高了,可改善锌颗粒之间的导电网络以及锌颗粒与铁基底之间的电连接,提高了锌粉的腐蚀速率,增强了富锌涂层牺牲阳极的保护作用。

表 13.13　各涂层在质量分数为 3.5% NaCl 溶液中浸泡 2 天后的极化曲线的电化学参数

涂层	$E_{corr}(V_{SCE})$	$i_{corr}(\mu A \cdot cm^{-2})$
CG0	−0.711	3.95
CG0.2	−0.762	9.66
CG0.5	−1.060	37.15
CG1	−1.179	24.94
G1	−1.010	8.53

13.11.3　涂层耐盐雾性能

对涂层进行耐盐雾试验,即模拟在海水环境中涂层的耐蚀表现,是评价涂层防腐性能最直观有效的手段之一。一般为了更快速地评定涂层耐腐蚀性能,即为了加快腐蚀进程,故在涂层表面采用画线法。图 13.40 所示为不同粉体添加量的涂层在耐盐雾试验前 0 h 的照片,其中有四个涂层颜色为红色,是加了颜料氧化铁红的缘故,涂层表面干净平整,无气泡、杂质存在。在交叉画线处都裸露出高光泽度的铁基底。由表 13.9 所示,涂层平均厚度为 (30 ± 5) μm。

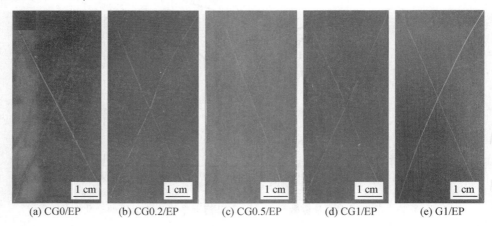

(a) CG0/EP　　(b) CG0.2/EP　　(c) CG0.5/EP　　(d) CG1/EP　　(e) G1/EP

图 13.40　涂层耐盐雾前 0 h 的照片

图 13.41 所示为各涂层在 200 h 耐盐雾后的照片。如图 13.41(a)所示,在盐雾 200 h 后,传统富锌涂层在画线处出现严重的锈迹,且蔓延至周围。在涂层上部存在涂层起泡现象,起泡通常取决于与基底的附着力强度或涂层间的结合能力。这说明经过 200 h 盐雾后,传统富锌涂层结合能力下降,这可能是由于溶液中水介质进入涂层到达基底发生阴极反应产生 OH^-,降低涂层与基底的结合力。在《富锌底漆》(GB/T 3668—2000)"72 h 能耐盐雾"标准中,能耐盐雾指样板涂膜上对角刻透线两边 3 mm 以外至样板周边 10 mm 以内的区域上看不出气泡、剥落、锈斑。根据标准判定,该传统富锌涂层已失效。如图 13.41(e)所示,在 G1/EP 涂层上部区域也发现蔓延的锈迹,下部区域却无腐蚀,这可能是由于石墨片粉体在该腐蚀区域分散性差,在下部区域分散性好,因此涂层耐腐蚀性能不一

致的结果,该 G1/EP 涂层也失效。对于添加了复合粉体的富锌涂层,如图 13.41(b)、(c)、(d)所示,涂层表面几乎无锈迹。说明石墨片粉体经改性后在涂层中的分散性有所改善,可有效阻挡氯离子等腐蚀介质的侵入,提高涂层的耐盐雾性能。

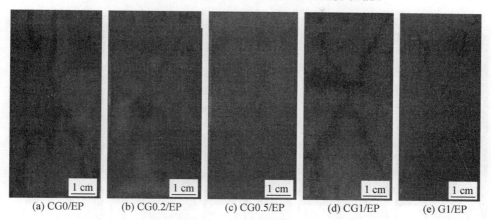

(a) CG0/EP   (b) CG0.2/EP   (c) CG0.5/EP   (d) CG1/EP   (e) G1/EP

图 13.41　涂层在 200 h 耐盐雾后的照片

图 13.42 所示为涂层在 600 h 耐盐雾后的照片。如图 13.42(a)所示,在盐雾 600 h 后,传统富锌涂层出现大范围的涂层脱落现象,说明溶液中水、氯离子等腐蚀介质已大量渗透到涂层与基底之间的界面,加剧铁基底的腐蚀反应。如图 13.42(e)所示,G1/EP 涂层在画线处的腐蚀情况也逐渐加剧。而如图 13.42(b)、(d)所示,CG0.2/EP 和 CG1/EP 涂层都产生了较多的起泡,表明这两种涂层已失效,而 CG0.5 / EP 涂层仍保持较好的状态。说明当改性粉体添加量过少时,不足以提供足够的屏蔽层,而粉体添加量较大时,则可能会在涂料中造成团聚,在涂层中形成微小间隙,反而为腐蚀介质的侵入提供便利。

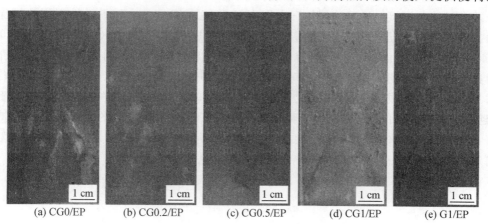

(a) CG0/EP   (b) CG0.2/EP   (c) CG0.5/EP   (d) CG1/EP   (e) G1/EP

图 13.42　涂层在 600 h 耐盐雾后的照片

当盐雾时间达到 1 000 h 时,如图 13.43(a)所示,传统富锌涂层在画线处有大量腐蚀产物附着在上面。如图 13.43(b)、(d)所示,两种涂层的气泡数量增多且体积增大,部分气泡破损,裸露出因腐蚀而变成黑色的铁基底。同时,从图 13.43(c)可观察到 CG0.5/EP 涂层在画线处上部出现气泡,说明腐蚀介质经过长时间的渗透扩散后到达基底,与基底发生了腐蚀反应,最终导致涂层失效。以上分析表明,与传统富锌涂料和石墨烯富锌涂料相比,添加改性粉体的富锌涂料的能耐盐雾的时间提升了至少 3 倍以上。在添加改性粉体的富锌涂料中,以添加量为 0.5％的改性粉体的防腐效果较好。

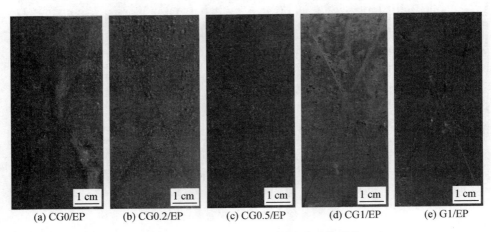

(a) CG0/EP　　(b) CG0.2/EP　　(c) CG0.5/EP　　(d) CG1/EP　　(e) G1/EP

图 13.43　涂层在 1 000 h 耐盐雾后的照片

13.11.4　涂层形貌表征

图 13.44 所示为 CG0/EP、G1/EP 和 CG0.5/EP 涂层分别浸泡 0、30 天后的表面形貌 SEM 图。如图 13.44(a)、(c)所示,在各涂层中,锌粉颗粒均随机分布在涂层中,粒径约为 2 μm,但彼此之间不接触(在富锌涂料中,锌颗粒的质量分数达到 80％～90％时,锌颗粒才会彼此紧密接触),且涂层均存在细小间隙,这是可能加入锌粉等填料影响了涂层表面完整性的缘故,腐蚀介质可通过此间隙侵入涂层。如图 13.44(b)所示,浸泡 30 天后,CG0/EP 涂层表面破损极为严重,出现多处锌颗粒消耗后留下的孔洞,大量腐蚀介质可由这些孔洞渗透到涂层与基底之间的界面处,与铁发生腐蚀反应,失去涂层保护作用。而添加了石墨粉体或改性粉体的涂层表面破损情况较轻,这是因为在涂层中添加了阻挡物,延缓了腐蚀介质的侵入,降低了腐蚀速率。而 CG0.5/EP 涂层的表面完整性保持得更好,可能是由于 CeO$_2$-GNs 在涂层中分散更好,形成了更致密的屏蔽层,极大地阻止了腐蚀介质的进入,一定程度上保护了涂层表面的完整性。

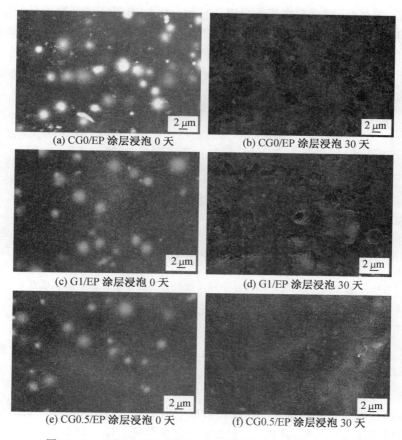

(a) CG0/EP 涂层浸泡 0 天 　　(b) CG0/EP 涂层浸泡 30 天

(c) G1/EP 涂层浸泡 0 天 　　(d) G1/EP 涂层浸泡 30 天

(e) CG0.5/EP 涂层浸泡 0 天 　　(f) CG0.5/EP 涂层浸泡 30 天

图 13.44　不同涂层分别浸泡 0、30 天后的表面形貌 SEM 图

13.12　稀土改性石墨纳米片/锌基复合涂料的防腐机制

图 13.45 所示为富锌涂料、石墨粉体富锌涂料及改性石墨粉体富锌涂料防腐机理示意图。一般来说，溶液中如 H_2O、O_2 和 Cl^- 等腐蚀分子穿过涂层的裂纹逐渐渗透到涂层与铁基底之间的界面，与铁发生电化学反应，如式（13.12）～（13.14）所示，导致铁基底发生腐蚀。

$$Fe \longrightarrow Fe^{2+} + 2e^- \tag{13.12}$$

$$O_2 + 2H_2O + 4e^- \longrightarrow 4OH^- \tag{13.13}$$

$$4Fe^{2+} + O_2 + 6H_2O \longrightarrow 4FeOOH + 8H^+ \tag{13.14}$$

对于传统的富锌防腐涂料来说，其防腐机理为牺牲阳极保护法，锌的标准电位为 −0.762 V，铁的标准电位为 −0.440 V，锌的电位比铁低，当水进入涂层时，铁基底与涂层即形成原电池，发生电化学反应时，锌充当阳极发生氧化反应失去电子，铁作为阳极得到电子而受到保护，延缓腐蚀的发生，其反应式如式（13.15）和式（13.16）所示。锌作为阳极发生反应的前提是铁基底与锌粉颗粒能够形成一条电子传输通路，只有当锌粉质量分数达到80％～90％时,锌颗粒之间才会密切接触。因此当部分锌粉被消耗形成锌的腐蚀产物或者含量较少时,就会阻碍导电通路的产生,锌粉无法充分发挥阴极保护作用,导致铁基底被腐蚀(图13.45(a))。

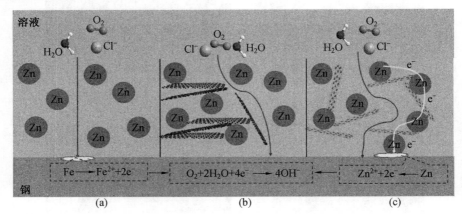

图13.45　富锌涂料、石墨粉体富锌涂料及改性石墨粉体富锌涂料防腐机理示意图

$$Zn \longrightarrow Zn^{2+} + 2e^- \tag{13.15}$$

$$O_2 + 2H_2O + 4e^- \longrightarrow 4OH^- \tag{13.16}$$

对于添加了石墨纳米片的富锌涂料来说,石墨纳米片在防腐中起到了物理屏蔽和导电搭桥的作用。石墨纳米片具有独特的片层结构,在涂层中可形成片层堆叠的物理屏蔽层,水、氯离子等腐蚀分子不易渗透进入涂层中,从而保护基底。

而且石墨纳米片可与锌颗粒在涂层中形成导电搭桥,通过锌颗粒作为阳极失去电子,为铁基底提供阴极保护作用,此外,石墨纳米片自身形成的导电网络不会受到复合粉体中锌粉消耗的影响,可让含量有限的锌粉得到充分利用,提高锌粉保护效果。

对于纳米氧化铈,其可释放铈离子与在阴极区域产生的OH^-产生反应,生成沉淀,降低阴极区的腐蚀电流,且形成的沉淀物具有更高的耐腐蚀性能,减缓基底的腐蚀,是一种良好的腐蚀抑制剂。

然而在富锌涂料中添加石墨纳米片和纳米氧化铈两种材料时,其防腐效果有限。一方面是因为石墨纳米片在涂层中易团聚,在涂层中产生了缝隙缺陷,反而促进腐蚀分子进入基底,如图13.45(b)所示;另一方面CeO_2表面的铈离子对铁基底的缓蚀防护作用比较缓慢,效果有限且氧化铈具有较高的表面能,容易发生团聚而进一步降低缓蚀防护效率。因此将石墨纳米片与氧化铈进行复合,基于石墨纳米片的模板效应,氧化铈在石墨片上均匀分布,可有效防止氧化铈的团聚,同时氧化铈的负载造成空间位阻效应,阻止了石墨片的堆叠团聚,也促进了石墨纳米片自身的分散。因此对于改性富锌防腐涂料,如图13.45所示,稀土改性提高了石墨纳米片在涂层中的分散性,加强了物理隔绝效应,形成了迷宫效应,进一步延长了H_2O、O_2和Cl^-等腐蚀分子的扩散路径,一定程度上延缓了电化学反应的发生。同时石墨纳米片自身也形成了完整的电子导电网络,与锌粉颗粒产生良好接触,从而改善了锌粉的导电通路,充分利用了锌粉的牺牲阳极保护作用。对于氧化铈来说,四价铈稳定性高、耐蚀性好,且借助于石墨片的良好分散,可与环氧基质充分结合,从而提高了涂层的硬度和附着力,一定程度上提高了富锌涂层的防腐性能。

13.13　本章小结

本章利用水热法获得了铈改性石墨纳米片复合粉体,并作为添加剂加入到水性环氧富锌涂料中,得到了稀土改性石墨纳米片富锌防腐涂料。得出了以下主要结论:

(1)通过一步水热法成功制备了稀土改性石墨纳米片复合粉体。在控制水热实验参数过程中发现,水热温度升高、时间延长以及提高铈离子反应质量浓度都能促进铈颗粒在石墨纳米片上的沉积。其次,铈颗粒的尺寸大小主要受铈离子质量浓度的影响,质量浓度越高,粒径越大,当铈离子质量浓度为 10 g/L 时,粒径最大可约为 0.5 μm。在本章中复合粉体制备的最佳工艺:水热时间为 4 h、温度为 170 ℃,铈离子质量浓度为 1 g/L,PVP质量浓度为 0.2 g/L。此外,铈离子在沉积过程中对石墨纳米片的缺陷具有自修复的特性。

(2)稀土铈颗粒在石墨纳米片上是由粒径约为 25 nm 的小颗粒堆积而成的,呈棋盘式均匀分布,粒径约为 0.14 μm。水热制备得到的铈颗粒微观形貌为呈面心立方结构的八面体棱锥,以(111)晶面为主要暴露面,得到的铈颗粒为混合氧化物,即大部分铈离子的价态为正四价,极少部分为正三价,同时还存在氧空位,经计算该氧化物的化学式为 $CeO_{1.9831}$。

(3)通过第一性原理计算得到了二氧化铈(111)面和(100)面的表面能,分别为 0.74 J/m^2 和 3.7 J/m^2,在水热中高能面(100)晶面生长速度快,(111)面生长速度慢,因此(111)面成为二氧化铈的主要暴露面,与 HR-TEM 结果一致。

(4)在富锌涂料中添加稀土改性粉体制备了复合涂层。改性粉体在复合涂层中的分散性有所提高,复合涂层的基本物理性能和耐腐蚀性能都得到改善。其中,当改性粉体添加量为 0.5% 时,涂层硬度为 3H,附着力等级为 0 级,锌粉电荷转移电阻 R_{ct} 值仅为 $591 \text{ Ω} \cdot \text{cm}^2$,涂层的腐蚀电流密度可高达 37.15 μA/cm^2,其可耐盐雾时间长达 1 000 h,表现出最佳的防腐性能。

(5)提出了改性粉体在富锌涂层中的防腐机制:改性后的石墨纳米片在涂层中的良好分散一方面形成物理屏蔽层,延长腐蚀介质的侵入路径,从而延缓基底腐蚀反应的发生;另一方面可替代部分锌粉作为导电桥梁,改善锌粉颗粒间的导电网络及锌粉与铁基底的电连接,提高了有效锌粉含量,降低了涂层密度,同时减少了石墨纳米片的用量,减少了涂料制备成本。对于氧化铈来说,四价铈稳定性高、耐蚀性好,且借助于石墨片的良好分散,可与涂层基质和基底结合,从而提高了涂层的硬度和附着力,一定程度上提高了富锌涂层的防腐性能。

参 考 文 献

[1] PILLING N B, BEDWORTH R E J. The oxidation of metals at high temperatures [J]. Inst. Met., 1923, 29: 529.

[2] JONES D A. Principles and prevention of corrosion [M]. New York: Macmillan Publishing Company, 1992.

[3] GASKELL D R . An introduction to transport phenomena in materials engineering [M]. New York: Macmillan Publishing Company, 1992.

[4] FONTANA M G. Corrosion engineering [M]. 3rd ed. New York: McGraw-Hill Book Company, 1986.

[5] LIU S Y, LEE C L, KAO C H, et al. High-temperature oxidation behavior of two-phase iron-manganese-aluminum alloys [J]. Perng, Corrosion, 2000, 56: 339.

[6] SEDRIKS A J. Corrosion of stainless steels [M]. 2nd ed. New York: John Wiley & Sons Inc., 1996.

[7] GOBARA M, BARAKA A, AKID R, et al. Corrosion protection mechanism of Ce^{4+}/ organic inhibitor for AA2024 in 3. 5% NaCl [J]. Rsc Advances, 2020, 10 (4): 2227-2240.

[8] ARORA P, POPOV B N, WHITE R E, et al. Electrochemical investigations of cobalt-doped $LiMn_2O_4$ as cathode material for lithium-ion batteries [J]. Soc., 1998, 145: 807-814.

[9] 侯保荣. 海洋钢结构浪花飞溅区腐蚀控制技术 [M]. 2 版. 北京: 科学出版社, 2016.

[10] NOVOSELOV K S. Nobel lecture: graphene materials in the flatland [J]. Reviews of Modern Physics, 2011, 83(3): 837.

[11] SINGH V, JOUNG D, ZHAI L, et al. Graphene based materials: past, present and future [J]. Progress in Materials Science, 2011, 56(8): 1178-1271.

[12] KIM H, ABDALA A A, MACOSKO C W. Graphene/polymer nanocomposites [J]. Macromolecules, 2015, 43(16): 6515-6530.

[13] DIMITRAKAKIS G K, TYLIANAKIS E, FROUDAKIS G E. Pillared graphene: a new 3-D network nanostructure for enhanced hydrogen storage. [J]. Nano Letters, 2008, 8 (10): 3166.

[14] ATACA C, AKTURK E, CIRACI S. Hydrogen storage of calcium atoms adsorbed on graphene: first-principles plane wave calculations [J]. Physical Review B Condensed Matter, 2009, 79(4): 1406.

[15] 张亦弛. 基于石墨烯纳米材料电化学传感器的构筑与应用 [D]. 上海: 东华大学, 2017.

［16］ CHEN S S，BROWN L，LEVENDORF M，et al. Oxidation resistance of graphene-coated Cu and Cu/Ni alloy［J］. ACS Nano，2011，5（2）：1321-1327.

［17］ HARL R R，JENNINGS G，KANE B K I. Graphene：corrosion-inhibiting coating［J］. ACS NANO，2012，6（2）：1102-1108.

［18］ SCHRIVER M，REGAN W，GANNETT W J，et al. Graphene as a long-term metal oxidation barrier：worse than nothing［J］. Acs Nano，2013，7（7）：5763-8.

［19］ YU Y H，LIN Y Y，LIN C H，et al. High-performance polystyrene/graphene-based nanocomposites with excellent anti-corrosion properties［J］. Polymer Chemistry，2013，5（2）：535-550.

［20］ QIAN X，SONG L，TAI Q，et al. Graphite oxide/polyurea and graphene/polyurea nano-composites：a comparative investigation on properties reinforcements and mechanism［J］. Composites Science & Technology，2013，74（74）：228-234.

［21］ 王莉娟，温素霞. 国际贸易常用运输方式的比较［J］. 科技信息（学术研究），2008（22）：55-57.

［22］ 高楠，张凤华，赵杉林. 无机富锌涂层的防腐蚀应用的研究［J］. 石油炼制与化工，2012，43（1）：89-93.

［23］ 张心亚，魏霞，陈焕钦. 水性涂料的最新研究进展［J］. 涂料工业，2009，39（12）：17-23.

［24］ 包月霞. 金属腐蚀的分类和防护方法［J］. 广东化工，2010，7：199-216.

［25］ 边洁，王威强，管从胜. 金属腐蚀防护有机涂料的研究进展［J］. 材料科学与工程学报，2003，5：769-772.

［26］ 芮龚，李敏风. 我国重防腐涂料的应用现状及其发展趋势［J］. 电镀与涂饰，2013，9：80-83.

［27］ 赵书华，陈玉，王树立，等. 硅酸盐无机富锌防腐涂料的研究进展［J］. 腐蚀科学与防护技术，2017，29（2）：204-208.

［28］ 阎瑞，马世宁，吴行. 有机硅改性水性无机硅酸盐富锌防腐涂料的研究［C］. 应用高新技术提高维修保障能力会议，2005.

［29］ 张曾生. 片状无机富锌涂料的制备和性能研究［D］. 北京：北京化工大学，2007.

［30］ 王金淑，杨伟超，李洪义，等. 聚苯胺防腐蚀涂料的发展［J］. 北京工业大学学报，2008，34（11）：1196-1201.

［31］ KINLEN P J，MENON V，DING Y. A mechanistic investigation of polyaniline corrosion protection using the scanning reference electrode technique［J］. Journal of the Electrochemical Society，1999，146（146）：3690-3695.

［32］ 戈成岳，杨小刚，李程，等. 聚苯胺纳米纤维的合成及其在环氧树脂中对 Q235 钢的防腐蚀性能［J］. 高校化学工程学报，2012，26（1）：145-150.

［33］ 傅文峰，戈成岳. 聚苯胺在环氧树脂涂层中防蚀性能研究［J］. 中国涂料，2013，28（8）：40-45.

［34］ 黄微波. 喷涂聚脲弹性体技术［M］. 北京：化学工业出版社，2005：5-6.

[35] 黄微波，谢远伟，胡晓，等. 海洋腐蚀环境下纯聚脲重防腐涂层耐久性研究[J]. 上海涂料，2013，51(4):1-5.

[36] 孔志元. 水性聚氨酯树脂在工业涂料领域中的应用(续)[J]. 涂料技术与文摘，2013，34(1):11-18.

[37] 杨建军，陈春俊，吴庆云，等. 水性聚氨酯树脂在工业水性涂料中的应用进展[J]. 化学推进剂与高分子材料，2017，15(1):1-7.

[38] PARMAR R，PATEL K，PARMAR J. High-performance waterborne coatings based on epoxy-acrylic-graft-copolymer-modified polyurethane dispersions [J]. Polymer International，2005，54(54):488-494.

[39] LI J，CUI J，YANG J，et al. Reinforcement of graphene and its derivatives on the anticorrosive properties of waterborne polyurethane coatings[J]. Composites Science & Technology，2016，129:30-37.

[40] CHANG K，HSU M H，LU H I，et al. Room-temperature cured Hydrophobic epoxy/graphene composites as corrosion inhibitor for cold-rolled steel[J]. Carbon，2012(66):144-153.

[41] LUO X，ZHONG J，ZHOU Q，et al. Cationic reduced graphene oxide as self-aligned nanofiller in the epoxy nanocomposite coating with excellent anticorrosive performance and its high antibacterial activity [J]. ACS Applied Materials & Interfaces，2018，10(21): 18400-18415.

[42] CHEN X X，LI J F，GAO M，et al. Fire protection properties of wood in waterborne epoxy coatings containing functionalized graphene oxide [J]. Journal Of Wood Chemistry And Technology，2019，39(5): 313-328.

[43] ZHANG W，WEI L，MA J，et al. Exfoliation and defect control of graphene oxide for waterborne electromagnetic interference shielding coatings [J]. Composites Part A: Applied Science and Manufacturing，2020，132: 105838.

[44] JAFARI A，GHORANNEVISS M，SALAR ELAHI A. Growth and characterization of boron doped graphene by Hot Filament Chemical Vapor Deposition Technique (HFCVD) [J]. Journal of Crystal Growth，2016，438: 70-75.

[45] DUAN X，INDRAWIRAWAN S，SUN H，et al. Effects of nitrogen- boron- and phosphorus-doping or codoping on metal-free graphene catalysis [J]. Catalysis Today，2015，249: 184-191.

[46] KALEEKAL N J，THANIGAIVELAN A，RANA D，et al. Studies on carboxylated graphene oxide incorporated polyetherimide mixed matrix ultrafiltration membranes [J]. Materials Chemistry And Physics，2017，186: 146-158.

[47] CHEN H，XIAO L，XU Y，et al. A novel nanodrag reducer for low permeability reservoir water flooding: long-chain alkylamines modified graphene oxide [J]. Journal of Nanomaterials，2016，2016: 8716257.

[48] XU X N，GUAN X N，ZHOU H H，et al. One-step reduction and surface modification of

graphene oxide by 3-hydroxy-2-naphthoic acid hydrazide and its polypropylene nanocomposites [J]. Nanomaterials, 2017, 7(2): 25.

[49] XIE M, LEI H, ZHANG Y, et al. Non-covalent modification of graphene oxide nano-composites with chitosan/dextran and its application in drug delivery [J]. Rsc Advances, 2016, 6(11): 9328-9337.

[50] ZHAO S, WANG C, SU T, et al. One-step hydrothermal synthesis of Ni-Fe-P/graphene nanosheet composites with excellent electromagnetic wave absorption properties [J]. Rsc Advances, 2019, 9(10): 5570-5581.

[51] TIAN M, MIAO J, CHENG P, et al. Layer-by-layer nanocomposites consisting of Co_3O_4 and reduced graphene (rGO) nanosheets for high selectivity ethanol gas sensors [J]. Applied Surface Science, 2019, 479: 601-607.

[52] DEZFULI A S, GANJALI M R, NADERI H R, et al. A high performance supercapacitor based on a ceria/graphene nanocomposite synthesized by a facile sonochemical method [J]. Rsc Advances, 2015, 5(57): 46050-46058.

[53] ROUTRAY K L, SAHA S, SANYAL D, et al. Role of rare-earth (Nd^{3+}) ions on structural, dielectric, magnetic and Mossbauer properties of nano-sized $CoFe_2O_4$: useful for high frequency application [J]. Materials Research Express, 2019, 6(2): 16.

[54] LI D, LI Y, PAN D, et al. Prospect and status of iron-based rare-earth-free permanent magnetic materials [J]. Journal of Magnetism and Magnetic Materials, 2019, 469: 535-544.

[55] SHI R, ZHU B, HU M, et al. Graphene oxide induced multi-layered six-petal flower-shaped rare earth Tb^{3+} hybrid luminescent material: synthesis, characterization, luminescence and fluorescence anti-counterfeiting properties [J]. Journal Of Materials Chemistry C, 2020, 8(7): 2336-2342.

[56] XIE B X, LEI L, XIA J N, et al. Photoluminescent rare-earth mineral exploration with high sensitivity based on lanthanide-doped oxysulfide nanocrystals [J]. Journal Of Luminescence, 2020, 221: 117078.

[57] PUDUKUDY M, JIA Q, YUAN J, et al. Influence of CeO_2 loading on the structural, textural, optical and photocatalytic properties of single-pot sol-gel derived ultrafine CeO_2/TiO_2 nanocomposites for the efficient degradation of tetracycline under visible light irradiation [J]. Materials Science In Semiconductor Processing, 2020, 108: 104891.

[58] LIU H, ZHAO B, CHEN Y, et al. Rare earths (Ce, Y, Pr) modified $Pd/La_2O_3ZrO_2$ Al_2O_3 catalysts used in lean-burn natural gas fueled vehicles [J]. Journal of Rare Earths, 2017, 35(11): 1077-1082.

[59] XU L, WANG F, CHEN M, et al. CO_2 methanation over rare earth doped Ni based me-soporous catalysts with intensified low-temperature activity [J]. International Journal Of Hydrogen Energy, 2017, 42(23): 15523-15539.

[60] LIU L, LEI J L, LI L J, et al. Robust rare-earth-containing superhydrophobic coatings

for strong protection of magnesium and aluminum alloys [J]. Advanced Materials Interfaces, 2018, 5(16): 9.

[61] SOMERS A E, HINTON B R W, DE BRUIN-DICKASON C, et al. New, environmentally friendly, rare earth carboxylate corrosion inhibitors for mild steel [J]. Corrosion Science, 2018, 139: 430-437.

[62] XU Z, WANG Z, CHEN J, et al. Effect of rare earth oxides on microstructure and corrosion behavior of laser-cladding coating on 316l stainless steel [J]. Coatings, 2019, 9(10): 636.

[63] ZIVKOVIC L S, JEGDIC B V, ANDRIC V, et al. The effect of ceria and zirconia nano-particles on the corrosion behaviour of cataphoretic epoxy coatings on AA6060 alloy [J]. Progress in Organic Coatings, 2019, 136: 105219.

[64] BARANIK A, GAGORr A, QUERALT I, et al. Ceria nanoparticles deposited on graphene nanosheets for adsorption of copper(II) and lead(II) ions and of anionic species of arsenic and selenium [J]. Microchimica Acta, 2018, 185(5): 9.

[65] YANG J X, OFNER J, LENDL B, et al. In situ formation of reduced graphene oxide structures in ceria by combined sol-gel and solvothermal processing [J]. Beilstein Journal of Nanotechnology, 2016, 7: 1815-1821.

[66] SRIVASTAVA M, DAS A K, KHANRA P, et al. Characterizations of in situ grown ceria nanoparticles on reduced graphene oxide as a catalyst for the electrooxidation of hydrazine [J]. Journal of Materials Chemistry A, 2013, 1(34): 9792-9801.

[67] KUMAR S, OJHA A K, PATRICE D, et al. One-step in situ synthesis of CeO_2 nanoparticles grown on reduced graphene oxide as an excellent fluorescent and photocatalyst material under sunlight irradiation [J]. Phys Chem Chem Phys, 2016, 18 (16): 11157-11167.

[68] ZHANG L, FANG Q, HUANG Y, et al. Facet-engineered CeO_2/graphene composites for enhanced NO_2 gas-sensing [J]. Journal of Materials Chemistry C, 2017, 5(28): 6973-6981.

[69] BAI G, WANG J, YANG Z, et al. Self-assembly of ceria/graphene oxide composite films with ultra-long antiwear lifetime under a high applied load [J]. Carbon, 2015, 84: 197-206.

[70] AMROLLAHI S, RAMEZANZADEH B, YARI H, et al. In-situ growth of ceria nanoparticles on graphene oxide nanoplatelets to be used as a multifunctional (UV shield/radical scavenger/anticorrosive) hybrid compound for exterior coatings [J]. Progress in Organic Coatings, 2019, 136: 105241.

[71] LI H Q, WANG J H, YANG J X, et al. Large CeO_2 nanoflakes modified by graphene as barriers in waterborne acrylic coatings and the improved anticorrosion performance [J]. Progress in Organic Coatings, 2020, 143: 9.

[72] RAMEZANZADEH B, BAHLAKEH G, RAMEZANZADEH M. Polyaniline-cerium oxide

（PAni-CeO$_2$） coated graphene oxide for enhancement of epoxy coating corrosion protection performance on mild steel Check ［J］. Corrosion Science，2018，137: 111-126.

［73］KOVTYUKHOVA N I，OLLIVIER P J，MARTIN B R，et al. Layer-by-layer assembly of ultrathin composite films from micron-sized graphite oxide sheets and polycations ［J］. Chemistry Of Materials，1999，11（3）: 771-778.

［74］MARCANO D C，KOSYNKIN D V，BERLIN J M，et al. Improved synthesis of graphene oxide ［J］. Acs Nano，2010，4（8）: 4806-4814.

［75］DREYER D R，PARK S，BIELAWSKI C W，et al. The chemistry of graphene oxide ［J］. Chemical Society Reviews，2010，39（1）: 228-240.

［76］SHIN Y R，JUNG S M，JEON I Y，et al. The oxidation mechanism of highly ordered pyrolytic graphite in a nitric acid/sulfuric acid mixture ［J］. Carbon，2013，52: 493-498.

［77］PARK J S，REINA A，SAITO R，et al. G'band Raman spectra of single，double and triple layer graphene ［J］. Carbon，2009，47（5）: 1303-1310.

［78］JIANG L，YAO M，LIU B，et al. Controlled synthesis of CeO$_2$/graphene nanocomposites with highly enhanced optical and catalytic properties ［J］. Journal Of Physical Chemistry C，2012，116（21）: 11741-11745.

［79］JI Z，SHEN X，LI M，et al. Synthesis of reduced graphene oxide/CeO$_2$ nanocomposites and their photocatalytic properties ［J］. Nanotechnology，2013，24（11）: 115603.

［80］SMITH R J，LOTYA M，COLEMAN J N. The importance of repulsive potential barriers for the dispersion of graphene using surfactants ［J］. New Journal of Physics，2010，12: 11.

［81］KHAN M E，KHAN M M，CHO M H. Ce^{3+}-ion，surface oxygen vacancy，and visible light-induced photocatalytic dye degradation and photocapacitive performance of CeO$_2$-graphene nanostructures ［J］. Scientific Reports，2017，7: 5928.

［82］LI C，ZHANG Y，ZENG T，et al. Graphene nanoplatelet supported CeO$_2$ nanocomposites towards electrocatalytic oxidation of multiple phenolic pollutants ［J］. Analytica Chimica Acta，2019，1088: 45-53.

［83］陈勇. 暴露特定面的纳米氧化铈的可控合成与表征的研究 ［D］. 重庆:重庆大学，2013.

［84］WANG K，CHANG Y，LV L，et al. Effect of annealing temperature on oxygen vacancy concentrations of nanocrystalline CeO$_2$ film ［J］. Applied Surface Science，2015，351: 164-168.

［85］JOUNG D，SINGH V，PARK S，et al. Anchoring ceria nanoparticles on reduced graphene oxide and their electronic transport properties ［J］. The Journal of Physical Chemistry C，2011，115（50）: 24494-24500.

［86］CHOI J，REDDY D A，ISLAM M J，et al. Self-assembly of CeO$_2$ nanostructures/ reduced graphene oxide composite aerogels for efficient photocatalytic degradation of organic pollutants in water ［J］. Journal of Alloys and Compounds，2016，688：527-536.

［87］ LEE Y，HE G，AKEY A J，et al. Raman analysis of mode softening in nanoparticle $CeO_{2-\delta}$ and $Au-CeO_{2-\delta}$ during CO oxidation ［J］. Journal Of the American Chemical Society，2011，133（33）：12952-12955.

［88］ PATEL V R，SOMAIYA R N，KANSARA S，et al. Structural and electrical properties of CeO_2 monolayers using first-principles calculations ［J］. Solid State Communications，2020，307：113801.

［89］ HAN R，QI M，MAO Z，et al. The electronic structure，magnetic and optical properties of B-doped CeO_2（111）surface by first-principles ［J］. Physics Letters A，2020，384（22）：126526.

［90］ JIA H，ZOU C，WU J，et al. Atomic structure and electronic properties of Zr adsorption on CeO_2（111）surface by the first-principles method ［J］. Physica B-Condensed Matter，2020，585：412060.

［91］ SKORODUMOVA N V，AHUJA R，SIMAK S I，et al. Electronic，bonding，and optical properties of CeO_2 and Ce_2O_3 from first principles ［J］. Physical Review B，2001，64（11）：115108.

［92］ WATKINS M B，FOSTER A S，SHULIGER A L. Hydrogen cycle on CeO_2（111）surfaces：density functional theory calculations ［J］. Journal Of Physical Chemistry C，2007，111（42）：15337-15341.

［93］ SKORODUMOVA N V，BAUDIN M，HERMANSSON K. Surface properties of CeO_2 from first principles ［J］. Physical Review B，2004，69（7）：075401.

［94］ YANG Z X，WOO T K，BAUDIN M，et al. Atomic and electronic structure of unreduced and reduced CeO_2 surfaces：a first-principles study ［J］. Journal of Chemical Physics，2004，120（16）：7741-7749.

［95］ BAUDIN M，WOJCIK M，HERMANSSON K. Dynamics，structure and energetics of the （111），（011）and（001）surfaces of ceria ［J］. Surface Science，2000，468（1-3）：51-61.

［96］ LIU X，JIANG X，SUN B，et al. High Efficiency CeO_2/CNTs Modified Pt/CNTs Catalysts for Electrochemical Oxidation of Methanol ［J］. Journal Of Nanoscience And Nanotechnology，2018，18（10）：6971-6977.

［97］ 丁俊，李延辉，徐才录，等. 碳纳米管上沉积二氧化铈颗粒 ［J］. 中国稀土学报，2003，21（4）：441-444.

［98］ WEST T S. Handbook of chemical analysis ［J］. Nature，1963，199（4890）：210.

［99］ 王春雨. Cf/Al复合材料表面稀土膜的表征及耐蚀特性研究 ［D］. 哈尔滨：哈尔滨工业大学，2008.

［100］ 杨熙珍. 金属腐蚀电化学热力学：电位-pH 图及其应用 ［M］. 北京：化学工业出版社，1991.

［101］廖春发,钟立钦,曾颜亮,等. 废旧荧光粉中稀土元素浸出的电位-pH 图［J］. 稀有金属,2019,43(2):179-185.

［102］POURHASHEM S,VAEZI M R,RASHIDI A,et al. Exploring corrosion protection properties of solvent based epoxy-graphene oxide nanocomposite coatings on mild steel ［J］. Corrosion Science,2017,115:78-92.

［103］BAHLAKEH G,RAMEZANZADEH B,RAMEZANZADEH M. Cerium oxide nanoparticles influences on the binding and corrosion protection characteristics of a melamine-cured polyester resin on mild steel:an experimental,density functional theory and molecular dynamics simulation study［J］. Corrosion Science,2017,118:69-83.

［104］曹楚南. 电化学阻抗谱导论［M］. 北京:科学出版社,2002.

［105］ZAMANIZADEH H R,SHISHESAZ M R,DANAEE I,et al. Investigation of the corrosion protection behavior of natural montmorillonite clay/bitumen nanocomposite coatings［J］. Progress in Organic Coatings,2015,78:256-260.

［106］WEI H,DING D,WEI S,et al. Anticorrosive conductive polyurethane multiwalled carbon nanotube nanocomposites［J］. Journal of Materials Chemistry A,2013,1(36):10805-10813.